建筑工程项目岗位人员工作指南丛书

# 施工员工作指南

宋功业　编著

化学工业出版社

·北京·

本书是建筑工程项目岗位人员工作指南丛书之一，详尽地介绍了建筑工程施工现场施工员的责、权、利及素质要求。

　　本书包括施工员及其作用、施工员的现场管理工作、施工员的内外协调工作和技术积累与技术创新工作四部分内容，内容简洁易懂、层次分明，可作为管理、施工人员，特别是从校园到职场人员的必备学习资料，也可作为高职教育的教材和施工现场工程管理人员的工具书。

**图书在版编目（CIP）数据**

　　施工员工作指南/宋功业编著. —北京：化学工业出版社，
2015.5
　　建筑工程项目岗位人员工作指南丛书
　　ISBN 978-7-122-23372-1

　　Ⅰ. ①施⋯　 Ⅱ. ①宋⋯　 Ⅲ. ①建筑工程-工程施工-指南
Ⅳ. ①TU74-62

　　中国版本图书馆 CIP 数据核字（2015）第 055873 号

---

责任编辑：吕佳丽　　　　　　　　　　　　　　装帧设计：张　辉
责任校对：吴　静

---

出版发行：化学工业出版社（北京市东城区青年湖南街 13 号　邮政编码 100011）
印　　装：大厂聚鑫印刷有限责任公司
787mm×1092mm　1/16　印张 13¾　字数　349 千字　2015 年 6 月北京第 1 版第 1 次印刷

---

购书咨询：010-64518888（传真：010-64519686）　　售后服务：010-64518899
网　　址：http:∥www.cip.com.cn
凡购买本书，如有缺损质量问题，本社销售中心负责调换。

---

定　　价：45.00 元　　　　　　　　　　　　　　　　版权所有　违者必究

# 前　言

　　施工员是基层的技术组织管理人员，在项目经理的领导下深入施工现场，协助做好施工监理，与施工队一起复核工程量，提供施工现场所需材料的规格、型号和到场日期，做好现场材料的验收签证和管理，及时对隐蔽工程进行验收和工程量签证，协助项目经理做好工程的资料收集、保管和归档等工作，对现场施工的进度和成本负有重要责任。

　　为了帮助在职（或不在职，但正在努力上岗的其他人员）的施工员更好地完成合同任务，特撰写了这部《施工员工作指南》。本书是建筑工程项目岗位人员工作指南丛书之一，详细介绍了建筑工程施工现场施工员的责、权、利及素质要求和工作技巧。全书共分为四章，内容主要包括施工员及其作用、施工员的现场管理工作、施工员的内外协调工作和技术积累与技术创新工作，可以作为施工现场施工员的重要参考资料。

　　建筑工程项目岗位人员工作指南丛书共五本，包括《现场技术负责人工作指南》、《建筑工程项目经理工作指南》、《施工员工作指南》、《安全员工作指南》、《质检员工作指南》，前两本已正式出版，全面介绍五大项目岗位人员上岗前应掌握的知识。全套书内容简洁易懂、层次分明，是工程建设领域人员从校园到职场的必备学习资料，可作为施工现场工程管理人员、施工人员的工具书，也可作为高职高专相关专业的教材。

　　在本书的编写过程中，刘斌、刘建东、宋丹丹、高玉祥、高程辉、卜维维、冯春喜、丁剑明、陈雷波、顾志华、管贤梅、徐杰、宋樱花、夏云泽、武钢平、张莉、邵界立、韩成标、徐锦德、曹建兵、许能生、刘辉、解恒参、安沁丽、张哲华、鲁平、冀焕胜、王玮、夏云芳、宋功奇等专家给予了支持与帮助，在此表示感谢。

　　由于编写时间仓促，水平有限，书中难免有不足之处，请读者批评指正。

编　者

2015 年 2 月

# 目　录

# 第一章
# 施工员及其作用

施工员，简言之就是从事工程的施工管理人员。

施工员和质检员、安全员、造价员、材料员并称为建筑行业"五大员"，是建筑业的关键岗位。各施工企业都必须有大量的各专业的施工员等。

什么叫施工？建（构）筑物按计划建造叫施工。施工是建筑业施工单位的特有行为。要施工，就必须有施工员。建筑施工如图 1-1 所示。

图 1-1　建筑施工

建设单位、施工单位、监理单位组成建筑业施工的三大主体，建筑产品主要是通过它们给制造出来的。当然，制造建筑产品离不开设计。建筑产品是将设计转化成实物的转化物。

由于建筑产品复杂多样、庞体价高，决定了施工中需要投入大量人力、财力、物力、机具等，还需要良好充分的施工准备工作、施工技术工艺、施工方法方案等。

根据不同施工对象的特点和规模，地质水文气候条件的差异，图纸、合同及机械材料供应情况的不同，施工的难易程度各不相同。由于建筑施工存在着露天作业、高空作业、地下作业等不利条件，施工现场事故频发。为确保施工的技术经济效果，避免出现事故，多快好省地完成建设施工，对施工管理技术人员提出较高的要求是必然的，尤其是对施工员的要求是绝不能含糊的。

施工员是基层的技术组织管理人员。主要工作内容是在项目经理领导下，深入施工现场，协助搞好施工监理，与施工队一起复核工程量，提供施工现场所需材料的规格、型号和到场日期，做好现场材料的验收签证和管理，及时对隐蔽工程进行验收和工程量签证，协助项目经理做好工程的资料收集、保管和归档，对现场施工的进度和成本负有重要责任。

施工员是建筑行业的基础岗位，其重要性毋庸置疑。该岗位有着广阔的就业前景，可以肯定地说，在未来几十年，施工员将在工程建设中大有作为。

## 第一节　施工员的地位及职责

### 一、施工员的特征

施工员的工作就是在施工现场具体解决施工组织设计和现场的关系，在现场监督，测量，编写施工日志，控制施工进度、质量，处理现场问题。施工员是工程指挥部、项目经理部、项目部和施工队的联络人。

建筑施工的特征决定了施工员具有以下特征：

（1）施工员的工作场所在工地，施工员工作的对象是单位工程或分部、分项工程。

（2）施工员从事的是基层专业管理工作，是技术管理和施工组织与管理工作，工作有很强的专业性和技术性。

（3）施工员的工作繁杂，在基层中需要管理的工作很多，项目经理和项目经理部各部门以及有关方面的组织管理意图都要通过基层施工员来实现。

（4）施工员的工作任务具有明确的期限和目标。

（5）施工员的工作负担沉重，条件艰苦，生活紧张，但苦中有乐，乐在其中。

### 二、施工员的地位

#### （一）施工员在团队中的地位

项目经理的前身大多都是施工员，施工员的发展前景也大多是项目经理，因此，施工员在项目中具有崇高的地位。

#### （二）施工员在现场人员中的地位

施工员是施工现场的主要组织管理者，是建筑施工企业各项组织管理工作在基层的具体实践者，是完成建筑安装施工任务的最基层的技术和组织管理人员。

施工员是施工现场生产一线的组织者和管理者，在建筑工过程中具有极其重要的地位，具体表现在以下几个方面：

（1）施工员是单位工程施工现场的管理中心，是施工现场动态管理的体现者，是单位工程生产要素合理投入和优化组合的组织者，对单位工程项目的施工负有直接责任。

（2）施工员是协调施工现场基层专业管理人员、劳务人员等各方面关系的纽带，需要指挥和协调好造价员、质量检查员、安全员、材料员等基层专业管理人员相互之间的关系。

（3）施工员是其分管工程施工现场对外联系的枢纽。

（4）施工员对分管工程施工生产和进度等进行控制，是单位施工现场的信息集散中心。

（三）施工员在相关方的地位

施工员与相关方的主要联系人。施工员独特地位决定了他与相关部门之间存在着密切的关系，主要表现在以下几个方面。

1．施工员与工程施工的关系

施工员应积极配合现场施工人员在施工质量控制、施工进度控制、工程投资控制等三方面所做的各种工作和检查，全面履行工程承包合同。

2．施工员与设计单位的关系

施工单位与设计单位之间存在着工作关系，设计单位应积极配合施工，负责交代设计意图，解释设计文件，及时解决施工中设计文件出现的问题，负责设计变更和修改预算，并参加工程竣工验收。

施工员在施工过程中发现了没有预料到的新情况，使工程或其中的任何部位在数量、质量和形式上发现了变化，应及时与设计人员沟通，重大问题应由建设单位、设计单位、施工单位和监理单位各方协商解决，办理设计变更与洽商。

3．施工员与劳务人员的关系

施工员是施工现场劳动力动态管理的"直接责任者"，与劳务人员关系密切。

（1）负责制订进度计划，并按计划要求向项目经理或劳务管理部门申请派遣劳务人员，并签订劳务合同。

（2）按计划分配劳务人员，并下达施工任务单或承包任务书。

（3）在施工中不断进行劳动力平衡、调整，并按合同支付劳务报酬。

## 三、施工员的职责

### （一）施工员的一般职责

（1）施工员作为长驻工地代表，直接对基建工程部经理负责，在保证工程质量前提下抓好生产进度，对施工质量负责。

（2）在基建工程部经理授权下协调现场有关施工单位的施工问题。

（3）遵守施工材料质量制度，严格监督控制进场材料的质量、型号和规格，坚决杜绝不合格材料进入施工现场，对材料管理引起的质量问题负责，对材料质量做好记录，定期上报。监督班组操作是否符合规范。

（4）参与图纸会审和技术交底，配合基建工程部经理安排好每天的生产工作，对班组成员进行全面的技术交底。

（5）按规范及标准组织施工，保证进度及施工质量和施工安全。

（6）配合基建工程部经理组织工程验收和分项工程质量评定。对因设计或其他变更引起的工程量的增减和工期变更进行签证，并及时调整部署。

（7）每周填写上报各种报表，并做好人员的考勤及施工工作记录，填写施工日志。

（8）组织好施工过程的各种原始记录及统计工作，保证各种原始资料的完整性、准确性和可追溯性。

（9）填写施工进度日志、质量报表、工程进度表、施工过程的各种原始记录、施工责任人签到表、工程领料单等，进行核对、整理、收集，保证其完整性、准确性和可追溯性。

### （二）施工员的岗位职责

（1）在项目经理的直接领导下开展工作，贯彻安全第一、预防为主的方针，按规定搞好安全防范措施，把安全工作落到实处，做到讲效益必须讲安全，抓生产首先必须抓安全。

（2）认真熟悉施工图纸，编制各项施工组织设计方案和施工安全、质量、技术方案，编制各单项工程进度计划及人力、物力计划和机具、用具、设备计划。

（3）编制、组织职工按期开会学习，合理安排、科学引导、顺利完成工程的各项施工任务。

（4）协同项目经理认真履行《建设工程施工合同》条款，保证施工顺利进行，维护企业的信誉和经济利益。

（5）编制文明工地实施方案，根据工程施工现场合理规划布局现场平面图，安排、实施、创建文明工地。

（6）编制工程总进度计划表和月进度计划表及各施工班组的月进度计划表。

（7）搞好分项总承包的成本核算（按单项和分部分项），单独及时核算，并将核算结果及时通知承包部的管理人员，以便及时改进施工计划及方案，争创更高效益。

（8）向各班组下达施工任务书及材料限额领料单。配合项目经理工作。

（9）督促施工材料、设备按时进场，并处于合格状态，确保工程顺利进行。

（10）参加工程竣工交验，负责工程完好保护。

（11）合理调配生产要素，严密组织施工，确保工程进度和质量。

（12）组织隐蔽工程验收，参加分部分项工程的质量评定。

（13）参加图纸会审和工程进度计划的编制。

**（三）施工员的主要工作**

施工员岗位是贯穿工程建设管理的全过程，是集技术、理论、组织、沟通等多方面的综合岗位。

施工员在工程现场施工中要负责投标工作、图纸会审、施工方案、技术交底、施工质量控制、现场施工资料等工作。

施工员应立足现场管理，强化过程控制，增强索赔意识，不断探索降低工程成本的途径，积累经验，提高工程管理的水平，这需要施工员在平时的工作过程中不断地去学习、累积。

**1．施工前的主要工作**

（1）参加投标　一个由施工员参加报价的标书一旦中标后，施工员作为该项目的管理人员之一，对该工程有初步了解，如果报价中存在失误可以在工程开工后尽可能进行弥补。

施工员在报价中要注意采用一定的投标技巧如采用不平衡报价法、多方案报价法、适当降低投标价格等，无论在报价中采用何种报价方式，作为施工员，对报价中的潜在风险需采取一定的措施。例如在进行投标报价时，所报的材料价格要考虑到材料涨价的因素进行合理报价。可以根据市场情况将主材适当调高，将辅材价格调低，这样既不会影响投标报价，也适当考虑到了材料价格变化因素。

（2）参加图纸会审　施工员在接到工程设计图纸后要认真阅读，对工程设计图纸中存在的疑问或存在的问题加以汇总，准备图纸会审。如果在图纸会审以后还发现有问题，应向设计单位发出询问单。在施工过程中，如发现设计图纸存在问题，或因施工条件变化需要补充设计、需要材料代用，应及时向设计、施工或建设单位相关人员提出，等待确认。

（3）编制施工方案　工程施工中施工方案的选择对工程的盈亏、质量的优劣、工期的提前与滞后起着至关重要的作用。施工员在编制施工方案时应针对工程的特点和难点，充分了解施工现场及周围环境，选择先进实用、经济合理、成熟可靠的施工方案。这就需要施工员有较强的专业技术及理论水平，有一定的工程施工经验。

（4）组织技术交底　施工员应主动承接技术负责人的总体技术交底，并根据分项工程的施工方案，及时做好对工长或班组长的技术交底工作，经常对施工管理人员及操作人员进行质量、安全、工期要求方面的交底工作，使他们人人做到心中有数，避免因质量、安全等问题造成停工返工而影响工期。

对工程的特殊过程进行技术交底时，对特殊过程的技术方案要请相关专家进行可行性论证。技术方案的交底必须符合设计及相关施工验收规范、技术规程、工艺标准等的要求。

2. 施工过程中的主要工作

（1）施工质量控制　　由于影响建筑工程施工质量的因素较多，但主要因素在人的控制、材料的控制、相关机械的控制。

1）对人的控制　　对直接从事工程施工的各类施工人员进行必要的专业技术培训，加强劳动纪律教育，调动其积极性，要求高的工艺要由技术熟练、经验丰富的工人来完成。

2）对材料的控制　　材料的控制主要是严格检查验收，正确合理地使用。对每批进入施工现场的材料都要进行相关检验。材料的购入要按照当月的用料计划进行分批采购，进入现场的材料必须要有相关厂家的合格证、材质证明、出厂合格证等相关报告。

3）对施工机械设备的控制　　根据工程不同的工艺特点和技术要求，选用合适的机械设备，正确使用和保养好机械设备，制订机械设备的管理制度及使用制度，配合相关技术人员做好机械设备的管理工作。

（2）相关施工资料的控制　　施工员在施工过程中要认真编制、填写施工过程记录文件。包括：做好施工日记的记录；填写各分部分项工程的过程记录及验收记录；绘制本专业的竣工图，整理、编制竣工资料，填写月生产计划，月度已完实物工作量报表的编制，对班组完成工作量进行考核；及时对本专业施工管理和施工技术要点进行归纳小结。

（3）组织协调工作　　工程的建设是个对外沟通的过程，一个工程的建设涉及方方面面的内容，所以施工员应协助项目经理做好组织协调工作。

1）在施工前，施工员应根据项目工程的特点、技术要求，协助项目经理做好开工前的人员组织，编制机具设备申请表及要料计划表。

2）在施工过程中做好与施工或业主及相关施工单位人员的沟通工作。

3）做好本专业工程与其他专业工程的沟通衔接。

（4）变更及签证工作　　施工过程中由于各方面原因导致原设计变更是在所难免的。施工员在接到设计变更通知单后应立即停止变更前的工作，仔细核对变更后的设计与原设计的比较，并做出相应的标记，给现场施工人员发出通知单，做好变更后的相关交底。

签证是工程利润的重要来源之一。施工员应及时了解相关工程量的增减，将所增工程量及时报予业主进行认可。

3. 交工验收阶段工作

（1）交工验收准备　　工程接近尾声进行交工验收时，施工员应协同项目部相关人员进行自我验收，对不符合相关要求的要及时加以纠正。做好本专业相关工程竣工资料。

（2）竣工结算　　工程交工后施工员应根据施工承包合同及补充协议，开、竣工报告书，设计施工图及竣工图，设计变更通知单，现场签证记录，甲乙方供料手续或有关规定，采用的有关工程定额，专用定额与工期相应的市场材料价格以及有关预结算文件等做好竣工结算，对工程中发生的签证要单独进行结算，对发现预算中有漏算或计算误差的应积极争取及时进行调整。将各分部工程编制成单项工程竣工综合结算书。积极配合工程审计人员进行工程量的审核工作，对审计中的不合理审核要主动争取。

（3）物资清理工作　工程完成后，施工员及项目部其他管理人员对该工程的所有财产和物资进行清理，作为项目部成本核算的依据。

对工程中分包的施工结算，根据施工合同、各原始预算、设计图纸交底及会审纪要、设计变更、施工签证、竣工图、施工中发生的其他费用，进行认真审核，并重新核定各单位工程和单位工程造价。

4．工程结束后的工作

工程结束后，施工员应认真总结，配合项目部经理及技术负责人进行项目部成本分析，计算节约或超支的数额并分析原因，吸取经验教训，以利于下一个工程施工造价的管理与控制。

## 第二节　施工员的基本要求

### 一、对施工员的基本要求

（一）施工员的基本素质要求

1．具备一定的专业技能和熟练的工作过程

作为一名合格的施工员，无可厚非的要具有一定的专业技能，这是做好自己本职工作的前提。在工人遇到技术问题时，要能答疑解惑。

熟练的工作过程则更能说明施工员的能力，要在尽可能短的时间准确地完成自己的工程作业。比如施工放线，这是一项较为繁琐的工作，从表面上看，这不是一件困难的事，只需要将图纸上的线反映在建筑物上，但是这里面需要较为准确的测量能力和一丝不苟的工作精神，稍不注意就会出错，在完成放线后，还要不止一次地检查，也就是工程中所说的校线。

2．具备敏捷的反应能力

施工员具有了一定的反应能力才能在工人有技术问题需要你解答的时候，在最短的时间内将其解决，否则就会影响工人的施工速度。

3．要有一颗海纳百川的心和不厌其烦的精神。

4．要学会平易近人和乐于助人

工人询问技术问题时，不要摆出一副高高在上、盛气凌人的姿态，应该知道，这是施工员的职责所在。

在别人需要帮忙的时候，能帮一把就帮一把，与人为善，帮助他人，快乐自己。

5．要有较强的社交能力

在工地上会遇到形形色色的人，施工员应学会和人交往，尽可能在别人心中留下好的印象，这对自己以后的工作有百利而无一害。

（二）施工员的任职资格

（1）高中毕业生从事本专业5年以上或建筑、工民建、土木工程等相关专业大中专及以上学历，应届毕业生应品学兼优，能适应施工现场工作环境的人员。

（2）掌握CAD等绘图软件及有相关实习经历者。

（3）能独立进行施工，从事过高层施工的人员。

（4）熟练应用测量仪器，并能根据施工情况做好相关计划安排的人员。

（5）熟练掌握施工工艺和验收规范的人员。

（6）熟悉本专业施工工艺，能通读专业图纸的人员。

（7）具有一定的施工组织能力，了解相关专业与本专业工作的交叉点的人员。

（8）熟悉相关法规、政策，熟悉土建类施工图、施工管理和有关土建的施工规范及要求的人员。

（9）熟悉施工现场工作流程和环节，了解市场工程造价信息及材料信息的人员。

（10）富有责任心、事业心及团队合作精神，具有责任心及良好的沟通协调能力的人员。

（11）能负责施工组织和实施，保证工程进度，组织施工测量，个人独立性强，能适应驻外工作的人员。

（12）能负责协调各工种之间的施工矛盾，控制施工材料及保证供应，配合项目部进行成本管理的人员。

（13）能负责贯彻施工组织设计意图，按照工程质量和安全生产保证计划进行施工管理的人员。

（14）能负责起草施工现场签证、技术核定单、联系单等工作的人员。

**（三）施工员证书性质**

施工员必须持证上岗。学员考试合格后，可获由当地建筑业协会盖章颁发的《建设行业企业关键岗位培训合格证书》，此证书是拟从事建设行业专业技术管理相关工作人员的从业资格证明（即上岗证）。

## 二、施工员的岗位要求

**（一）一般要求**

（1）能吃苦耐劳，有敬业精神，态度端正。

（2）懂得建筑工程施工管理、相关的测量规范、相关的质量规范。

（3）测量工作认真、细心。

（4）有关专业（工民建、电气、暖通、给排水等）相关专业专科以上学历。

（5）具有相应的岗位工作经验，熟悉相关建筑工程施工质量验收规范。

（6）能独立完成大型工程的施工管理，持有相应岗位（施工员）证书。

（7）具备良好的自身素质，诚实勤奋，有优良的事业心与上进心、高昂的创新与团队精神，适应项目部工作、生活环境，工作地点能服从企业安排。

**（二）能力要求**

（1）懂技术，看得懂图纸，现场能解决技术问题。

（2）懂预算，要会算量，能提材料计划。

（3）懂安全，安全问题现在已经有法律规定，管生产必须管安全。

（4）懂质量，过程验收必须能够提出有什么问题、预防措施。

（5）懂管理，必须会协调各方关系，保证工程顺利进行。

**（三）相关资格证书要求**

施工员必须经过岗位培训考试，取得相关岗位资格证。施工员取证不是全国统一的，各地要求大同小异。一般要求：

**1．初级（具备以下条件之一）**

（1）本专业或相关专业中专以上学历。

（2）从事本职业工作2年以上。

2．中级（具备以下条件之一）

（1）本专业或相关专业大专以上学历。

（2）连续从事本职业工作 4 年以上。

（3）取得本职业初级证书，从事本职业工作 2 年以上。

3．高级（具备以下条件之一）

（1）本专业本科以上学历，并从事本职业工作 2 年以上。

（2）本专业大专以上学历，并从事本职业工作 4 年以上。

（3）取得本职业中级证书，从事本职业工作 3 年以上。

持原建设部门《建设职业技能岗位证书》参加考试合格者可换发《国家职业资格证书》，换证仅收考试鉴定费和证书费。

**（四）施工员必须熟悉的施工程序**

施工程序是对施工的各个环节及其先后程序的规定。大致分为工程筹建、工程准备、主体工程施工和工程完建四个阶段。

1．施工组织程序

（1）工程建设项目施工、监理招标

1）通过招标确定基建工程招标代理机构或建设单位自己组织招投标。

2）招标代理机构或建设单位编制建设项目工程量清单和招标文件。

3）建设单位组织对投标单位进行资格审查和考察工作，同时专业技术人员组织现场踏勘、答疑等有关事项。

4）建设单位委托招标代理机构或建设单位自己组织招投标，在招投标管理部门和有关监察部门人员的全过程监督下开标、评标、定标。

（2）合同签订与建设前期手续办理

1）工程项目施工、监理企业中标后，建设单位按照《中华人民共和国合同法》、有关建筑合同签订管理的规定负责组织签订施工与监理合同。

2）持土地证，项目计划批文，规划许可证，消防与施工图纸审核文件，监理、施工合同办理各项开工手续。

（3）建设项目施工组织与管理

1）建设单位明确工地代表，为施工单位、监理单位做好协调、服务工作，并对工程质量、施工进度进行全过程监督。

2）施工准备。建设单位施工现场管理人员会同建设单位有关部门做好施工队伍进场前的施工现场准备工作，包括"三通一平"（水通、电通、路通及场地平整）等。

3）图纸会审。专业技术人员负责组织监理单位、施工单位进行图纸会审，组织设计单位向施工单位设计交底。

4）监理规划书及施工组织设计书审批。专业技术人员负责审批监理单位编制的监理规划和施工企业编制并经监理单位审查的施工组织设计。

5）建设项目放线、验线。专业技术人员组织办理建设项目的定位放线、验线工作。

6）工程质量控制。施工现场管理人员严格依据工程技术规范和施工操作规程，监督检查施工质量。

① 以国家施工及验收规范、工程质量验评标准及《工程建设规范强制性条文》、设计图纸等为依据，督促施工单位全面实现工程项目合同约定的质量目标。

② 检查、督促监理单位按照监理实施细则的要求及合同对施工过程进行全面控制。

（4）工期控制

1）建设单位组织监理单位根据施工合同、施工组织设计确定工期目标，审核施工单位编制的工期计划。

2）为实现工期目标，定期收集现场施工进度信息，采取措施不断进行动态控制，防止拖延工期和不合理抢工。

（5）工程变更、签证管理　严格控制工程变更，重要变更必须经过批准和审核。

1）设计变更管理。必须严格按照施工图实施工程建设，但是，因施工现场不可预见因素，或设计不合理，或使用单位、建设单位提出要求的设计变更，必须严格按规定程序办理签证手续。重大设计变更须报主管部门研究同意后执行。

2）现场签证管理。现场签证由现场管理人员和建设单位基建管理领导组织实施。现场签证必须经施工单位、监理单位、基建现场管理人员和建设单位基建管理领导共同签证认可。现场签证必须项目清楚、工作内容明确、数量准确。

（6）建设项目材料、设备管理　工程主要材料由施工方采购，包工不包料工程除外。规模工程的特殊材料、装饰装修材料由甲方参与采购认质认价。

材料采购管理和材料、设备进场管理。

1）由甲方参与采购认质认价的材料，施工单位应在使用前提供材料、设备清单。建设单位组织基建管理人员、纪检监察人员、施工单位、监理单位、重要材料或造价较高材料主管部门参与采购。材料价款总额较高的材料应组织招投标或议标。

2）施工单位或供货单位的材料、设备到场后，基建管理人员应召集工地代表、监理单位、施工单位、供货单位共同对照样品验货，所有进场的货物须有出厂合格证、质保书、试验报告等相关技术文件和资料，严格执行合同约定和国家相关标准。

3）材料的检验和检测。对于需要复检的材料，复检合格后才能投入使用；检验不合格的材料，全部退场。

4）施工过程中要跟踪检查。施工过程中，基建管理人员、监理单位对投入使用的材料、设备进行全程监督，可随时抽样检查并对抽检结果记录备案。发现不合格的材料和设备，立即责令停止使用并做返工处理。

2．施工程序

（1）砖混结构房屋施工程序

1）砖混结构施工流程　砖混结构房屋施工流程见图1-2。

2）砖混结构施工要点

① 土方开挖　由于砖混结构房屋大多在 7 层及以下，多为条形基础，土方开挖时，多为基槽开挖，也有进行基坑开挖然后回填的。土方开挖前一定要弄清地下障碍物情况，对相关的地下管线和地下文物要加以保护。

如果存在地下水位较高的情况，一般要进行降水施工。降水施工一般在开挖前 3 天开始，直至基础回填完毕，都要连续不断地降水。

土方开挖达到要求的标高后，要申报监理组织立即验槽。验槽签字完毕后，立即浇筑混凝土垫层。

② 基础施工　一般在混凝土垫层浇筑 12h 后（混凝土强度达到 1.2MPa 时）就可以放基础轴线与边线，组织基础施工。

基础施工完毕后，立即组织基础验收。通过验收签字后组织回填，有井点降水的工程，停止降水撤除井点管。

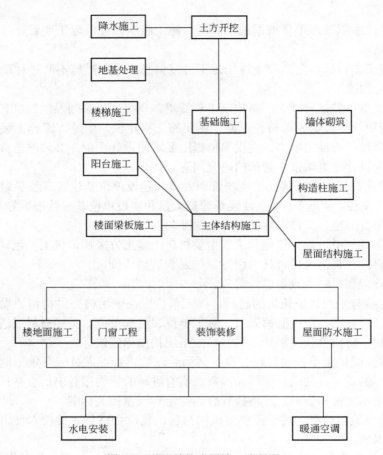

图 1-2  砖混结构房屋施工流程图

③ 主体结构施工  基础回填后组织主体结构施工，直至结构封顶。

砖混结构主体施工时，先绑扎构造柱钢筋，随后进行砌筑。每层砌筑到 1.2～1.4m 时，搭设外脚手架。接着砌筑到圈梁下部时，搭设满堂脚手架。然后构造柱支模与梁板支模，浇筑构造柱混凝土后绑扎梁板钢筋，预埋埋管埋件后验收钢筋，浇筑梁板混凝土。混凝土浇筑 12h（混凝土强度达到 1.2MPa 以上）放线，同时绑扎上一层构造柱钢筋。每层都按此程序施工后直到结构封顶。

一般结构封顶 20～30d 申请结构验收。

④ 装修、屋面防水施工  结构验收后可以组织室内装修，视天气情况，可以同时进行室外装修与屋面防水施工。

⑤ 安装工程  门窗安装完毕后，可以组织室内安装。

⑥ 室外工程  拆除脚手架、塔吊后可以组织室外施工。

（2）框架结构房屋施工程序  钢筋混凝土框架结构的典型特征是板-梁-柱传力结构体系。即钢筋混凝土楼面板将楼面荷载传到框架梁上，框架梁再将荷载传到框架柱上，框架柱将荷载传到基础上，基础将荷载传到地基上。这种传力体系被称为钢筋混凝土框架结构。

1）钢筋混凝土框架结构房屋施工流程  钢筋混凝土框架结构房屋施工流程见图 1-3。

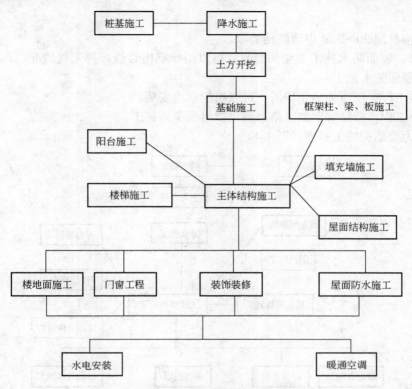

图 1-3    钢筋混凝土框架结构房屋施工流程图

2）钢筋混凝土框架结构房屋施工要点

① 土方开挖    由于钢筋混凝土框架结构房屋大多在 8 层及以下，基础大多为独立基础或桩基础，土方开挖时，大多为基坑开挖。有桩基的，先打桩，进行桩基验收交接后再挖土。有桩基的工程挖土时特别当心别将桩挖断了，否则会带来很大的麻烦。

如果存在地下水位较高的情况，一般要进行降水施工。降水施工一般在开挖前 3 天开始，直至基础回填完毕，都要连续不断地降水。

土方开挖达到要求的标高后，要申报监理组织立即验槽。验槽签字完毕后，立即浇筑混凝土垫层。

② 基础施工    一般在混凝土垫层浇筑 12h 后（混凝土强度达到 1.2MPa 时）就可以放基础轴线与边线，组织基础施工。

基础施工时，大多在周围设置排水沟。一般都支模、扎筋，浇筑基础混凝土。

基础施工完毕后，应将基础中心线、标高线等在建筑物上标明，立即申请组织基础验收。通过验收签字后组织回填，有井点降水的工程，停止降水撤除井点管。

③ 主体结构施工    基础回填后组织主体结构施工，一般先绑扎框架柱钢筋，框架柱支模搭设外脚手架。随后有两种组织方法，一是先浇筑框架柱混凝土，随后搭设满堂脚手架支设梁板模板，绑扎梁板钢筋。这种组织方法使梁柱接头部位有明显痕迹。二是框架柱支模后同时搭设内外脚手架，进行梁板支模，这时才浇筑框架柱混凝土，这种施工组织方法可以使梁柱接头部位光滑，无明显痕迹。浇筑框架柱混凝土后，绑扎梁板钢筋。

绑扎梁板钢筋后，预埋埋管埋件，然后验收钢筋，浇筑梁板混凝土。混凝土浇筑 12h（混凝土强度达到 1.2MPa 以上）放线，同时绑扎上一层框架柱钢筋。每层都按此程序施工后直到结构封顶。

一般结构封顶20～30d申请结构验收。

④ 装修、屋面防水施工　结构验收后可以组织室内装修，视天气情况，可以同时进行室外装修与屋面防水施工。

⑤ 安装工程　门窗安装完毕后，可以组织室内安装。

⑥ 室外工程　拆除脚手架、塔吊后可以组织室外施工。

（3）剪力墙结构施工程序（图1-4）

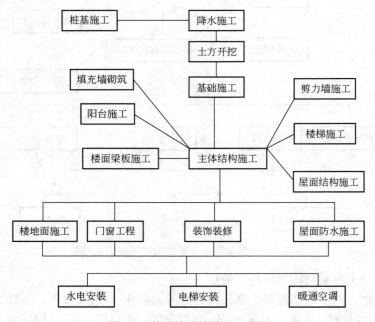

图1-4　剪力墙结构施工工艺图

以钢筋混凝土墙体与楼面承重为主要结构特征的钢筋混凝土结构被称为剪力墙结构。剪力墙结构与框架结构相比，能承受较大的水平荷载，因此，一般用于高度较大的建筑物中。据统计，目前剪力墙结构大多用于10～16层的房屋结构中。钢筋混凝土剪力墙结构房屋施工要点如下：

① 土方开挖　由于剪力墙结构的房屋大多在10～16层之间，多有地下室，基坑开挖时大多需要进行深基坑开挖支护，地下室底板混凝土施工大多需要采用大体积混凝土防裂施工措施。施工员必须明白，建筑物的基础与主体结构的分界线是室外地坪，室外地坪以下的工程（包括地下室）都属于建筑物基础。

如果存在地下水位较高的情况，一般要进行降水施工。降水施工一般在开挖前3天开始，直至基础回填完毕，都要连续不断地降水。

土方开挖达到要求的标高后，要申报监理组织立即验槽。验槽签字完毕后，立即浇筑混凝土垫层。

② 基础施工　一般在混凝土垫层浇筑12h后（混凝土强度达到1.2MPa时）就可以放基础轴线与边线，组织基础施工。

基础施工完毕后，立即组织基础验收。通过验收签字后组织回填，有井点降水的工程，停止降水撤除井点管。

③ 主体结构施工　基础回填后组织主体结构施工，一般先绑扎剪力墙钢筋，剪力墙支模搭设外脚手架。随后有两种组织方法，一是先浇筑剪力墙混凝土，随后搭设满堂脚手架支设楼板模板，绑扎梁板钢筋。这种组织方法使墙柱接头部位有明显痕迹。二是剪力墙支模后同时搭设内外脚手架，进行楼板支模，这时才浇筑剪力墙混凝土，这种施工组织方法可以使剪力墙与楼面板接头部位光滑，无明显痕迹。浇筑剪力墙混凝土后，绑扎楼面板钢筋。

绑扎楼面板钢筋后，预埋埋管埋件，然后验收钢筋，浇筑楼面板混凝土。混凝土浇筑 12h（混凝土强度达到 1.2MPa 以上）放线，同时绑扎上一层剪力墙钢筋。每层都按此程序施工后直到结构封顶。

一般结构封顶 20～30d 申请结构验收。

④ 装修、屋面防水施工　结构验收后可以组织室内装修，视天气情况，可以同时进行室外装修与屋面防水施工。

⑤ 安装工程　门窗安装完毕后，可以组织室内安装。

⑥ 室外工程　拆除脚手架、塔吊后可以组织室外施工。

## 三、施工员的管理素质要求

### （一）对施工质量控制的素质要求

由于影响建筑工程施工质量的因素较多，但主要因素在人的控制、材料的控制、相关机械的控制。

**1. 对人的控制的素质要求**

人是生产过程的活动主体，其总体素质和个体能力将决定着一切质量活动的成果，因此，既要把人作为质量控制对象又要作为其他质量活动的控制动力。

人的控制内容包括：组织机构的整体素质和每一个体的知识、能力、生理条件、心理状态、质量意识、行为表现、组织纪律、职业道德等，做到合理用人，发挥团队精神，调动人的积极性。

对直接从事工程施工的各类施工人员进行必要的专业技术培训，加强劳动纪律教育，调动其积极性，对要求高的工艺要由技术熟练、经验丰富的工人来完成。

施工现场对人的控制，主要措施和途径是：

（1）以项目经理的管理目标和职责为中心，合理组建项目管理机构，因事设岗，配备合适的管理人员。

（2）严格实行分包单位的资质审查，控制分包单位的整体素质，包括技术素质、管理素质、服务态度和社会信誉等。严禁分包工程或作业的转包，以防资质失控。

（3）坚持作业人员持证上岗，特别是重要技术工种、特殊工种、高空作业等，做到有资质者上岗。

（4）加强对现场管理和作业人员的质量意识教育及技术培训，开展作业质量保证的研讨交流活动等。

（5）严格现场管理制度和生产纪律，规范人的作业技术和管理活动的行为。

（6）加强激励和沟通活动，调动人的积极性。

**2. 对材料的控制的素质要求**

材料的控制主要是严格检查验收，正确合理地使用。对每批进入施工现场的材料都要进行相关检验。

材料的购入要按照当月的用料计划进行分批采购，进入现场的材料必须要有相关厂家的合格证、材质证明、出厂合格证等相关报告。

（1）对原材料材质标准严格把关。材料员对原材料、成品和半成品应先检验后收料，不合格的材料不准进场。

（2）原材料要具备出厂合格证或法定检验单位出具的合格证明。钢筋、水泥还应注明出厂日期、批号、数量和使用部位，抄件应注明原件存放单位和抄件人并签章。

（3）对材质证明有怀疑或按规定需要复检的材料，应及时送检，未经检验合格，不得使用。

（4）不同类型、不同型号的材料分类堆放整齐。水泥、钢筋在运输、存放时需保留标牌，按批量分类，并注意防锈蚀和污染。

（5）加强材料供应商的选择和物资的进场管理。

1）材料供应商的选择　结构施工阶段模板加工与制作、商品混凝土供应商的确定、钢筋原材及加工成品的采用，装修阶段、机电安装阶段材料和设备供应商等均要采用全方位、多角度的选择方式，以产品质量优良、材料价格合理、施工成品质量为材料选型、定位的标准。同时要建立合格材料分供方的档案库，并对其进行考核评价，从中定出信誉最好的材料分供方。材料、半成品及成品进场要按规范、图纸和施工要求严格检验，不合格的立即退货。

2）明确物资采购程序　无论是总包还是分包，采购物资都必须由供货方提供样品或由承包商提供施工样板间，由业主、施工和设计单位及项目经理部有关部门人员进行定量评定，通过打分，确定入围者并签订合同。

3）材料采购与进场管理

① 做好材料选样报批工作，对于选定的材料要及时对材料样板进行封存。

② 根据材料样板、选定的材料厂商，进行材料订货。

③ 材料订货计划要根据施工图纸要求及现场实际尺寸进行编制。

④ 材料进场严格执行检验制度，对照材料计划检查材料的规格、名称、型号、数量，看是否有产品合格证、材料检验报告，把好材料质量关。

⑤ 对于特殊及贵重材料，要由项目经理、主管责任工程师与现场材料员共同验收。材料进场后，对材料的堆放要按照材料性能、厂家要求进行。易受潮变形、变质的材料要上盖下垫，防止材料受潮变形。易燃、易爆材料要单独存放。

⑥ 对材料堆放地点要有预见性，尽量减少材料的搬运工作。材料在搬运过程中要注意，对于易碎、易损的材料要特别提出，必要时对工人做书面的搬运指导书。

⑦ 材料使用完毕要及时清理、回收，不得浪费材料。材料人员应做好材料收发存台账，及时收集材料的材质证明及产品合格证。

3．对施工机械设备的控制的素质要求

根据工程不同的工艺特点和技术要求，选用合适的机械设备，正确使用和保养好机械设备，制订机械设备的管理制度及使用制度，配合相关技术人员做好机械设备的管理工作。

（1）对建筑设备的控制　建筑设备应从设备选择采购、设备运输、设备检查、设备安装和设备调试方面考虑。

1）设备选择采购　除参考前面材料采购外，尚应指派相关专业人员专门负责，大型设备如无定型产品，还需联系厂家定制；有的设备还需相应政府部门审批。在有设备供应分包商时，应特别注意设备供应分包合同的管理。

2）设备运输　设备生产厂家距工程项目施工地点可能很远，甚至从国外进口，为此，应对运输过程中的设备保护特别重视，并通过运输投保转移风险。当然，如果设备供应分包负责运至工地，总承包商就不存在上面的问题了。

3）设备检查验收　承包商对运至现场的设备应会同有关人员开箱检查，主要检查设备外观、部件、配件数量、书面资料等是否合格齐全，同时注意开箱时避免破坏设备。

4）设备安装　设备安装应符合有关技术要求和质量标准。由于设备安装通常以土建工作为先导，并时有交叉作业，所以应特别注意两者的交叉作业；设备安装通常进行专业分包，所以选择合适的分包单位和对之有效的管理就显得非常重要。

5）设备调试　设备调试是设备正常运转并保证其质量的必经环节，应按照要求和一定步骤顺序进行，对调试结果分析以判断前续工作效果。

（2）对施工机械设备的控制　施工机械设备是现代建筑施工必不可少的设施，是反映一个施工企业力量强弱的重要方面，对工程项目的施工进度和质量有直接影响。说到底，对其质量控制就是使施工机械设备的类型、性能参数与施工现场条件、施工工艺等因素相匹配。

1）承包商应按照技术先进、经济合理、生产适用、性能可靠、使用安全的原则选择施工机械设备，使其具有特定工程的适用性和可靠性。如预应力张拉设备，根据锚具的型式，从适用性出发，对于拉杆式千斤顶，只适用于张拉单根粗钢筋的螺丝端杆锚具、张拉钢丝束的锥形螺杆锚具或 DM5A 型墩头锚具。

2）应从施工需要和保证质量的要求出发，正确确定相应类型的性能参数，如千斤顶的张拉力必须大于张拉程序中所需的最大张拉值。

3）在施工过程中，应定期对施工机械设备进行校正，以免误导操作，如锥螺纹接头的力矩扳手就应经常校验，保证接头质量的可靠。另外，选择机械设备必须有与之相配套的操作工人相适应。

4．对施工方法的控制的素质要求

施工方法集中反映在承包商为工程施工所采取的技术方案、工艺流程、检测手段、施工程序安排等，对施工方法的控制，着重抓好以下几个关键。

（1）对基础工程的控制

1）在人工挖孔桩开挖前应充分做好降水处理，应做到在孔桩成孔的过程中没有地下水浸入。

2）在孔桩成孔过程中应随时检查孔桩的尺寸是否准确，垂直度是否符合要求，一旦发现有偏差应及时进行纠正。

3）对于人工挖孔桩持力层的确定，应得到业主、施工、设计、勘察等单位的共同确认；应注意孔桩扩大头的尺寸是否符合设计要求。

4）基础及主体钢筋混凝土部分钢筋、模板、混凝土分项工程应遵守以下的质量保证措施。

（2）对钢筋工程的控制

1）钢筋工程质量保证措施

① 检查出厂质量证明书及进场复检报告，证明进场材质合格。

② 加强对施工人员的技术交底，使其执行施工规范要求和设计要求。

③ 严格按照图纸和配料单下料和施工。

④ 楼板钢筋施工前，应预先弹线并检查基层的上道工序质量，加强工序的自检和交接检查。

⑤ 对使用的机具应经常检测和调整。

⑥ 焊接人员必须持证上岗，正式施焊前必须按规定进行焊接工艺试验，同时检查焊条、

焊剂的质量，焊剂必须烘干。

⑦ 焊接钢筋端头不整齐的要切除，焊后夹具不宜过早放松。根据钢筋直径选择合理的焊接电流和通电时间。

⑧ 每批钢筋焊完后，按规定取样进行力学试验和检查焊接外观质量，合格后，才能进行绑扎。

2）钢筋工程质量保证的要点

① 钢筋的品种和质量。

② 钢筋的规格、形状、尺寸、数量、间距。

③ 钢筋的锚固长度、搭接长度、接头位置、弯钩朝向。

④ 焊接质量及机械连接质量。

⑤ 预留洞孔及预埋件规格、数量、尺寸、位置。

⑥ 钢筋保护层厚度及绑扎质量。

⑦ 严禁踩踏和污染成品，浇混凝土时设专人看护和修整钢筋。

（3）对模板工程的控制

1）质量保证措施

① 进行技术交底：交图纸、交方法、交规程、交标准。

② 每次支模前应对模板材料验收，不符合要求的应更换或修复，不能滥竽充数。

③ 班长、工长、质检员应随时对支模操作进行检查，发现问题及时纠正。

④ 质检员组织工长、班长、自检员进行检查验收合格后再转入下道工序。

2）质量保证要点

① 构件中心线、标高。

② 模板的安装质量，包括刚度、强度和稳定性。

③ 模板的平整度、垂直度、截面尺寸、标高、接缝严密情况以及预埋件、预留洞的位置。

（4）对混凝土工程的控制

1）混凝土质量保证措施

① 检查原材料出厂合格证及试验报告，必须保证各项材料指标的稳定性。

② 商品混凝土应严格控制配合比、原材料计量和坍落度。

③ 浇筑前应检查钢筋位置和保护层厚度，注意固定垫块，垫块位置必须合理、分布均匀。

④ 下料一次不得过多，自由倾落高度一般不得超过 2m，应分层捣固，掌握每点的振捣时间，超过 2m 的应使用串筒、溜槽或分多次浇筑。

⑤ 预留洞处应在两侧同时下料，采用正确的振捣方法，严防漏振。

⑥ 为防止钢筋移位，振捣时严禁振捣棒撞击钢筋，操作者不得踩踏钢筋，以免模板变形或预埋件脱落。

⑦ 混凝土浇筑后 12h 内覆盖浇水养护，在混凝土强度达 1.2MPa 后方可在已浇筑的结构上走动。

⑧ 大体积混凝土浇筑时应根据工程特点采用分段分层浇筑方法，控制浇筑厚度，超过 2m 应加串筒、溜管等，结合层浇筑要细致振捣，特殊情况时预留后浇施工缝。

2）混凝土工程质量保证的要点

① 包括水泥的品种、强度等级和砂、石、外加剂的质量。

② 商品混凝土应重点控制配合比、原材料计量、坍落度。

③ 浇筑时应重点控制浇筑高度和振捣棒插入间距、深度、顺序。

（5）对砌体工程的控制

1）墙体砌筑的各种材料要符合设计要求。

2）墙体采用的灰砂砖、加气混凝土砌块在砌筑前要提前 1d 浇水湿润，确保灰砂砖和加气混凝土砌块的含水率分别为 10%～15% 和 5%～8%。

3）基层表面如有局部不平，高差超过 30mm 处应用 C15 以上的细石混凝土找平后才可砌筑。

4）砌块墙底部应砌 200mm 高标砖，在梁、板下口应用灰砂砖斜砌挤紧，斜度为 60°，砂浆应饱满。

5）框架维护墙和内隔墙，墙高大于 4.0m 时，在窗顶或墙中每隔 3m 设置构造圈梁。严格按图纸要求设置构造柱。

6）墙体与柱沿墙体高度每 500mm 设置 $2\phi6.5$ 墙体拉结筋。加气混凝土墙每隔 1000mm 高度设置通长拉结筋分别锚入砌体砂浆中。

7）构造柱浇筑混凝土时要清理干净砖面和柱底的落灰、碎石、木屑等杂物。

（6）对屋面工程的控制

1）屋面工程施工前，进行图纸会审，掌握施工图的细部构造及有关技术要求，编制好作业指导书。

2）向班组进行技术交底，包括施工部位、施工顺序、施工工艺、构造层次、节点设防方法、工程质量标准、成品保护措施及安全等。

3）所有材料都应有材料质量证明文件并经指定的质量检测部门认证，确保其质量符合技术要求，进场材料按规定取样复试。

4）找平层首先符合排水坡度和顺向，找平层达到规定干燥后才能做防水层。在低温下不宜施工并应避免高温烈日下施工。

5）在屋面拐角、天沟、水落口、屋脊、搭接收头等节点部位应尤其注意符合设计要求和屋面工程技术规范等有关规定。

（7）对装饰装修工程的控制

1）装饰工程的质量保证措施

① 审查图纸，根据工程特点和现场具体条件制定施工方案，施工方案中应包括工期、施工顺序和施工方法。

② 做好材料的试验、检验和试配工作。

③ 做好装饰节点的大样设计，做好装饰样板间、样板块，经甲方、施工等有关部门验收合格后方能大量施工。

④ 加强施工过程的检查，对违反操作规程和达不到标准的予以及时纠正。装饰各分部完成后应加强成品保护，避免损坏。

2）瓷砖墙面空鼓、脱落防治措施

① 基层清理干净，表面修补平整，墙面洒水湿透。

② 瓷砖使用前，须清洗干净，用水浸泡到瓷砖不冒气泡为止且不少于 2h，然后取出，待表面晾干后方可粘贴。

③ 粘贴砂浆厚度应控制在 7～10mm 之间，过厚或过薄均易产生空鼓。

④ 当瓷砖墙面有空鼓和脱落时，应取下瓷砖铲去原有粘贴砂浆，采用 108 胶聚物水泥

砂浆粘贴修补。

3）铝合金窗渗漏防治措施

① 横向与竖向构件组合时，须采用套插方式，套插尺寸不得小于 10mm 并用密封胶密封。

② 外密封条是隔气、防水的重要部位，安装时应特别注意，密封条抗老化性能应优良，规格合适，其嵌固在窗扇上应牢靠，在转角处应切成 45°角并用硅胶黏结牢固，不得有缝隙，门窗关闭后其密封条必须全部处于受压状态。室外玻璃压条与玻璃间填嵌密封胶必须饱满，黏结牢固，以防从此处渗水。

③ 框上冒头应开泄水槽，相应部位的密封条亦应开槽。

④ 门窗洞外侧靠框边处应留槽，填嵌密封材料时槽口基层必须干燥并清理干净，密封胶表面不得有缝隙、气孔等。

⑤ 为防止水从窗框周边、砂浆微小缝隙渗透，可采用成膜性防水材料堵塞其中毛细孔。

4）卫生间渗水防治措施

① 卫生间在铺设找平层前应检查地漏标高，并对立管、套管和地漏穿过楼板处的节点间采用细石混凝土将四周稳牢堵严，进行密封处理，在管四周留出深 8～10mm 沟槽，采用防水类涂料裹住管口和地漏。找平层与墙面的交接阴角处做成小圆角。

② 在找平层上铺涂防水涂料时，找平层应清洁干燥，含水率不大于 9%，并先涂刷基层处理剂。

③ 铺涂防水材料时，在穿过楼板管道四周处的防水涂料应向上铺涂，并应超过套管的上口，靠近墙面处防水涂料向上铺涂，高出面层 20～30mm，阴阳角和穿过楼板面管道的根部应增加铺涂防水材料。

④ 铺涂完毕后应做蓄水试验，蓄水深度为 20～30mm，24h 内无渗漏为合格，并做好记录。

⑤ 试验合格后应立即做好防水涂料的砂浆保护层，防止防水涂料的损坏。

5）外墙干挂花岗岩施工质量控制措施

① 施工时应对石材进行试拼和认真挑选。

② 施工前认真按照图纸尺寸核对结构施工的实际尺寸，在分段分块弹线过程中，应做到弹线细、拉线要直，并经常进行吊线校正检查。

③ 在施工外窗套口的周边、立面凹凸变化的节点、不同材料交接处、伸缩缝、披水坡度和窗台以及挑檐与墙面等交接处，应经常检查打胶、嵌缝情况。

④ 在干挂时，应随挂随清擦，注意成品保护，以免造成墙面污染。

**（二）相关施工文件资料的控制的素质要求**

1. 施工文件资料的内容

施工文件资料是指在工程建设阶段，施工单位与参建各方共同形成的反映施工过程及质量情况的信息资料。包括：施工管理、施工质量验收、施工检测、施工试验、竣工图等技术文件资料。

工程技术资料管理，贯穿整个工程项目的建设过程，涉及参建的方方面面，是一项繁杂的系统工程。

工程施工资料应该全面、完整地记录从施工准备开始直至竣工验收的整个施工过程的施工管理情况，所使用和安装的材料、设备的情况，施工的整个过程和工程内在质量状况。同时，这套资料也应该全面反映施工单位的技术管理、质量管理的措施和手段，反映施工单位在施工过程中是否全面满足设计要求、甲方要求和国家法律法规的要求。可以说,工程施工资料是工程建设施工过程的完整记录,是以文字、图、表等形式建成的工程,它应该准确地描述该工程全部的内在质量并可以随时再现给大家。

2．施工资料的作用

（1）施工资料对于建设使用方的作用

由于工程建设项目普遍具有使用周期长,所有者、使用者在工程正常使用寿命中会发生多次变化的特点,工程将不可避免地发生维护、更新、改造等问题。一项工程、一座建筑,如果没有完整的原始施工技术资料,在它建成几十年后进行更新改造时,将是一件非常困难的事,可能要花费大量的人力和财力,甚至会成为不可能。所以,建设单位、使用单位对施工建设时的原始技术资料应该十分关注。

（2）施工资料对于施工方的作用

对于施工方而言,施工资料是表明施工方全面履行合同的约定、施工质量全面达到国家质量验收标准和设计要求的唯一标志。

施工资料不仅是施工过程的记录,更是工程质量的重要组成部分,是工程内在质量的反映。工程质量是否合格,是否存在隐患,不是简单地反映在工程的外表,观感质量只是工程质量的一部分,而且是很有限的部分,而结构的安全性、功能的可靠性等衡量工程质量的更重要的性能很多是无法直接用肉眼来观察的,这些关键的质量状况只有靠工程的施工资料来反映。

施工方与建设方之间的关系是依靠法律来调节的,由于施工资料可以证明工程的内在质量,可以分清建设、设计、施工各方的责任,所以施工资料将是法庭的重要证据。

所以说,施工资料对于施工单位来说是非常重要的。作为施工单位,应树立危机意识和自我保护意识,切实抓好施工资料的编制工作,使施工资料发挥作用。

（3）施工资料对于政府（建设主管部门）的作用

由于建设工程具有涉及公共利益的特点,所以政府对工程的施工资料也十分关注,这是任何国家都不例外的。为此我国规定工程建设中形成的重要文件,包括重要的施工技术资料必须将原件进行统一归档保存,直至工程报废拆除为止。

3．施工资料编制工作的特点

工程施工资料的编制工作贯穿了工程施工建设的全过程和所有涉及工程建设的单位,包括建设单位、设计单位、施工单位、施工总承包单位、施工分包单位、材料设备供应单位等。所以,工程资料的编制工作具有延续时间长、涉及范围广、系统性强的特点。

4．施工资料编制的现状

目前施工资料归结起来表现为"一全、三个不到位"。

（1）"一全"

随着国家新版建筑工程施工质量验收规范的执行,各地方政府主管部门均及时更新了施工资料的相应表格,并对原有表格进行了补充和完善。总体看,资料的完整性得到了基本的满足,基本可以比较全面地记录施工的全过程。

（2）"三个不到位"

1）认识不到位

对施工资料作用的重要性认识不到位,没有认识到施工资料是工程的重要组成部分,而是把施工资料和工程的实物割裂开来。

2）企业的自我保护意识不到位

无法用法律的手段保护自己。施工资料的编制工作不能适应市场经济依法办事的需要。

3）管理不到位

企业没有建立、健全施工资料编制管理体系；资料编制深度没有企业标准；资料编制、收集、归档没有相应的岗位责任制；对分包单位编制的施工资料没有统一标准、没有监管、验收不严格。

5．加强施工资料编制管理

（1）正确认识施工资料的作用，树立企业的自我保护意识。

（2）建立健全施工资料编制管理体系，制定施工资料编制管理流程和相应制度；明确岗位责任，建立考核制度。

（3）制定有关施工资料编制深度的企业标准，保证施工资料的编制质量。

（4）强化对分包单位的管理，将分包到位的施工资料编制工作纳入总包到位的管理体系之中。

6．土建施工资料的内容

包括施工管理资料、施工技术资料、施工物资资料、施工测量记录、施工记录、施工试验记录、施工验收资料。

（1）施工管理资料

施工管理资料包括：工程概况表、施工进度计划分析、项目大事记、施工日志、不合格项处置记录、工程质量事故报告、建设工程质量事故调查笔录、建设工程质量事故报告书及施工总结。

（2）施工技术资料

施工技术资料包括：工程技术文件报审表、技术管理资料、技术交底记录、施工组织设计、施工方案、设计变更文件、图纸审查记录、设计交底记录及设计变更、洽商记录。

（3）施工物资资料

施工物资资料包括：工程物资选样送审表，工程物资进场报验表，产品质量证明文件，半成品钢筋出厂合格证，预拌混凝土出厂合格证，预制混凝土构件出厂合格证，钢构件出厂合格证，材料、设备进场检验记录，设备开箱检查记录，材料、配件检验记录，设备及管道附件试验记录，产品复试记录，材料试验报告，水泥试验报告，钢材原材料试验报告，砖（砌块）试验报告，砂试验报告，碎（卵）石试验报告，轻集料试验报告，防水卷材试验报告，防水涂料试验报告，混凝土掺合料试验报告，混凝土外加剂试验报告，钢材机械性能试验报告及金相试验报告。

（4）施工测量记录

施工测量记录包括：工程定位测量记录、基槽验线记录、楼层放线记录及沉降观测记录等。

（5）施工记录

施工记录包括：通用记录，隐蔽工程检查记录表，预验工程检查记录表，施工通用记录表，中间检查交接记录，土建专用施工记录，地基处理记录，地基钎探记录，桩基施工记录，混凝土搅拌测温记录表，混凝土养护测温记录表，砂浆配合比申请单及通知单，混凝土配合比申请单及通知单，混凝土开盘鉴定，预应力筋张拉记录，有黏结预应力结构灌浆记录，建筑烟（风）道，垃圾道检查记录，电梯专用施工记录，电梯承重梁，起重吊环埋设隐蔽工程检查记录，电梯钢丝绳头灌注隐蔽工程检查记录，自动扶梯，自动人行道安装条件记录等。

（6）施工试验记录

施工试验记录包括：施工试验记录（通用），设备试运转记录，设备单机试运转记录，调试报告，土建专用施工试验记录，钢筋连接试验报告，回填土干密度试验报告，土工击实试验报告，砌筑砂浆抗压强度试验报告，混凝土抗压强度试验报告，混凝土抗渗试验报告，超声波探伤报告，超声波探伤记录，钢构件射线探伤报告，砌筑砂浆试块强度统计、评定记录，混凝土试块强度统计、评定记录，防水工程试水检查记录，电气专用施工试验记录，电气接地电阻测试记录，电气绝缘电阻测试记录，电气器具通电安全检查记录等。

（7）施工验收资料

施工验收资料包括：分部/分项工程施工报验表、分部工程验收记录、竣工验收通用记录、基础/主体工程验收记录、幕墙工程验收记录、单位工程验收记录及工程竣工报告等。

**7. 施工试验和记录**

（1）基坑验槽

1）地基验槽的内容

土质情况、几何尺寸、标高、放坡情况、地基处理情况。

2）地基处理的内容

地质勘察及报告、地基普探及图纸、问题坑的处理及方案、基槽的复验。

（2）回填土

1）回填土的分类及内容

① 分类　灰土、砂、砂石。

② 内容　桩基、基槽管沟、基坑、填方、场地平整、排水沟、地（路）面基层、地基局部回填。

2）回填的方法

① 回填前做干密度和击实试验，确定最佳含水量（各地有所不同，根据当地情况确定）。

② 筛土，控制土的粒径和杂质，符合规范要求。

③ 回填厚度 200～250mm。

④ 分层取样试验：绘制取样平面图，编制取样号码，上下层要错位。

3）回填土的取样方法

① 环刀法　每段每层进行检验，应在夯实层的下半部（2/3 处）套环，计算湿密度。烘干后，计算干密度。

② 罐砂法　用于砂石回填。

4）地基检查取样数量

① 对灰土地基、砂和砂石地基、土工合成材料地基、粉煤灰地基、强夯地基、注浆地基、预压地基（强度或承载力）检验数量：每单位工程不应少于 3 点；1000m² 以上工程，每100m² 至少应有 1 点；3000m² 以上工程，每 300m² 至少应有 1 点。每一独立基础下至少应有一点，基槽每 20 延长米应有 1 点。

② 对水泥土搅拌桩复合地基、高压喷射注浆桩复合地基、砂桩地基、振冲桩复合地基、土和灰土挤密桩复合地基及夯实水泥土桩复合地基，其承载力检验数量为总数的 0.5％～1％，但不应少于 3 处。有单桩强度检验要求时，数量为总数的 0.5％～1％，但不应少于 3 根。

复合地基中的桩至少应抽查 20％。

进行强度检验时，对承重水泥土搅拌桩应取 90d 后的试件；对支护水泥土搅拌桩应取 28d 后的试件。

③ 基坑回填或室内回填

按分层厚度，每层每 500m² 不少于一组，不足 500m² 也取一点。

取样数量应按以下规定：

柱基：抽查柱基的 10%，但不少于五点；

基槽管沟：每层按长度 20～50m 取一点，但不少于一点；

基坑：每层按长度 100～500m 取一点，但不少于一点；

挖方、填方：每 100～500m² 取一点，但不少于一点；

场地平整：每 400～900m² 取一点，但不少于一点；

排水沟：每层按长度 20～50m 取一点，但不少于一点；

地（路）面基层：每层按 100～500m² 取一点，但不少于一点。

（3）基坑（槽）回填施工检查记录

1）地基验槽记录填写的内容

① 地基土质是否与地质勘察报告记载相符，是否已控制到老土，有否搅动。

② 有否局部土质坚硬、松软及含水量异常的现象，是否需下挖或处理。

③ 基槽实际开挖尺寸、标高、排水、护壁、不良基土（流砂、橡皮土）处理情况。

④ 遇有井、坑、旧有电缆、管道及房屋基础等的数量、位置及其处理情况。

⑤ 回填土的土质名称、坑（槽）底积水和杂物清除情况、回填土的含水量、分层夯实情况及回填顺序等，均填写在记录中。

⑥ 若存在地基处理，注明洽商编号，并填写复查意见。

⑦ 地基验槽内容中应在基槽标高断面图上方注明该工程地质勘探报告编号。

2）填写内容

核对基坑位置、平面尺寸、坑底标高。核对基坑土质和地下水情况。空穴、古墓、古井、防空掩体及地下埋设物的位置、深度、形状。地质复杂、重要的工程，根据设计要求，进行钎探试验并做好记录。须进行处理者应有处理记录及平面图，注明处理部位、深度及方法，并经勘测设计单位复验签证（设计院认可处理方案）。

3）注意事项

地基验槽记录和地基处理记录必须经施工单位、设计单位（包括勘察单位）人员签字、盖章。验收意见中的遗留问题（如局部需加深及毛石回填等）应及时解决，并办好相关手续。

**8．钢筋连接记录**

（1）钢筋焊接的方法

点焊、闪光对焊、电弧焊、电渣压力焊、埋弧压力焊、气压焊。

（2）钢筋焊前的焊性试验

1）各种焊法在焊接前，必须在现场做两个焊头的焊性试验，检查是否符合焊性要求，并做预检记录。

2）焊性试验必须是同品种、同规格、同批量的钢筋。

3）检查焊工合格证。

4）试件焊接试验报告。

5）预制阳台及外挂板等混凝土构件，厂家应提供可焊性报告，并做现场焊性试验。

6）钢筋原材料应与设计相符合，必须有合格证和检测报告。进口钢筋须有化学成分试验报告。

（3）钢筋焊接的必试项目

1）点焊：抗剪试验、抗拉试验。

2）闪光对焊：抗拉试验、冷弯试验。

3）电弧焊：抗拉试验。

4）电渣压力焊：抗拉试验。

5）埋弧压力焊：抗拉试验。

6）气压焊：抗拉试验、冷弯试验。

（4）钢筋连接的取样方法和数量

1）焊接接头

① 工艺试验 每一焊工按现场条件对拟焊同牌号、同直径钢筋，分别焊拉伸、弯曲试件。

闪光对焊试件：同一焊工、同一台班（或连续一周）每焊接 300 个同牌号、同直径接头为一批，不足 300 个也为一批。

② 电渣压力焊、气压焊试件 现浇钢筋混凝土建筑（地下室、水塔等）或房屋结构不超过 2 楼层中，每焊接 300 个同牌号钢筋接头为一批，不足 300 个也为一批，每批从最大直径接头中取样。

2）机械连接

① 型式试验 国家、省部级主管部门认可的检测机构提供的有效检测报告。

② 现场工艺试验 连接前或施工中每批进场钢筋均进行现场条件下的工艺试验。

③ 连接试件 同一施工条件、同一批材料、同等级、同型式、同规格每 500 个接头为一批，不足 500 个也为一批，当连续十批一次合格率为 100% 时，按每 1000 个接头为一批。

9. 砌筑砂浆记录

（1）砂浆配合比 每一设计强度等级均应提前委托，施工原材料改变应重新委托。

① 常温下砌体砂浆标养试块、冬期施工砌体砂浆（同条件养护试块）：每一检验批（楼层）或不超过 250m³ 砌体内同品种、同强度等级的砂浆各不少于一组。

② 注浆工程（标养、同条件）试块：每一施工段内同品种、同强度等级砂浆各不少于一组，同条件养护试块在现场抽检前送检。

③ 水泥砂浆楼地面、镶贴地面结合层砂浆标养试块：每一楼层（或检验批）且面积不大于 1000m²，同品种砂浆各不少于一组，住宅标准层可按 3 楼层、面积不大于 1000m² 留一组。

（2）砂浆试块标准养护

1）水泥砂浆试块应在温度（20±3）℃、相对湿度 90% 以上环境中养护。

2）混合砂浆试块应在温度（20±3）℃、相对湿度 60%～80% 环境中养护。

标准养护时间为 28d。

（3）砂浆试块成型方法

1）水泥砂浆成型方法

用 7.07cm×7.07cm×7.07cm 有底试模，由砂浆搅拌机出料口处取同一盘搅拌均匀的砂浆拌合物一次注满试模内，用直径 10mm、长 350mm 的圆头钢棒均匀插捣 25 次，然后用刮刀沿试模壁插捣数次，抹平、覆盖表面，在（20±5）℃温度下静置一昼夜，拆模。

2）混合砂浆成型方法

用 7.07cm×7.07cm×7.07cm 无底试模，放在预先铺有吸水性较好的湿纸的普通砖上，砖的含水率不应大于 2%，由砂浆搅拌机出料口处取同一盘搅拌均匀的砂浆拌合物一次注满试模内，用直径 10mm、长 350mm 的圆头钢棒均匀插捣 25 次，然后用刮刀沿试模壁插捣数次，砂浆应高出试模顶面 6~8mm，约 15~30min 后将高出部分砂浆沿试模顶面削平，在正温度环境中养护一昼夜，拆模。

　　3）砂浆强度评定公式

$$m_{fcu} \geqslant f_{cu,k}$$
$$f_{cu,min} \geqslant 0.75 f_{cu,k}$$

式中　　$m_{fcu}$——同一验收批中砂浆立方体抗压强度各组平均值（MPa）；

　　　　$f_{cu,k}$——验收批砂浆设计强度等级所对应的立方体抗压强度；

　　　　$f_{cu,min}$——同一验收批中砂浆立方体抗压强度的最小一组平均值。

　　10．混凝土记录

　　混凝土（抗渗）配合比：每一设计强度等级均应提前委托，施工原材料改变应重新委托。

　　（1）标养试块

　　1）基础、主体结构混凝土　施工段每一楼层混凝土水平、竖向构件：每浇注同一配合比混凝土不超过 100m³ 至少留一组，一次连续浇注超过 1000m³ 时，同一配合比混凝土每 200m³ 留一组。

　　2）浇注桩　每单柱桩且每浇注混凝土 50m³ 不少于一组，非单柱桩按工作班组每浇注混凝土 50m³ 留一组；不足 50m³ 按 50m³ 计。

　　3）基础锚杆　宜按每一施工段不少于一组。

　　4）现场预制小型构配件　每浇注同一配合比混凝土 100m³（或不足）至少留一组。

　　5）抗渗试块　连续浇注混凝土每 500m³ 留置一组，且每项工程不得少于 2 组。使用预拌混凝土时，留置组数应按结构的规模和要求提前与施工方商定。

　　（2）基础、主体结构混凝土同条件养护试块

　　1）梁板拆模试块　施工段内每一楼层同配合比混凝土不少于一组，有悬挑平台增设一组。

　　2）桩基（锚杆）检测试块　每一施工段不少于一组。

　　3）冬期施工试块　每次同一配合比混凝土增留 2 组，一组检验混凝土抗冻临界强度，一组同条件养护 28d 转入标养 28d 后检测混凝土抗冻强度。

　　（3）结构实体强度检验试块　混凝土结构工程中各种混凝土强度等级均应留置，同一强度等级的试块留置数量不宜多于 10 组，不应少于 3 组。

　　具体留置数量和留置结构构件或结构部位，事先由项目部根据混凝土工程量和重要性，会同施工方共同商议。同条件养护至 600℃·d（等效养护龄期可取按日平均温度逐日累计达到 600℃·d 时所对应的龄期，0℃ 及以下的龄期不计入；等效养护龄期不应小于 14d，也不宜大于 60d）后送检（应有混凝土养护温度记录）。

　　（4）非结构混凝土试块　垫层、防水保护层、上人屋面非结构混凝土标养试块：同部位、同功能、同一配合比混凝土每浇注 100m³ 至少留一组，不足 100m³ 也留一组。

　　（5）混凝土试块标准养护　混凝土的标准养护条件为温度（20±3）℃，相对湿度 90% 以上。养护时间 28d，抗渗试块 28~90d。

　　（6）混凝土试块的成型方法

　　1）混凝土标准试件 150mm×150mm×150mm（一组 3 块）。

　　2）混凝土拌合物分两次装入试模，每次装料的厚度大致相等，用长 600mm、直径 16mm，

端部磨圆的钢棒插捣 25 次，从边缘渐向中心，插捣完后，用抹刀沿试模内壁插入数次，然后刮除多余的混凝土，并用抹刀抹平，覆盖表面，以防止水分蒸发，在温度（20±5）℃情况下静置一昼夜或两昼夜（24h 以后、48h 以内），然后拆模。

3）防水混凝土抗渗试块以 6 块为一组，试件为顶面直径 175mm、底面直径 185mm、高 150mm 的圆台体，试件成型后 24h 拆模，然后分别进行标准养护和同条件养护，养护期不少于 28d，不超过 90d。

（7）混凝土坍落度检查记录表

1）适用于骨料最大粒径不大于 40mm、坍落度不少于 10mm 的混凝土拌合物稠度测定。

2）和易性：坍落度筒提离后，如混凝土发生崩坍或一边剪坏现象，则应重新取样另行测定，如第二次试验仍出现上述现象则表示混凝土和易性不好。

3）黏聚性：用捣棒在已坍落的混凝土锥体侧面轻轻敲打，此时，如果锥体逐渐下沉，则表示黏聚性良好，如果锥体倒塌，部分崩裂或出现离析现象，则表示黏聚性不好。

4）保水性：坍落度筒提离后如有较多的稀浆从底部析出，锥体部分的混凝土也因失浆而骨料外露，则表示此混凝土拌合物的保水性不好；如坍落度筒提离后无稀浆自底部析出，则表示此混凝土拌合物的保水性良好。

5）每工作班检查不少于 2 次。

（8）混凝土养护情况记录表

1）混凝土浇筑完毕后，应按施工技术方案及时采取有效的养护措施，并应符合下列规定：

① 应在浇筑完毕后的 12h 以内对混凝土加以覆盖并保湿养护。

② 混凝土浇水养护的时间，对采用硅酸盐水泥、普通硅酸盐水泥或矿渣硅酸盐水泥拌制的混凝土，不得少于 7d；对掺用缓凝型外加剂或有抗渗要求的混凝土，不得少于 14d。

③ 浇水次数应能保持混凝土处于湿润状态；混凝土养护用水应与拌制用水相同。

注：① 当日平均气温低于 50℃时不得浇水；
② 当采用其他品种水泥时，混凝土的养护时间应根据所采用水泥的技术性能确定。

④ 采用塑料布覆盖养护的混凝土，其敞露的全部表面应覆盖严密，并应保持塑料布内有凝结水。

注：混凝土表面浇水或使用塑料布时，宜涂刷养护剂。

⑤ 混凝土强度达到 1.2N/mm$^2$ 前，不得在其上踩踏或安装模板及支架。

⑥ 对大体积混凝土的养护，应根据气候条件按施工技术方案采取控温措施。检查数量：全数检查。

检验方法：观察，检查施工记录。

2）施工方式栏应根据现场施工实际情况填写泵送或非泵送。

3）养护方式栏应根据现场的实际情况填写自然养护或加热养护。

4）养护方法栏应根据现场施工的实际情况填写覆盖麻袋、塑料布、白灰、锯末或盖棚等及浇水养护。

见证人应是受过专门培训的施工（建设）单位专业技术人员。

（9）混凝土检测报告

1）回弹法检测混凝土强度报告 当有下列情况之一时，可按回弹法评定混凝土强度，并作为混凝土强度检验的依据之一：

① 当标准养护试件或同条件试件数量不足或未按规定制作试件时；

② 当所制作的标准养护试件或同条件试件与所成型的构件在材料用量、配合比、水灰比等方面有较大差异，已不能代表构件的混凝土质量时；

③ 当标准养护试件或同条件试件的试验结果不符合现行标准、规范规定的对结构或构件的强度合格要求，并且对该结果持有怀疑时。

2）钻芯法检测混凝土强度报告　钻芯法检测混凝土强度主要用于下列情况：

① 对试块抗压强度的测试结果有怀疑时；

② 因材料、施工或养护不良而发生混凝土质量问题时；

③ 混凝土遭受冻害、火灾、化学侵蚀或其他损害时；

④ 需检测经多年使用的建筑结构或构筑物中混凝土强度时。

11．结构实体检测报告

施工单位提供的对工程结构实体检测报告要求：

1）施工单位在施工过程中，应对结构实体进行检验，做好记录，并应通知现场施工方参加及签名。

2）结构实体同条件养护试件。

3）结构实体钢筋保护层厚度检验报告。

① 钢筋保护层厚度检验应由施工各方根据结构构件的重要性共同选定，由施工单位技术负责人组织人员实施，现场施工方参加，形成结构实体钢筋保护层厚度检验报告，报总监审批。

② 钢筋保护层厚度检验的结构部位和构件数量，应符合下列要求：钢筋保护层厚度检验的结构部位，应由施工各方根据结构构件的重要性共同选定；对梁、板类构件，应各抽取构件数量的 2%且不少于 5 个构件进行检验；当有悬挑构件时，抽取的构件中悬挑梁、板类构件所占比例均不宜小于 50%。

③ 结构实体钢筋保护层厚度验收合格应符合下列规定：当全部钢筋保护层厚度检验的合格点率为 90%及以上时，钢筋保护层厚度的检验结果应判为合格；当全部钢筋保护层厚度检验的合格点率小于 90%但不小于 80%，可再抽取相同数量的构件进行检验；当按两次抽样总和计算的合格点率为 90%及以上时，钢筋保护层厚度的检验结果仍应判为合格；每次抽样检验结果中不合格点的最大偏差均不应大于所规定允许偏差的 1.5 倍；纵向受力钢筋保护层厚度允许偏差：梁类为+10mm，−7mm；板类为+8mm，−5mm。

（1）饰面砖黏结强度　外墙面砖黏结力：饰面面积每 300m² 取一组 3 个，每一楼层不少于一组；不足 300m² 时，每两楼层取一组。

外墙饰面砖黏结强度采用检测仪进行拉拔检验，符合以下两项指标时可定为合格：每组试样平均黏结强度不应小于 0.4MPa；每组可有一个试样的黏结强度小于 0.4MPa，但不应小于 0.3MPa。

（2）后置埋件　墙体后置拉结筋（填充墙）、植筋（结构）、后置埋件（幕墙）：抗拔力每 100m² 建筑面积 1 处。

（3）支护工程　试验锚杆抗拔力：按设计要求深度，每一深度不少于一组，每组 3 根，试验按 2 倍工程设计单根锚杆抗拔力检测。成品基础锚杆抗拔力：按设计锚杆总数的 3%且不少于 6 根；试验按 1.5 倍工程设计单根锚杆抗拔力检测。

（4）锤击混凝土预制桩/钢桩施工

1）打桩原则

① 落距：按施工方案规定的实际落距选用。

② 锤重：应根据地质条件、桩型、桩的密集程度、单桩竖向承载力及现有施工条件等决定。

③ 标高：预制桩施打完成后实际桩顶标高高出或低于设计标高，桩顶标高的允许偏差为±10mm。

④ 总锤击数及最后 1m 沉桩锤击数：PC 桩（预应力混凝土管桩）总锤击数不宜超 2000，最后 1m 沉桩锤击数不宜超过 250；PHC 桩（预应力高强混凝土管桩）总锤击数不宜超 2500，最后 1m 沉桩锤击数不宜超过 300。

⑤ 贯入度控制：桩端位于一般土层时（指摩擦桩），以控制桩端设计标高为主，贯入度可作参考。桩端达到坚硬、硬塑的黏性土、中密以上粉土、砂土、碎石类土、风化岩时（指端承桩），以贯入度控制为主，桩端标高可作参考。贯入度已达到而桩端标高未达到时，应继续锤击 3 阵，按每阵 10 击的贯入度不大于设计规定的数值加以确认，必要时施工控制贯入度应通过试验与有关单位会商确定，正常情况下，最后贯入度不宜小于 20mm/10 击。当遇到贯入度剧变，桩身突然发生倾斜、移位或有严重回弹，桩顶或桩身出现严重裂缝、破碎等情况时，应暂停打桩，并分析原因，采取相应措施。

⑥ 垂直度偏差不得超过 1%。

2）接桩原则　桩的连接方法有焊接、法兰接及硫磺胶泥锚接三种，前两种可用于各类土层；硫磺胶泥锚接适用于软土层，且对抗拔桩、承受水平力为主的桩或 7 度及以上抗震设防区的桩基不应选用。

① 焊接接桩：应先将预埋件表面清理、四角点焊固定，然后对称焊接，上下节之间缝隙用铁片垫实焊牢，并确保焊缝质量和设计尺寸。焊接应用多层焊，各层焊缝的接头应错开；焊条宜用 E43，焊条应烘干。焊接后停歇时间应≥8min。外露铁件防腐。

② 法兰接桩：钢板和螺栓宜用低碳钢。

（5）混凝土灌注桩施工

1）施工前应对水泥、砂、石子（如现场搅拌）、钢材等原材料进行检查，对施工组织设计中制定的施工顺序、监测手段（包括仪器、方法）也应检查。

2）施工中应对成孔、清渣、放置钢筋笼、灌注混凝土等进行全过程检查，人工挖孔桩尚应复验孔底持力层土（岩）性。嵌岩桩必须有桩端持力层的岩性报告。

3）施工结束后，应检查混凝土强度，并应做桩体质量及承载力的检验。

12．锤击沉管混凝土灌注桩工程施工工艺试验、施工记录表

混凝土的充盈系数不得小于 1.0，小于 1.0 时宜全长复打，对断桩和缩颈桩应采用复打。全长复打的入土桩的入土深度宜接近原桩长，局部复打应超过断桩或缩颈区 1m 以上。

13．内击式套管成孔灌注桩施工工艺试验、施工记录表

（1）施工前应对每种桩径的桩进行试桩，由设计确定有关参数。

（2）对施工成孔过程进行全过程监控记录，并对钢筋笼的制作及安装进行验收。

14．挖孔桩成孔检查记录、施工资料汇总表及钢筋笼安装隐蔽验收记录

（1）施工单位对成孔的几何尺寸、桩位偏差、入岩深度、持力层岩性等是否符合设计要求提出检查结论。

（2）人工挖孔桩持力层应按以下要求进行验收：首先，在第一次验收时，要求所有单位

包括建设、勘察、设计及施工必须到场，对持力层做出鉴定结论，并由参加验收的各单位项目技术负责人共同签证确认；其次，各桩基持力层验收时，对持力层进行封样；第三，遇到特殊情况如桩持力层与地质勘察报告不符时，要求勘察、设计单位参与处理。

15．钻（冲）孔灌注桩施工记录、隐蔽验收及施工资料汇总表

灌注混凝土之前，孔底沉渣厚度应符合下列规定：

端承桩≤50mm；

摩擦端承、端承摩擦桩≤100mm；

摩擦桩≤300mm。

16．钻（冲）孔桩地下连续墙灌注水下混凝土记录

（1）在隐蔽验收完成后应立即进行浇筑，每根桩的浇筑时间按初盘混凝土的初凝时间控制。

（2）用导管法进行水下浇筑时隔水栓应有良好的隔水性能，为保证能顺利地排出，导管底部至孔底的距离宜为300～500mm，桩径小于600mm时可适当加大导管至孔底的距离。

（3）混凝土浇筑上升速度，地下连续墙不应小于2m/h，沉井封底和钻（冲）桩不应小于0.25m/h；导管底端埋入混凝土内一般应保持2～3m，不得小于1m，严禁把导管底端提出混凝土面。

17．护壁泥浆质量检查记录

（1）根据设计要求进行泥浆配比设计，拌制泥浆宜选用高塑性黏土或膨润土。泥浆的性能指标应通过试验确定。

（2）施工期间护筒内的泥浆面应高出地下水位1.0m以上，在受水位涨落影响时应高出水位1.5m以上。

18．沉井下沉完毕检查记录

沉井钻孔可按下述要求设置：面积在200m²以下（包括200）的沉井（箱），应有一个钻孔；面积在200m²以上的沉井（箱），在四角应各布置一个钻孔；特大沉井（箱）可根据具体情况增加钻孔。

19．水泥土搅拌桩施工记录、汇总表

（1）水泥土搅拌法可分为深层搅拌法（简称湿法）和粉体喷搅法（简称干法），湿法的加固深度不宜大于20m，干法不宜大于15m。

（2）水泥土搅拌桩施工前应根据设计进行工艺性试桩，数量不得少于2根。

（3）搅拌桩的垂直偏差不得超过1%，桩位偏差不得大于50mm，成桩直径和桩长不得小于设计值。

20．桩基资料注意事项

（1）桩进场要按批量进行验收并填写验收记录，验收内容为：

1）生产日期；

2）出厂合格证（包括相关材料的质保资料）；

3）规格、型号；

4）外观检查：①断面尺寸；②桩是否完好；③桩头检查；④桩的直线检查；⑤混凝土的密实度；⑥强度目测；

5）起吊、搬运、堆放是否符合要求。

（2）接桩（胶黏连接、电焊连接）。

（3）胶黏连接的要检查：①胶黏剂的合格证；②试配单，试配报告；③胶黏的完好、温度、饱满度；④接头是否标明桩号。

（4）电焊连接的要检查：电焊工的上岗证；垫铁、桩头平整的情况；中心线、垂直度偏差是否注明；焊缝的长度、厚度；焊条合格证。

（5）桩的连接均要在施工单位人员在场的情况下进行隐蔽。沉渣的控制要按设计要求进行严格控制，认真做好记录。

（6）桩基验收记录中的内容要详细填写，验收意见要明确，有处理意见的要汇总说明。

（7）试打（挖）第一根桩记录内容

1）预制桩

① 设备是否可行。

② 地质情况是否符合设计要求。

③ 入土是否正常。

2）振动灌注桩

① 成孔以后的土质情况是否符合地堪报告。

② 成孔工艺是否符合要求。

③ 护壁是否成功（观察 24h）。

3）现场预制桩质量检验评定每 50 根为一批填一张评定表，保证项目必须全数检查。

4）无桩身质量检测报告，则该分部项不能评定质量等级。

21. 检测报告

（1）桩基检测方案的制订是桩基检测过程中的一个重要环节。桩基检测方案应由施工单位或建设单位会同勘察、设计、施工单位共同确定，并报质量监督机构核准。为确保桩基的工程质量，在制定桩基检测方案时应坚持以下原则：

1）随机抽检与重点检查相结合，高、低应变动测与静载试验、抽芯等方法相结合。

2）一般情况是先做动测（或声波透射法），在分析动测结论的基础上进行抽芯法和静载检测，查清楚桩的结构完整性和承载力。

3）检测时综合考虑建筑物荷载的分布、地质情况、施工方法等，还应审查施工记录、工程进度等。

4）受检桩位的确定原则

① 基桩的承载力检测，应首选成桩质量较差的基桩。

② 当采用两种或两种以上检测方法进行成桩质量检测时，应依据前一种试验方法的检测结果选择成桩质量较差的基桩。

③ 选择对施工质量有怀疑的桩。

④ 选择设计方面认为重要的桩。

⑤ 选择岩土特性复杂可能影响施工质量的桩。

⑥ 选择代表不同施工工艺条件和不同施工单位的桩。

⑦ 同类型的桩宜均匀分布。

5）对存在质量问题的桩基的处理原则

① 对高应变动力试验提供的单桩承载力有怀疑或争议时，应采用静载试验验证，并应以静载试验的结果为准。

② 对基桩反射波法检测结果有怀疑或争议时，可采用钻孔抽芯法、高应变动力试验或直接开挖进行验证；对超声波透射法检测结果有怀疑或争议时，可重新组织超声波透射法检

测，或在同一基桩加钻孔取芯验证；对钻孔抽芯检测结果有怀疑或争议时，可在同一基桩加钻孔取芯验证。

③ 当基桩承载力或成桩质量未达到设计要求时，不得仅对不合格桩进行处理即予以验收，应由建设单位组织勘察、设计、施工、检测单位及监督机构，认真分析原因并按未达到设计要求的桩数加倍扩大抽检，然后由设计单位根据检测报告进行复核，出具书面复核意见，并经设计人、复核人签名，加盖设计出图章。如需加固补强的，须由设计出具加固补强方案，并报质量监督机构，然后由施工单位加固补强，对补强进行检测。扩大抽检应采用原抽检用的检测方法或准确度更高的检测方法，当未埋管无法采用超声波透射法扩大检测时，应采用钻孔抽芯法。

④ 对桩基检测报告有异议时，必须向质量监督机构反映，然后委托仲裁检测机构进行重新检测。

⑤ 凡对质量有怀疑或经加固补强后的桩基，应有经设计部门认可的文件，并附竣工验收资料。

（2）静载试验检测报告

对混凝土灌注桩、有接头的预制桩，宜在抗拔试验前采用低应变检测受检桩的桩身完整性。为设计提供依据的抗拔灌注桩施工时应进行成孔质量检测，发现桩身中下部位有明显扩径的桩不宜作为抗拔试桩；对有接头的预制桩，应验算接头强度。

**22.分部（子分部）工程防水验收记录**

地下结构、建筑装饰装修及建筑屋面分部（子分部）工程的防水必须经设计及施工单位验收后方可进入下一道工序。

（1）工程技术资料检查内容要求

1）施工单位资质证明。

2）施工方案、技术交底、会审记录及变更通知。

3）材料产品合格证及检验报告。

4）防水混凝土、砂浆配合比设计报告。

5）隐蔽工程验收记录。

6）无渗漏及蓄水试验记录。

7）分项工程质量检验评定表。

8）施工图。

（2）验收部位

1）地下防水验收工程  卷材、涂料防水层的基层防水混凝土结构和防水层被掩盖的部位；变形缝、施工缝等防水构造的做法；管道设备穿过防水层的封固部位；渗排水层、盲沟和坑槽；衬砌前围岩渗漏水处理；基坑的超挖和回填。

2）抹灰工程  要求具有防水、防潮功能的部位。

3）屋面防水验收工程  卷材、涂膜防水层的基层；密封防水处理部位；天沟、檐沟、泛水和变形缝等细部做法；卷材、涂膜防水层的搭接宽度和附加层；刚性保护与卷材、涂膜防水层之间设置的隔离层。

（3）分部（子分部）工程防水验收记录填写要求

1）防水设计。

2）资料检查情况应按上述资料检查内容要求，分别填写材料合格证及检验报告的份数、隐蔽验收及无渗漏及蓄水试验记录的份数等。

　　3）资料及实地检查后，建设、施工及设计单位各方形成一致意见后，填写验收结论并在相应处签名。

　　（4）隐蔽工程验收记录　凡下一道工序施工以后，会覆盖上一道工序的工程部位。

　　1）土石方工程：开挖、换土、回填、排水盲沟设置及填土压实等。

　　2）砖石工程：基础砌体，防水层，砌体中的配筋、构造柱、圈梁等。

　　3）地基基础工程

　　① 桩、承台钢筋制安，桩顶标高，清凿桩头疏松混凝土等。

　　② 地下连续墙：开挖、钢筋笼制安、清槽换浆、混凝土浇筑等。

　　③ 沉井、沉箱：下沉位置、偏差和基底情况。

　　4）钢筋混凝土工程　钢筋制安、预埋件安装，混凝土覆盖前，预制构件吊装焊接、防雷引线焊接等。

　　5）防水工程

　　① 地下防水的基层，管道封固处，盲沟排水。

　　② 屋面、厨厕、水池细部及施工缝、变形缝、止水带、过墙管做法。

　　6）注意事项

　　① 隐蔽验收主要依据应包括：施工图纸图号、设计变更，所引用的主要施工及验收规范和质量检验评定标准，原材料和试件检（试）验报告编号等，以便追溯。

　　② 必要时还需附上草图，如幕墙防雷接地等。

　　③ 验收单位应签名盖章。验收单位一般为设计单位、监理企业或建设单位现场代表。

　　7）钢筋工程隐蔽验收记录

　　① 纵向受力钢筋的品种、规格、数量、位置等。

　　② 钢筋的连接方式、接头位置、接头数量、接头面积百分率。

　　③ 箍筋、横向钢筋的品种、规格、数量、间距等。

　　④ 预埋件的规格、数量、位置等。

　　⑤ 提供钢材合格证、进场复试报告、品种（规格）设计变更文件、钢筋连接接头检测报告和检验批验收记录等有关质量证明文件。

　　8）预应力钢筋工程隐蔽验收记录

　　① 预应力筋的品种、规格、数量、位置等。

　　② 预应力筋锚具和连接器的品种、规格、数量、位置等。

　　③ 预留孔道的规格、数量、位置、形状及灌浆孔、排气兼泌水管道。

　　④ 锚固区局部加强构造等。

　　⑤ 提供预应力筋、锚具和连接器的合格证、进场复试报告、品种（规格）设计变更文件和有关材料等质量证明文件。

　　9）地下防水转角处、变形缝、穿墙管道、后浇带、埋设件、施工缝等细部做法隐蔽验收记录；穿墙管止水环与主管或翼环与套管隐蔽验收记录

　　① 细部构造做法均应符合设计要求，严禁有渗漏。

　　② 变形缝的防水施工应符合下列规定：止水带宽度和材质的物理性能均应符合设计要求，且无裂缝和气泡；接头应采用热接，不得叠接，接缝平整、牢固，不得有裂口和脱胶现象；中埋式止水带中心线应和变形缝中心线重合，止水带不得穿孔或用铁钉固定；变形缝设置中埋式止水带时，混凝土浇筑前应校正止水带位置，表面清理干净，止水带损坏处应修补；顶、底板止水带的下侧混凝土应振捣密实，边墙止水带内外侧混凝土应均匀，保

持止水带位置正确、平直，无卷曲现象；变形缝处增设的卷材或涂料防水层，应按设计要求施工。

③ 施工缝的防水施工规定：

a. 水平施工缝浇筑混凝土前，应将其表面浮浆和杂物清除，铺水泥砂浆或涂刷混凝土界面处理剂并及时浇筑混凝土。

b. 垂直施工缝浇筑混凝土前，应将其表面清理干净，涂刷混凝土界面处理剂并及时浇筑混凝土。

c. 施工缝采用遇水膨胀橡胶腻子止水条时，应将止水条牢固地安装在缝表面预留槽内。

d. 施工缝采用中埋止水带时，应确保止水带位置准确、固定牢靠。

④ 后浇带的防水施工规定：

a. 后浇带应在其两侧混凝土龄期达到 42d 后再施工。

b. 后浇带的接缝处理应符合施工缝防水施工的规定。

c. 后浇带应采用补偿收缩混凝土，其强度等级不得低于两侧混凝土。

d. 后浇带混凝土养护时间不得少于 28d。

⑤ 穿墙管道的防水施工应符合下列规定：

a. 穿墙管止水环与主管或翼环与套管应连续满焊，并做好防腐处理。

b. 穿墙管处防水层施工前，应将套管内表面清理干净。

c. 套管内的管道安装完毕后，应在两管间嵌入内衬填料，端部用密封材料填缝。柔性穿墙时，穿墙内侧应用法兰压紧。

d. 穿墙管外侧防水层应铺设严密，不留接茬；增铺附加层时，应按设计要求施工。

⑥ 埋设件的防水施工规定：

a. 埋设件端部或预留孔（槽）底部的混凝土厚度不得小于 250mm；当厚度小于 250mm 时，必须局部加厚或采取其他防水措施。

b. 预留地坑、孔洞、沟槽内的防水层，应与孔（槽）外的结构防水层保持连续。

c. 固定模板用的螺栓必须穿过混凝土结构时，螺栓或套管应满焊止水环或翼环；采用工具式螺栓或螺栓加堵头做法，拆模后应采取加强防水措施将留下的凹槽封堵密实。

⑦ 密封材料的防水施工规定：

a. 检查黏结基层的干燥程度以及接缝的尺寸，接缝内部的杂物应清除干净。

b. 热灌法施工应自下向上进行并尽量减少接头，接头应采用斜茬；密封材料熬制及浇灌温度，应按有关材料要求严格控制。

c. 冷嵌法施工应分次将密封材料嵌填在缝内，压嵌密实并与缝壁黏结牢固，防止裹入空气。接头应采用斜槎。

d. 接缝处的密封材料底部应嵌填背衬材料，外露密封材料上应设置保护层，其宽度不得小于 100mm。

（5）地下连续墙的槽段接缝及墙体与内衬结构接缝隐蔽验收记录

1）原材料合格证、质量检验报告、进场抽样试验报告。

2）槽段接缝及墙体与内衬结构接缝应符合设计要求。

（6）屋面天沟、檐口、檐沟、水落口、泛水、变形缝和伸出屋面管道的防水构造隐蔽验收记录

1）屋面的天沟、檐沟、檐口、泛水、水落口、变形缝、伸出屋面管道等防水构造，必须符合设计要求。

2）各细部构造处理的防水卷材、防水涂料和密封材料的质量，均应符合规范有关规定的要求。

3）卷材或涂膜防水层在天沟、檐沟与屋面交接处、泛水、阴阳角等部位，应增加卷材或涂膜附加层。

4）天沟、檐沟的防水构造要求：

a．沟内附加层在天沟、檐沟与屋面交接处宜空铺，空铺的宽度不应小于200mm。

b．卷材防水层应由沟底翻上至沟外檐顶部，卷材收头应用水泥钉固定，并用密封材料封严。

c．涂膜收头应用防水涂料多遍涂刷或用密封材料封严。

d．在天沟、檐沟与细石混凝土防水层的交接处，应留凹槽并用密封材料嵌填严密。

5）檐口的防水构造要求：

a．铺贴檐口800mm范围内的卷材应采取满粘法。

b．卷材收头应压入凹槽，采用金属压条钉压，并用密封材料封口。

c．涂膜收头应用防水涂料多遍涂刷或用密封材料封严。

d．檐口下端应抹出鹰嘴和滴水槽。

6）女儿墙泛水的防水构造要求：

a．铺贴泛水处的卷材应采取满粘法。

b．砖墙上的卷材收头可直接铺压在女儿墙压顶下，压顶应做防水处理；也可压入砖墙凹槽内固定密封，凹槽距屋面找平层不应小于250mm，凹槽上部的墙体应做防水处理。

c．涂膜防水层应直接涂刷至女儿墙的压顶下，收头处理应用防水涂料多遍涂刷封严，压顶应做防水处理。

d．混凝土墙上的卷材收头应采用金属压条钉压，并用密封材料封严。

7）水落口的防水构造要求：

a．水落口杯上口的标高应设置在沟底的最低处。

b．防水层贴入水落口杯内不应小于50mm。

c．水落口周围直径500mm范围内的坡度不应小于5%，并采用防水涂料或密封材料涂封，其厚度不应小于2mm。

d．水落口杯与基层接触处应留宽20mm、深20mm凹槽，并嵌填密封材料。

8）变形缝的防水构造要求：

a．变形缝的泛水高度不应小于250mm。

b．防水层应铺贴到变形缝两侧砌体的上部。

c．变形缝内应填充聚苯乙烯泡沫塑料，上部填放衬垫材料，并用卷材封盖。

d．变形缝顶部应加扣混凝土或金属盖板，混凝土盖板的接缝应用密封材料嵌填。

9）伸出屋面管道的防水构造要求：

a．管道根部直径500mm范围内，找平层应抹出高度不小于30mm的圆台。

b．管道周围与找平层或细石混凝土防水层之间，应预留20mm×20mm的凹槽，并用密封材料嵌填严密。

c．管道根部四周应增设附加层，宽度和高度均不应小于300mm。

d．管道上的防水层收头处应用金属箍紧固，并用密封材料封严。

（7）抹灰工程隐蔽验收记录

1）水泥出厂合格证、进场复试报告和有关材料产品合格证。

2）抹灰总厚度大于或等于 35mm 时的加强措施。

3）不同材料基体交接处的加强措施。

（8）门窗预埋件和锚固件的隐蔽验收记录

1）预埋件、连接件的数量、规格、位置、连接方法。

2）建筑外门窗的安装必须牢固。在砌体上安装门窗严禁用射钉固定。

（9）门窗隐蔽部位的防腐、填嵌处理隐蔽验收记录

1）材料产品合格证书、性能检测报告、进场验收记录。

2）防腐部位、填嵌处理应符合设计要求。

（10）吊顶工程隐蔽验收记录

1）材料产品合格证书、性能检测报告、进场验收记录和复试报告。

2）吊顶内管道、设备的安装及水管试压。

3）木龙骨防火、防腐处理。

4）预埋件或拉结筋。

5）吊杆、龙骨安装，填充材料设置。

（11）轻质隔墙工程隐蔽验收记录

1）材料产品合格证书、性能检测报告、进场验收记录和复试报告。

2）骨架隔墙中设备管线的安装及水管试压。

3）木龙骨防火、防腐处理。

4）预埋件或拉结筋。

5）龙骨安装、填充材料设置。

（12）饰面板（砖）工程隐蔽验收记录

1）预埋件（或后置埋件）、连接节点、防水层、防腐。

2）饰面板安装工程的预埋件（或后置埋件）、连接件的数量、规格、位置、连接方法和防腐处理必须符合设计要求，后置埋件的现场拉拔强度必须符合设计要求。

3）材料产品合格证书、性能检测报告、进场验收记录和复试报告。

4）饰面砖样板件黏结强度检测报告。

（13）护栏与预埋件的连接节点、预埋件隐蔽验收记录

1）材料产品合格证书、性能检测报告、进场验收记录和复试报告。

2）预埋件（或后置埋件）。

3）护栏与预埋件的连接节点。

4）预埋件（或后置埋件）、连接件的数量、规格、位置、连接方法和防腐处理必须符合设计要求，后置埋件的现场拉拔强度必须符合设计要求。

（14）墙面脚手洞、施工洞眼隐蔽验收记录

1）检查原材料  补砌的砖，应用与墙体同批砖（砌筑墙体时预留少部分备用）。砂浆应不低于原砌筑砂浆。

2）检查施工方法  堵脚手洞眼时应洒水、铺灰、选砖，做到浆满缝严。最好用两块半砖挤紧填实，不得用碎砖补砌。

（15）配筋砌体、构造柱钢筋隐蔽验收记录

按照钢筋工程隐蔽验收记录要求。

（16）水泥砂浆防水层隐蔽验收记录

1）基层的强度和处理。

2）分层施工缝留茬位置和接茬。

3）阴阳角做法及养护。

（17）楼、地面构造层（面层下的构造层，包括填充层、隔离层、找平层、垫层和基土层）隐蔽验收记录

1）基层铺设的材料质量、密实度的强度等级（或配合比）。

2）沟槽、暗管和管道。

3）沉降缝、伸缩缝和防震缝。

4）混凝土和水泥砂浆应制作强度试块：制作组数，按每一层（或检验批）建筑地面工程不应小于一组。当每一层（或检验批）建筑地面工程面积大于 $1000m^2$ 时应增做一组；小于 $1000m^2$ 按 $1000m^2$ 计算。当改变配合比时，亦应相应地制作试块组数。

（18）幕墙隐蔽验收记录

1）打胶养护环境温度、湿度记录。

2）双组分硅酮结构胶的混匀性试验记录及拉断试验记录。

3）防雷装置测试记录。

4）预埋件或后置埋件、构件连接点。

5）变形缝及转角处的节点构造。

6）防水构造和防雷装置。

（19）高强度螺栓连接副施工质量检查记录

1）高强度螺栓连接副终拧后，螺栓丝扣外露应为2～3扣。

2）大六角头高强度螺栓按节点数抽查10%，且不应少于10个；每个被抽查节点按螺栓数抽查10%，且不应少于2个。

（20）焊缝外观检查记录

1）焊缝外观检查主要有是否焊满、根部收缩、咬边、裂纹、电弧擦边、接头不良、表面气孔和表面夹渣等项目。

2）施工单位对焊口进行焊接和焊后进行施工自检，并在焊前检查焊缝宽度、根部间隙和错边值，在焊后检查焊缝宽度和高度。记录主要焊接参数（如电流、电压、焊速和层间温度）和焊接方法。

**23. 安全和主要功能核查（抽查）记录**

对涉及安全和使用功能的地基与基础、主体结构和设备安装等分部工程，应在施工过程中进行抽样检测。建筑与结构的应检项目有以下几项。

（1）屋面泼水、淋水、蓄水试验记录

1）屋面在未做防水层前，宜进行泼水试验，检查屋面有无积水和排水系统是否畅通，坡度是否符合设计要求。

2）屋面防水工程的防水层应由经资质审查合格的防水专业队伍进行施工。

3）屋面进行淋水或蓄水试验在防水层施工完成之后进行。

4）屋面进行淋水试验方法及要求：

① 高出屋面的烟道、风道、出气管、女儿墙、出入孔根部防水层上口应做淋水试验，并做好记录。

② 屋面防水层应进行持续2h淋水试验。

③ 沿屋脊方向布置与屋脊同长度的花管（钢管直径38mm左右，管上部钻3～5mm的孔，布置两排，孔距80～100mm），用有压力的自来水管接通进行淋水（呈人工降水状）。

5）蓄水屋面（包括屋面水池）、种植屋面必须蓄水试验；有可能做蓄水检验的屋面，也应进行蓄水试验。

6）蓄水试验在防水层施工完成之后进行，蓄水至规定高度，留置时间不应少于 24h，不得有渗漏现象。

（2）厕所、厨房、阳台等有防水要求的地面淋水、蓄水试验记录

1）有防水要求的厕所、厨房、阳台，都必须 100％进行蓄水试验，蓄水试验应在防水层施工完成之后进行。

2）蓄水试验的要求；

① 蓄水前，应将地漏和下水管口堵塞严密。

② 蓄水深度一般为 30～100mm，不得超过楼（地）面、屋面设计活荷载，并不得超过立管套管的高度。

③ 蓄水时间应不少于 24h，无渗漏为合格。

④ 蓄水试验中发现渗漏应及时查找原因，采取相应措施后，重新进行试验，直至合格为止。

3）地面面层完成后进行泼水试验，检查地面有无积水和排水系统是否畅通，坡度是否符合设计要求。

4）淋水和蓄水试验应分别记录。

5）淋水、蓄水试验记录注意事项：

① 蓄水前，应将地漏和下水管口堵塞严密。

② 记录必须分日期、分单元进行。

③ 试验时，建设单位或施工企业应派员参加。

（3）地下室防水效果检查记录

1）渗漏水调查：

① 地下防水工程质量验收时，施工单位必须提供地下工程"背水内表面的结构工程展开图"。

② 房屋建筑地下室只调查围护结构内墙和底板。

③ 全埋设于地下的结构（地下商场、地铁车站、军事地下库等），除调查围护结构内墙和底板外，背水的顶板（拱顶）系重点调查目标。

④ 钢筋混凝土衬砌的隧道以及钢筋混凝土管片衬砌的隧道渗漏水调查的重点为上半环。

⑤ 施工单位必须在"背水内表面的结构工程展开图"上详细标示：

a. 在工程自检时发现的裂缝，并标明位置、宽度、长度和渗漏水现象；

b. 经修补、堵漏的渗漏水部位；

c. 防水等级标准容许的渗漏现象位置。

⑥ 地下防水工程验收时，经检查、核对标示好的"背水内表面的结构工程展开图"必须纳入竣工验收资料。

2）当被验收的地下工程有结露现象时不宜进行渗漏水检测。

3）房屋建筑地下室渗漏现象检测：

① 地下工程防水等级对湿渍面积与总防水面积（包括顶板、墙面、地面）的比例做了规定。按防水等级 2 级设防的房屋建筑地下室，单个湿渍的最大面积≤0.1m²，任意 100m² 防水面积上湿渍不超过 1 处。

② 湿渍的现象　湿渍主要是由混凝土密实度差异造成毛细现象或由混凝土允许裂缝（宽度小于 0.2mm）产生，在混凝土表面肉眼可见的"明显色泽变化的潮湿斑"。一般在通风条件下可消失，即蒸发量大于渗入量的状态。

③ 湿渍的检测方法　检查人员用干手触摸湿斑，无水分浸润感觉。用吸墨纸或报纸贴附，纸不变颜色。检查时，要用粉笔勾画出湿渍范围，然后用钢尺测量高度和宽度，计算面积，标示在"展开图"上。

④ 渗水的现象　渗水是由于混凝土密实度差异或混凝土有害裂缝（宽度大于 0.2mm）而产生的地下水连续渗入混凝土结构，在背水的混凝土墙壁表面肉眼可观察到明显的流挂水膜范围，在加强人工通风的条件下也不会消失，即渗入量大于蒸发量的状态。

⑤ 渗水的检测方法　检查人员用干手触摸可感觉到水分浸润，手上会沾有水分。用吸墨纸或报纸贴附，纸会浸润变颜色。检查时，要用粉笔勾画出渗水范围，然后用钢尺测量高度和宽度，计算面积，标示在"展开图"上。

⑥ 对房屋建筑地下室检测出来的"渗水点"，一般情况下应给予修补堵漏，然后重新验收。

⑦ 对防水混凝土结构的细部构造做渗漏水检测，若发现严重渗水，必须分析、查明原因，应修补堵漏，然后重新验收。

（4）建筑物垂直度、标高、全高测量记录

1）测量工作是贯穿整个施工过程各个阶段的基础性技术工作。施工测量工作的内容及其完成情况的准确程度，对工程能否顺利施工及其质量水平起着至关重要的作用。

2）施工测量的主要内容

① 工程场地施工控制测量，主要包括建立建筑平面控制网和高程控制网。

② 建筑主轴线测量及定位放线。

③ 主体施工测量，包括轴线投测及高程传递　高层（超高层）建筑物主体施工测量中的主要问题是控制垂直度，即是将基准轴线准确地向高层引测，要求各层相应轴线位于同一竖直平面内。因此，控制轴线投测的竖向偏差，并使其偏差值不超过规范、规程允许的限值，是高层建筑施工测量中一件很重要的工作。

④ 建筑变形测量　其主要内容包括对建筑物实体的沉降观测、倾斜观测、位移观测及裂缝观测等。

⑤ 施工偏差检测　各种结构构件及建筑设备，其就位、垂直度、标高等状态，难免会因施工及环境等原因出现偏差。因此，施工规范、规程及质量验评标准都规定了要对结构施工偏差情况进行检查，并规定了允许偏差值。

对于轴线投测的误差，规定了层间测量偏差不应超过 3mm；建筑全高垂直度测量偏差不应超过 $3H/10000$（$H$ 为建筑总高度），且对应于不同高度范围的建筑物，其总高轴线投测偏差有不同的规定。因此，在工程施工过程中，必须要注意按这些规定的要求对轴线投测误差进行控制，并详细记录。另外，对于特别重要的超高层建筑来说，为避免由于测量仪器、手段、人为原因或环境原因出现总高度轴线投测误差过大，除了在首层±0.00 处测定建筑物基准轴线外，有必要视情况采用专业的、精确的仪器及手段将建筑物总高分为若干轴线投测控制段，分段投测、分段锁定基准轴线，以便于施工又避免出现总高度轴线投测出现较大误差。

如对现浇混凝土结构墙柱构件的垂直度允许偏差，分为层间与全高两方面同时控制，层高≤5m 时及>5m 时的层间垂直度偏差分别不能大于 8mm 及 10mm；总高偏差不能大于

$H/1000$ 及 30mm（$H$ 为建筑物全高）。对现浇混凝土结构墙柱构件的标高允许偏差，分为层间与全高两方面同时控制，层间标高±10mm；总标高偏差±30mm。这些规定，是对具体工序操作技术及质量的要求，也需进行检测及记录。

3）垂直度观测记录表

① 框架结构　每柱进行观测。

② 墙承重结构

a．建筑物转角处。

b．纵墙和横墙交接处。

c．建筑物沉降缝两侧。

③ 测量次数应每加高一层测量一次，整个施工过程不得少于 4 次，建筑竣工后和第一年测量不少于 4 次。

4）注意事项

① 在表前应有一个简单的文字说明，介绍观测所使用的仪器及其精度，测量点和测量次数的安排，轴线投测误差如何控制，测量过程遇到的问题等。

② 偏差值应分为正负数，偏离建筑物平面形心者为正，反之则为负。

③ 垂直度观测的目的，是为了控制垂直度和纠正偏差，因此，观测应与主体结构施工同步，注意观测的时间。

（5）单位工程沉陷观测记录

1）一般规定　以下工程沉降观测工作，建设单位必须委托专业测量单位完成：

① 重要的工业与民用建筑物；

② 20 层以上的高层建筑物；

③ 体型复杂的 14 层以上的高层建筑物；

④ 对地基变形有特殊要求的建筑物；

⑤ 位于地质条件比较复杂地区的建筑物；

⑥ 因地基变形或局部失稳而使结构产生裂缝或破损需研究处理的建筑物；

⑦ 因地质条件、基础（桩基）类型等特殊情况，设计单位确定的工程。

除上述规定的工程外，其他工程施工单位可自行检测，但须有施工人员旁站见证。

从事专业沉降观测的单位应具备专业测量资质和计量认证资格，同时拥有相应的测量仪器设备和工程技术人员，并且严格遵守相应的规范和规程。

2）沉降观测点的埋设

① 建筑物四角或沿外墙每 10～15m 处或每 2～3 根柱基上。

② 裂缝或沉降缝或伸缩缝的两侧；新旧建筑物或高低建筑物以及纵横墙交接处。

③ 人工地基和天然地基的接壤处；建筑物不同结构的分解处。

④ 烟囱、水塔和大型储藏罐等高耸构筑物的基础轴线的对称部位。

⑤ 水准点的设置要求：应以保证其稳定可靠为原则。宜设置在基岩上，或设在压缩性较低的土层上；水准点的位置，宜靠近观测对象，但必须在建筑物所产生的压力影响范围以外。在一个观测区内，水准基点不应少于三个。

⑥ 观测点的设置要求：观测点的布置，应能全面反映建筑物的变形并结合地质情况确定，数量不宜少于六个点。

3）沉降观测的次数和时间

① 沉降观测的次数和时间，应按设计要求，一般第一次观测应在观测点安设稳固后及

时进行。民用建筑每增加 1～2 层观测一次，整个施工时间的观测不应少于 5 次（《工程测量规范》GB 50026—2007）；工业建筑应在不同荷载阶段分别进行观测，整个施工时间的观测不得少于 4 次（应至少在增加荷载的 25%、50%、75% 和 100% 时各观测一次）。施工过程中如暂时停工，在停工时及重新开工时应各观测一次。停工期间，可每隔 2～3 个月观测一次。

② 建筑物和构筑物全部竣工后的观测次数：第一年观测 3～4 次，第二年观测 2～3 次，第三年后每年 1 次，直至稳定为止。观测期限一般为：砂土地基 2 年，膨胀土地基 2 年，黏性土地基 5 年，软土地基 10 年。

③ 当建筑物和构筑物突然发生大量沉降、不均匀沉降或严重的裂缝时，应立即进行逐日或几天一次的连续观测。

4）沉降观测资料

① 根据测量得出的每个观测点高程及其逐次沉降量的成果表（单位工程沉陷观测记录）。

② 根据建筑物和构筑物的平面图绘制的观测点的位置图。

③ 绘制沉降量、荷载与延续时间三者关系的曲线图（要求每一观测点均应绘制曲线图）。

④ 各观测点最终沉降量汇总曲线图。

⑤ 计算出建筑物和构筑物的平均沉降量、相对弯曲和相对倾斜值。

⑥ 水准点的平面布置图和构造图，测量沉降的全部原始资料。

⑦ 根据上述内容编写的沉降观测分析报告（其中应附有工程地质和工程设计的简要说明）。

经有资质的测量单位出具的沉降观测报告必须签名、盖章（公章）齐全，结论明确，并应在报告后附企业的资质证明。

5）注意事项

① 观察用仪器应具足够的精度，每次观察均需采用环形闭合法或往返闭合方法当场进行检查。

② 第一次观测，各点高程应力求统一；其余各次的高程读数与累积下沉量之和必须等于第一次高程。

③ 当地下水水压较大或基坑较深时，会出现回弹现象，故下沉量应有正负值之分。

④ 报告必须签名、盖章（公章），专业测量单位还须附上资质证明。

⑤ 常见错误：

a. 把楼层标高当高程填写。

b. 下沉量无正负值之分，累计值出错。

c. 没有单点沉降曲线图或多点汇集在一张图，曲线交叉难以分辨。

d. 没有最终沉降量曲线图。

e. 沉降还没有至稳定即停止观测。

（6）建筑外窗气密性能、水密性能、抗风压性能检测报告

1）试件的数量及选取方法：同一窗型至少选取三樘试件，采用随机抽样的方法选取试件。

2）铝合金门窗工程总面积达 300m² 以上或楼房高度超过 25m 者，均应进行三性试验（包括风压变形性能、雨水渗漏性能和空气渗透性能），对多种尺寸、型式的门窗工程，应选择两种以上最不利型式的窗型进行试验。

3）铝合金门窗三性能检测报告应经检测、审核人员签名齐全，并加盖单位公章。

（7）室内环境检测报告　建设单位必须按要求委托有资质的检测单位对室内氡、游离甲醛、苯、氨、总挥发性有机物等五种有害物质进行检测；对于以毛坯房、初装修形式竣工验收的工程，室内空气污染物检测可以只检氡、氨、甲醛三项指标。

室内环境污染物检测抽样要求：抽检房间数量不得少于总数的 5%，并不得少于 3 间；房间总数少于 3 间时，应全数检测；凡进行了样板间浓度检测且合格的，抽检数量减半，并不得少于 3 间。

（8）建筑幕墙气密性能、水密性能、抗风压性能检测报告　所有幕墙工程，包括玻璃幕墙、石材幕墙、瓷质幕墙、铝板幕墙及复合幕墙，其幕墙总面积 200m$^2$ 以上者均应进行三性试验（空气渗透性、雨水渗漏性、风压变形性），高度超过 60m 者同时应进行平面内变形性能试验。

1）空气渗透性能　指在风压作用下，其开启部分为关闭状态的幕墙透过空气的性能。与其有关的气候因素主要为室外风速与温度。其分级的值是在标准状态下，压力差为十几时，每小时通过固定（开启）部分每米缝长的空气渗透量。

2）雨水渗漏性能　指在风雨同时作用下幕墙透过雨水的性能。和水密性能有关的气候因素主要指暴风雨时的风速和降雨强度。

3）风压变形性能　指建筑幕墙在与其垂直风压作用下，保持正常的使用功能，不发生任何损坏的能力。和风压变形性能有关的气候参数主要为风速值和相应的风压值。

4）平面内变形性能　表示幕墙全部构造在建筑物层间变形后，应予保持的性能，以建筑物层间相对位移值表示。要求幕墙在该相对位移范围内不受损坏。

**24．建筑采暖、卫生、煤气工程部分**

（1）一般要求

1）保证资料方面的有关材料出厂合格证应有原件或抄件，抄件要有原件存放单位的签字并盖章。合格证必须清晰可见，有防火要求的材料（保温材料）均要有省级消防部门批准的文件及出厂的检测报告。

2）管道的清洗严禁用试压时的水进行，管道应按系统各个清洗，并做好清洗记录，填写清洗内容。

3）所有供水管道必须做试压记录，并填写试压内容。

4）排水管道在隐蔽前必须做闭水试验记录，并填写试验内容。

5）排水管道隐蔽记录内容：

① 管道材质、接口养护。

② 坡度情况。

③ 支墩、支（托）架位置。

④ 标高、管径、位置。

⑤ 闭水试验是否合格。

⑥ 防腐处理情况。

6）给水管道隐蔽记录内容：

① 管道的材质、管径。

② 管道的标高、位置及允许偏差。

③ 管道试压内容。

7）设备基础验收记录要作为合格证登记到材料汇总表中。

8）各类管材、管件都应做进场复验记录，安全阀、减压阀要有试验记录。

9）各类验收、试验、检测记录均应严格按表式要求的内容和格式将验收、试验、检测过程和情况详细填写，需要画简图的其简图应在统一的位置，要求用文字说明的必须用文字说明，实测、试验记录的数值应填写其实际得出的数值，不允许填写"≥、≱"类的不定值。

10）工程施工内容所有的验收、试验、检测记录必须齐全，各分项、部位应与施工图相应的内容、部位统一。

11）所有记录均由项目组人员、施工人员签字认可。

12）所有分部项的等级都由项目经理组织项目有关人员评定。

13）分企业专职质量员核定，施工人员认定。

（2）电气部分

1）主要电气材料、设备合格证。

① 收集范围　电气柜、电气箱、变压器、电线、电缆、硬母线、线管等。

② 收集方法　要指定专人收集，建立进场验收制度，核对合格证和实物是否相符（产品名称、规格、型号、数量、产品标准、生产厂家、生产日期、出厂检验人员的签证），核实产品必需的检测报告（检测单位、产品规格、检测依据、检测日期）。

③ 合格证汇总必须完整。

2）电气设备书面调整记录内容

① 变、配电设备，电气设备的主干线。

② 主要的电气设备要进行单机调试。

③ 电气器具及灯具要进行试运行。

④ 弱电系统的测试调试。

3）绝缘电阻、接地电阻测试记录内容

① 绝缘电阻的测试要按系统、按回路一级一级地自上而下进行测试，住宅工程按单元测试。

② 接地电阻测试的电阻值要参考季节系数进行测试。

4）隐蔽安装记录的填写

① 隐蔽验收记录内容要详细，管道要填写管道的防腐、位置、跨接和固定情况，接地装置要填写避雷和均压环的情况，要注明预埋件的数量、位置。

② 桥架、线槽安装时要注意保护接地的连续性，安装螺丝要向外，线槽要横平竖直（通过变形缝时要采取补偿措施），转弯要避免使用直角弯，应当采用 45° 转弯。避雷网安装时要注意电焊质量、平整度及转弯处应采用圆弧弯。

5）共性要求　各类验收、试验、检测记录均应严格按表式要求的内容和格式将验收、试验、检测过程和情况详细填写，需要画简图的其简图应在统一的位置，要求用文字说明的必须用文字说明，实测、试验记录的数值应填写其实际得出的数值，不允许填写"≥、≱"类的不定值。工程施工内容所有的验收、试验、检测记录必须齐全，各分项、部位应与施工图相应的内容、部位统一。记录都应有相关人员签字并盖章。

（3）玻璃幕墙部分

1）玻璃幕墙要作为分部工程单独验收。

2）工程预埋件，玻璃幕墙的节点，玻璃的种类，铝材的规格、型号，胶水的选用等情况，应作为图纸会审的内容，图纸会审要有建设单位、设计单位和施工单位三方人员参加。

3）所有用材都要有出厂合格证，钢材还要有复试报告，胶水质保书要翻译成中文。

4）构件出厂合格证要填写构件打胶前的擦洗情况，温度、湿度控制情况，净化保养情况，检查结果等内容。

5）幕墙预埋件施工隐蔽验收中要填写预埋件的规格、数量、位置、材料、焊接、锚固长度等内容。

6）幕墙框架验收内容

① 立柱的质量。

② 立柱芯管的长度及规格。

③ 立柱与连接件的安装。

④ 连接件与预埋件的连接（焊接是否符合要求，焊缝的长度和厚度）。

⑤ 横梁和立柱的连接（一端要固定，一端要求留一定的伸缩余地）。

⑥ 立柱的伸缩情况。

7）玻璃框安装、找平、密封验收记录表的具体要求

① 玻璃框铝槽与横梁的十字形卡槽搭接量不小于 5mm。

② 泡沫条的安装要确保封口的耐候胶的厚度在 3.5～4.5mm。

③ 框边的锁口间距不大于 50cm。

8）幕墙四周与主体结构连接施工隐蔽验收记录表中的要求

幕墙与主体结构墙（柱）两边的距离要大于 20mm，底部离地也要 20mm，顶部要达到不渗不漏。

（4）设备和安装工程　建筑设备与安装工程施工管理资料、工程质量验收资料均同建筑与结构部分的要求，表格按专业表应用。包括：建筑给水、排水与采暖工程分部施工质量验收资料，建筑电气工程分部施工质量验收资料，智能建筑工程分部施工质量验收资料，通风与空调工程分部施工质量验收资料，电梯工程分部施工质量验收资料等。

1）建筑给水、排水与采暖工程分部施工质量验收资料

① 主要材料、成品、半成品、配件、器具和设备出厂合格证及进场检（试）验报告。

② 主要设备、配件、产品应有产品质量证明文件，材质和性能应符合国家有关标准和设计要求。主要设备、产品应有安装使用说明书。进场后应进行验收。

③ 阀门、调压装置、消防设备、卫生洁具、给水设备、中水设备、排水设备、采暖设备、热水设备、散热器、锅炉及附属设备、各类开（闭）式水箱（罐）、分（集）水器、安全阀、水位计、减压阀、热交换器、补偿器、疏水器、除污器、过滤器、游泳池水系统设备等应有产品质量合格证及相关检验报告。

④ 对于国家有规定的特定设备及材料，如消防、卫生、压力容器等，应附有相应资质检测单位提供的检验报告，如安全阀、减压阀的调试报告、锅炉（承压设备）焊缝无损探伤检测报告、给水管道材料卫生检验报告、卫生器具环保检测报告、水表和热量表计量鉴定证书等。

⑤ 化学供水建（管）材必须提供质量检验部门产品合格证和产品卫生检验合格证明，还应有有关部门产品使用许可（备案）证。

⑥ 保温、防腐、绝热材料应有产品质量合格证和材质检验报告。

2）隐蔽工程检查验收记录　隐蔽验收应按系统、工序进行。

① 直埋于地下或结构中，暗敷设于沟槽、管井、不进入吊顶内的给水、排水、雨水、采暖、消防管道和相关设备，以及有防水要求的套管：检查管材、管件、阀门、设备的材质与型号、安装位置、标高、坡度，防水套管的定位及尺寸，管道连接做法及质

量，附件使用，支架固定，以及是否已按照设计要求及施工规范规定完成强度严密性、冲洗等试验。

② 有保温隔热、防腐要求的给水、排水、采暖、消防、喷淋管道和相关设备：检查绝热方式、绝热材料的材质与规格、绝热管道与支吊架之间的防结露措施、防腐处理材料及做法等。

③ 埋地的采暖、热水管道，在保温层、保护层完成后，所在部位进行回填之前，应进行隐检：检查安装位置、标高、坡度，支架做法，保温层设置等。

3）施工试验记录

① 水（气）压试验记录

a. 管道、设备应按设计要求和规范规定进行强度、严密性试验。

b. 试验包括：给水、排水、采暖、消防等系统项目的单项和系统两个方面，以及上述系统中的阀门、散热器、密闭水箱（罐）、风机盘管设备（容器）等。

c. 试验以水为介质时，可用自来水或未被污染、无杂质、无腐蚀性的清水，环境温度应在5℃以上，若低于此温度应采取升温措施；以气体为介质时，采用何种气体应由设计确定。

② 室内管道灌水和非承压容器满水试验记录

a. 隐蔽或埋地的排水管道和安装在室内的雨水管道安装完成后，必须进行灌水试验。

b. 非承压容器（如给水水箱、膨胀水箱等），必须按设计要求和规范规定进行满水试验。

c. 试验应按系统或分区段进行且应在安装完毕并预备隐蔽前进行。

③ 管道通水试验记录

a. 室内给水管道系统、排水管道、卫生器具、中水及游泳池水系统、地漏及地面清扫口完成后，应分系统、区段进行通水试验。

b. 通水试验时，室内给水系统应同时开放1/3配水点，检查各配水点是否全部达到额定流量，各排放点是否畅通无阻，各卫生器具、给水配件应齐全，启闭灵活，各接口处均严密无渗漏。

④ 室内排水管道通球试验记录

a. 为确保室内排水管道正常畅通和达到使用功能要求，防止管道堵塞，排水管道经通水试验合格后，还需通球试验。

b. 室内排水主立管及水平管管道均应做通球试验，通球直径不小于排水管道管径的2/3，通球率必须达到100%。

⑤ 管道（设备）吹（冲）洗记录

a. 给水管道系统，中水及游泳池水系统，热水供应管道系统，采暖、空调管道系统及设计有要求的管道在安装完成后，必须进行冲洗。介质为气体的应进行吹（冲）洗。设计有要求时还应做脱脂处理。系统的冲（吹）洗应按系统、区段进行。

b. 生活给水管道冲洗前应进行消毒，使用含20～30mg/L游离氯的水灌满管道系统，留置时间不小于24h，再进行冲洗，并经有关部门取样检验，符合国家《生活饮用水标准》方可使用。

⑥ 卫生器具满水试验记录

a. 卫生器具交工前，通水试验后，应做满水试验并记录。满水试验时间不小于24h。液面以不下降、不渗漏为合格。

b. 满水试验的卫生器具盛水量标准应满足凡带有溢水口的器具盛水量放至溢水口下缘；冲水箱等器具放至控制水位。

⑦ 地漏及地面清扫口排水试验记录

a. 地漏及地面清扫口在竣工后应做排水试验记录。

b. 试验应以每一个地漏、清扫口的自然间为单位；地漏排水应及时，周边无渗漏，地面不应有积水；清扫口开启灵活，便于清通。

4）安全阀调整试验记录 锅炉安全阀在投入运行前应由有资质的试验单位按设计要求进行调试，并出具调试记录。表格由试验单位提供。

① 安装过程中，所有安全阀的定压和调整应符合规范规定。

② 锅炉上装有两个安全阀时，其中的一个按规范规定较高值定压，另一个按较低值定压。装有一个安全阀时，应按较低值定压。

③ 定压工作完成后应做一次安全阀自动排气试验，启动合格后应加锁或铅封。同时记录正确的开启压力、回座压力。

（5）施工记录

1）伸缩器制作安装记录

① 各类伸缩器安装时，应按规范和设计要求做预拉伸或预压缩。

② 成品伸缩器按说明书或设计要求做预拉伸或预压缩。

③ 方形伸缩器制作时，宜采用整根管弯成，如需要接口，其焊口位置应设在垂直臂的中间。

2）设备基础复检记录 设备基础施工完成后，交付设备安装前，应对设备基础进行复检，并做好工序交接记录和隐蔽验收记录。

主要检查项目：基础表面处理；垫铁、预埋件设置情况；地脚螺栓埋设位置及尺寸等。

3）设备单机试运转及调试记录 安装的设备在运行前应进行单机试运转及调试，以检查设备是否符合规范及设计要求和是否满足运行条件。

4）安全附件安装检查记录 锅炉的压力表、安全阀、水位计、报警装置等在进行启动、联动试验时，均应做好记录。

5）整体锅炉烘炉记录 锅炉安装完成后，锅炉炉体、热力交换站及管道和设备在试运行前，应进行烘炉试验，内容包括火焰烘炉温度升降温记录、烘烤时间和效果。烘炉前应具备下列条件：

① 锅炉及附属装置全部组装完毕，且水压试验合格。

② 烘炉所需辅助设备试运转合格，热工仪表校验合格。

③ 烘炉方案已制定，并且已批准。

6）整体锅炉煮炉记录 锅炉安装完成后，在试运行前应进行煮炉试验，包括煮炉的药量及成分（煮炉采用的药剂、用量和配置，应按设计要求进行）、加药程序、蒸汽压力、升降温控制、煮炉时间及煮后的清洗、除垢。

7）整体锅炉48h负荷试运行记录

① 锅炉在烘炉、煮炉合格后应进行48h带负荷连续试运行。

② 锅炉试运行升火温度不宜过快，防止各部受热不均产生过大的热应力。温升达到锅炉的工作压力的运行过程中，应注意观察下列情况的变化，并做调整及处理：

a. 水位表的变化；

b. 观察与复核安全阀的正常压力；

c. 检查各转动部位的运转情况和油位、轴承温升及运行电机的电流、振动等是否正常；

d. 检查锅炉供水循环水系统和集气排气装置是否可靠；

e. 检查完毕，使锅炉及附属各配件、设备的系统达到正常，协调运行，并连续运行 48h 后，均无异常现象即为合格。

8）防腐施工记录　防腐处理应在管道、设备的强度和严密性试验合格后进行。

普通薄钢板防腐处理应在管道系统强度与严密性检测合格后进行。普通薄钢板在制作风管前宜预涂防锈漆一遍。支、吊架的防腐处理应与风管或管道相一致。其明装部分必须涂面漆。使用防腐剂（涂料）及涂刷遍数、厚度应符合要求。

9）绝热施工记录

① 绝热工程应在管道、设备防腐处理合格后进行。

② 绝热工程的构造、使用的材料及施工的质量应符合设计和规范规定。

10）设备（开箱）进场验收记录

11）材料、成品、半成品进场验收记录

12）工序交接记录

**25. 建筑电气工程分部施工质量验收资料**

（1）主要设备、器具、材料合格证及进场复试报告

1）主要的电气设备和材料必须有出厂合格证书，进厂应进行开箱验收。对质量有异议的应送有资质的检测单位进行检测。

2）电力变压器、柴油发电机组、高压成套配电柜、蓄电池柜、不间断电源柜、控制柜（屏、台）应有出厂合格证、生产许可证、"CCC"认证标志和认证证书复印件。

低压成套配电柜，动力、照明配电箱（盘、柜）应有出厂合格证、生产许可证、"CCC"认证标志和认证证书复印件。

电动机、电加热器、电动执行机构和低压开关设备应有出厂合格证、生产许可证、"CCC"认证标志和认证证书复印件。

3）电线、电缆、照明灯具、开关、插座、风扇及附件应有出厂合格证、"CCC"认证标志和认证证书复印件。电线、电缆还应有生产许可证。

导管、型钢应有出厂合格证和材质证明书。

电缆桥架、线槽、裸导线、电缆头部件及接线端子、钢制灯柱、混凝土电杆和其他混凝土制品应有出厂合格证。

镀锌制品（支架、横担、接地极、避雷用型钢等）和外线金属应有出厂合格证和镀锌质量证明书。

封闭母线、插接母线应有出厂合格证、安装技术文件、"CCC"认证标志和认证证书复印件。

（2）隐蔽工程检查验收记录

1）埋于结构内的各种电线导管：检查导管的品种、规格、位置、弯扁度、弯曲半径、连接、跨接地线、防腐、管盒固定、管口处理、敷设情况、保护层、需焊接部位的焊接质量等。

2）利用结构钢筋做的避雷引下线：检查轴线位置，钢筋数量、规格，搭接长度，焊接质量，与接地极、避雷网、均压环等连接点的焊接情况等。

3）等电位及均压环暗埋：检查使用材料的品种、规格、安装位置、连接方法、连接质量、保护层厚度、防腐处理等。

4）接地极装置埋设：检查接地极的位置、间距、数量、材质、埋深、连接方法、连接质量、防腐处理等。

5）外金属门窗、幕墙与避雷引下线的连接：检查连接材料的品种、规格、连接位置和数量、连接方法和质量等。

6）不进人吊顶内的电线导管：检查导管的品种、规格、位置、弯扁度、弯曲半径、连接、跨接地线、防腐、需焊接部位的焊接质量、管盒固定、管口处理、固定方法、固定间距等。

7）不进人吊顶内的线槽：检查材料品种、规格、位置、连接、接地、防腐、固定方法、固定间距及与其他管线的位置关系等。

8）直埋电缆：检查电缆的品种、规格、埋设方法、埋深、弯曲半径、标桩埋设、电缆接头情况等。

9）不进人的电缆沟敷设电缆：检查电缆的品种、规格、弯曲半径、固定方法、固定间距、标志情况等。

10）有防火要求时，桥架、电缆沟内部的防火处理。

（3）施工试验记录

1）避雷带支持件拉力测试记录　避雷带支持件施工完成后，应进行垂直拉力测试，施工单位应在建设单位专业人员旁站情况下逐个测试。支持件的承受垂直拉力应大于 49N（5kg）。

2）电气等电位联结测试记录　等电位联结分为总等电位联结、局部等电位联结、辅助等电位联结等。

① 联结完成后，应对等电位箱、盒联结线、等电位联结端子板材质、规格、型号，联结导体的连接形式及连接质量，连接线、各种管道及其他需做等电位连接设备连接处的材质及连接质量状况，防腐处理情况进行检查并记录。

② 等电位联结应做导通测试和接地电阻测试，并符合设计要求和规范规定。

3）电气绝缘电阻测试记录　电气线路、设备、器具等在敷设（安装）前或敷设（安装）后，必须按验收规范规定进行绝缘电阻测试并记录。测试的要求和规定应符合国家标准《电气装置安装工程　电气设备交接试验标准》（GB 50150—2006）的规定。

4）电气接地电阻测试记录　电气接地工程完成后，应按类别、组别和系统进行接地电阻测试。测试结果必须符合设计要求和规范规定。

5）漏电保护器检测记录　漏电保护器在安装前应做整定，安装后要做模拟动作试验；用漏电开关检测仪检测其动作电流值；通电后通过试验按钮或插座检验器检查动作可靠性，检测过程应记录。

6）电气照明通电试运行记录　电气照明（动力）全负荷试运行记录：

① 建筑电气工程竣工后，交付使用前，应进行通电试验及全负荷试运行，检验器具、仪表的安装、接线、相序及电气系统的负荷等是否符合规范规定和设计要求。

② 通电试验可分系统进行，公共建筑照明系统通电连接试运行的时间为 24h，民用住宅照明系统通电连续试运行的时间为 8h。所有灯具均应开启，负荷运行应将试运行区域的用电设备（插座加模拟负荷）按设计要求加荷，并每 2h 记录运行状态 1 次，连续试运行时间内无障碍。

③ 试验期间，必须安排专人负责值班，定时检查记录试验情况。

7）大型灯具安装过载试验记录　大型灯具（设计无要求的，质量在 5kg 及以上的灯具）在预埋螺栓、吊钩、吊杆或吊顶上嵌入式安装专用骨架等物件上安装时，应全数按不小于 2 倍的灯具质量做载荷试验，试验时间不小于 15min。

8）异步电动机试验报告单　异步电动机在试运行前应进行检测。绝缘电阻、直流电阻、空运转情况等应符合《电气装置安装工程　电气设备交接试验标准》的规定。

（4）施工记录

1）电缆终端头（中间接头）制作记录

① 电缆终端或中间接头的制作应做好记录。

② 电缆头制作完成后的绝缘测试和工频耐压试验，应符合规范规定。

2）电缆敷设施工记录　较大的工程电缆敷设前应对电缆盘的外观进行检查并记录，对绝缘应测试并记录。

3）母线搭接螺栓的拧紧力矩施工记录　当母线采用螺栓搭接连接时，应用力矩扳手紧固，拧紧力矩值应符合规范规定，并做好记录。

4）大容量（630A 及以上）导线、母线连接处或开关设备连接处，在设计计算负荷运行情况下应做温度抽检记录，温升值稳定且不大于设计值。

5）设备（开箱）进场验收记录

6）材料、成品、半成品进场验收记录

26．智能建筑工程分部施工质量验收资料

（1）主要材料、设备、成品、半成品的出厂合格证明及进场检（试）验报告

主要设备、材料及附件应有出厂合格证及产品说明书、检测报告。进场应进行开箱验收。

（2）隐蔽工程检查验收记录

1）电气安装隐蔽验收同建筑电气工程分部。

2）特殊部位按规范要求。

（3）施工试验记录

1）智能建筑工程中通信网络系统、信息网络系统、建筑设备监控系统、火灾报警及消防联动系统、安全防范系统、综合布线系统、智能化集成系统、电源与接地、环境、住宅（小区）智能化系统等各子分部工程的施工试验记录，按现行国家规范执行。

2）建筑节能、隔热测试记录　建筑工程应按照建筑节能标准，对建筑物所使用的材料、构配件、设备、采暖、通风空调、照明等涉及节能、保温的项目进行检测。

27．通风与空调工程分部施工质量验收资料

（1）主要材料、设备、成品、半成品和仪表的出厂合格证明及进场检（试）验报告

1）主要设备、配件、产品应有产品质量证明文件，材质和性能应符合国家有关标准和设计要求。主要设备应有安装使用说明书。进场后应进行验收。

制冷机组、空调机组、风机、水泵、冰蓄冷设备、热交换设备、冷却塔、除尘设备、风机盘管、诱导器、水处理设备、加热器、空气幕、空气净化设备、蒸汽调压设备、热泵机组、去（加）湿机（器）、装配式洁净室、变风量末端装置、过滤器、消声器、软接头、风口、风阀、风罩等，以及防爆超压排气阀门、自动排气阀门等与人防有关的材料应有产品合格证和其他质量合格证明。

2）阀门、疏水器、水箱、分（集）水器、减震器、储冷罐、集气罐、仪表、绝热材料等应有出厂合格证、质量合格证明及检测报告。

3）压力表、温度计、湿度计、流量计、水位计等应有产品合格证和检测报告。

4）各类板材、管材等应有质量证明文件。

（2）隐蔽工程检查验收记录

1）敷设于竖井内、不进人吊顶内的风道（包括各类附件、部件、设备等）：检查风道的

标高、材质，接头、接口严密性，附件、部件安装位置，支、吊、托架安装、固定，活动部件是否灵活可靠、方向正确，风道分支、变径处理是否合理，是否符合要求，是否已按照设计要求及施工规范规定完成风管的漏光、漏风检测，空调水管道的强度严密性、冲洗等试验。检查风道、风管穿过变形缝处的补偿装置。

2）有绝热、防腐要求的风管、空调水管及设备：检查绝热形式与做法、绝热材料的材质和规格、防腐处理材料及做法。绝热管道与支架之间应垫以绝热衬垫或经防腐处理的木衬垫，其厚度应与绝热层厚度相同，表面平整，衬垫接合面的空隙应填实。

（3）施工试验记录

1）阀门（清洗）试验记录

① 阀门安装前应做强度和严密性试验。

② 强度和严密性试验按国家相关规范的规定进行。

2）风管系统检测记录    风管制作完成后，应检查产品合格证明文件和测试报告，或进行风管强度压力试验，填写有关记录。按风管系统的类别和材质分别抽查，不得少于 3 件及 15m$^2$。

3）风管系统漏风量检测记录    风管系统安装完成后，应按设计要求及规范规定进行风管系统漏风量测试，并做记录。

4）中、低压风管系统漏光检测记录    风管系统安装完成后，应按设计要求及规范规定进行风管漏光测试，并做记录。

5）风机盘管水压试验记录    风机盘管安装前进行水压检漏试验，并做记录。

6）制冷系统气密性试验记录    现场安装和充注制冷剂管路应进行强度、气密性及真空试验，且必须合格；组装式制冷机组和现场充注制冷剂的机组应进行吹污、气密性试验和充注制冷剂检漏试验。

7）净化空调系统风管清洗记录    净化空调系统风管制作完成后应进行清洗，并做记录。

8）现场组装除尘器、空调机漏风检测记录    现场组装的除尘器壳体、组合式空气调节机组应做漏风量的检测，并做记录。

9）风口平衡试验（调整）记录    通风与空调工程在无生产负荷联合试运转时，应分系统将同一系统内的各测点（风口）的风速、风量进行测试和调整，并做记录。

① 风口平衡试验（调整）记录应填写每个风口风速的实测值，计算填写每个风口风速的平均值，并进一步计算填写每个风口的风量实测值，计算填写设计风量与实测风量的偏差。

② 系统经过平衡调整，各风口或吸风罩的风量与设计风量的允许偏差不应大于 15%，不符合设计要求的应重新调整，必须满足设计要求或规范规定。

（4）施工记录

1）通风空调设备、管道（防静电）接地检查验收记录    接地做法及施工质量须符合设计或规范要求，并做记录。

2）空调（通风）装置一般性检查记录    空调（通风）装置一般性检查应依据规范和设计要求，对产品、成品及工艺过程进行观察或实测检查，并做记录。

3）通风空调设备单机试运转及调试记录

① 在系统调试前应对通风机、空调机组中的风机、冷却塔本体、制冷机组、单元式空调机组、电控防火、防排烟风阀（口）等设备型号、规格进行复核，进行单机试运转和调试，并做记录。

② 水泵、风机、空调机组、风冷热泵等设备单独试运行时均应满足设计和规范要求。

4）通风空调系统无负荷下的联合试运转及调试记录 通风与空调工程进行无生产负荷下的联合试运转及调试时，应对系统总风量、冷热水总流量、冷却水总流量进行测量、调整，以及各室内温度、各室内相对湿度及其与设计值的最大偏差等进行测量、调整，并做记录。如设计有其他要求（恒温、恒湿、洁净），可另行增加过程及测定内容。

5）防排烟系统联合试运行记录 在防排烟系统联合试运行和调试过程中，应对测试楼层及其上下二层的排烟系统中的排烟风口、正式送风系统的送风口进行联动调试，并对各风口的风速、风量进行测量调整，对正压送风口的风压进行测量调整，并做记录。

6）设备基础复查记录。

7）工序交接记录。

8）防腐施工记录。

9）绝热施工记录。

10）伸缩节制作安装记录。

**28. 电梯工程分部施工质量验收资料**

（1）电梯设备随机文件和进场检查验收记录 电梯设备进场后应由建设、施工和供货单位共同开箱检验，并进行记录，填写《电梯设备开箱检验记录》。电梯工程的主要设备、材料及附件应有出厂合格证、产品说明书及安装技术文件。

（2）隐蔽工程检查验收记录

1）检查电梯承重梁、起重吊环埋设，电梯钢丝绳头灌注，电梯井道内导轨、层门的支架、螺栓埋植、安全接地等。

2）电梯的电气安装隐蔽验收同建筑电气。

（3）施工试验记录

1）电梯具备运行条件时，应对电梯轿厢的运行平层准确度进行测量，并做记录。

2）电梯层门安装完成后，应对每一扇层门的安全装置进行检查确认，并做记录。

3）电梯安装完毕，应进行电梯电气接地电阻测试和电梯电气绝缘电阻测试，并做记录；调试运行时，由安装单位对电梯的电气安全装置进行检查确认，并做记录。

4）电梯调试结束后，在交付使用前，由安装单位对电梯的整机运行性能和主要功能进行检查试验，并做记录。

5）电梯调试时，由安装单位对电梯的运行负荷和试验曲线、平衡系数进行检查，并填写相关记录。

6）电梯具备运行条件时，应对电梯轿厢内、机房、轿厢门、层站门的运行噪声进行测试，并做记录。

7）自动扶梯、自动人行道安装完毕后，安装单位应对其安全装置、运行速度、噪声、制动器等功能进行测试，并填写相关记录。

（4）施工记录

1）电梯机房、井道测量检查记录

2）电梯安装样板放线记录

3）电梯电气装置安装检查记录

4）自动扶梯、自动人行道安装与土建交接检查记录

5）自动扶梯、自动人行道安装与相邻区域检查记录

6）自动扶梯、自动人行道电气装置检查记录

7）自动扶梯、自动人行道整机安装质量检查记录

（5）设备安装检测

1）协助建设单位（施工或建设方见证）现场抽检

① 散热器：铸造质量、水压试验等，检测数量一组。

② 水暖用阀门：外观质量及密封试验等，检测数量 3 个。

③ 给水管材、管件和排水管材、管件：外观质量性能等，管材 13 件、管件 8 件。

④ 电气照明开关、插座：基本参数、外观质量、性能等，开关 3 个，插座 9 个。

以上取样检验批，单位工程面积 4000～10000m² 为一批，超过 10000m² 时，每增 5000m² 增加一批，不足 5000m² 也为一批。

2）由建设单位委托办理专项检测项目

① 大型公建、高层建筑给水、采暖管道：水压试验，管段总数的 10%；坡度检查，管段总数的 5%，取样数量、房间位置由检测人员现场确定。

② 大型公建、高层建筑通风、空调系统和风口：风量平衡，系统总数的 3%，且不少于 1 个系统，取样数量、房间位置由检测人员现场确定。

③ 大型公建、高层建筑电气、漏电开关：漏电动作时间，总数的 10%，取样数量、房间位置由检测人员现场确定。

④ 大型公建、高层建筑电气系统接地：主要设备间，接地电阻全数检查；管道井、电气井、卫生间等电位连接，接地电阻总数的 10%，不少于 5 处，检查数量及部位由检测人员现场确定。

⑤ 大型公建、高层建筑电气设备：变压器、高低压配电柜，安全运行全数检查；照明配电箱，安全运行总数的 10%；照明器具安全运行总数的 5%，且不少于 10 处，检查数量及部位由检测人员现场确定。

⑥ 消防系统：性能及安装质量，由市（区）消防局指定消防检测单位现场检测。

⑦ 电梯：性能及安装质量，由市（区）劳动局指定的检测单位现场对每台电梯进行检测。

（6）关于技术交底

① 目的：技术交底是项目技术管理的一项十分重要的工作。它的目的是使参与工程施工的操作者熟悉和了解所承担的工程施工任务的有关要求，从而确保工程质量和施工安全。

② 对象：作业层的操作者和相关管理者。

③ 主要内容

a. 分项工程概况及主要特点。

b. 施工准备（机具准备、材料、作业条件、人员资质、技术条件）。

c. 施工工艺（具体的操作程序及操作方法，必要时可绘图）。

d. 施工技术要求及质量标准。

e. 保证质量措施。

f. 安全操作要求。

g. 施工记录要求。

④ 依据

a. 施工图纸。

b. 施工技术方案。

c. 相关质量验收规范和技术标准。

d. 相关施工技术操作规程。

e．安全法规及相关标准。

⑤ 原则

a．必须交到作业层，即与该工序有关的人员都应接受交底；所有应让作业人掌握与了解的都应交代清楚。

b．必须符合上一层次技术交底的原则和意图，即必须与相应的施工技术方案保持一致。

c．符合相关法规要求。

d．技术交底是施工方案的进一步细化，应具备可操作性。

e．语言文字通俗易懂，必要时附示意图。

⑥ 做好技术交底应注意的问题

a．标准规定混凝土浇筑厚度应不超过振捣棒作用部分长度的 1.25 倍（GB 50204—2002），技术交底就不能孤立地照抄这一要求。我们使用振捣棒的作用部分长度一般为 380mm，所以应规定其浇筑厚度一般为 500mm 以下。

标准规定混凝土振捣时振捣棒的移动距离不得大于振捣棒作用半径的 1.5 倍，技术交底就要说明移动距离应为 300～400mm。

不能笼统地说钢筋的搭接长度为 $35d$，而应具体说明某规格的钢筋搭接长度是多少。

b．要使用标准化的技术用语，如表达混凝土强度、砂浆强度不能用标号，应用强度等级；计算回填土压实系数时，不能用干容重，应用干密度。

c．应正确使用计量单位：一是不能使用作废的计量单位。二是应规范使用计量单位，即在一个技术交底中所使用的计量单位应统一（标高为米，长度为毫米），不能混用。如规范规定混凝土坍落度的单位为毫米，不能一会儿是毫米，一会儿是厘米。三要正确使用计量单位的符号。如 MPa 和 mPa 的含义是不一样的。如常用单位之一"吨"的计量单位是 t，而不能写成 T。

d．小数点后数字位数不能随意定，小数点后保留几位数字代表着不同的度量精度。1m 和 1.00m 的精度是不一样的。如我们有的技术交底提出平整度要求为 5.00mm 显然是不合适的，建筑施工中没有必要要求精读达到百分之一毫米。

e．技术交底应记录具体实施交底的时间，应有交底人及接受交底人的签字。即履行各自的质量职责，以便必要时实施追溯（一旦发生质量或安全事故，可查找原因及追究责任）。另外，签字不能代签，因为谁都不能替代别人履行管理职责。

f．技术交底要妥善保存，作为工程竣工技术文件的一部分存入项目技术资料文件中。

29．施工日志

施工日志分建筑与结构（含装饰装修）、建筑设备安装工程两种，应以单位工程为记载对象，从工程开工起至工程竣工，按专业由专业人员负责逐日记载，并保证内容真实、完整，文字简练，时间连续。

30．施工记录

（1）施工测量记录　施工测量记录是在施工过程中形成的，确保建筑工程定位尺寸、标高、垂直度、位置和沉降量等满足设计要求和规范规定的资料的统称。

1）工程定位放线记录　施工单位依据测绘部门提供的放线成果、红线及场地控制网（或建筑物控网），测定建筑物位置、主控轴线及尺寸、建筑物±0.000 绝对高程，填写测量记录，报施工单位审核。

工程定位测量完成后，应由建设单位报请规划部门验线。

2）基槽验线记录　施工单位根据主控轴线和基底平面图，检验建筑物基底外轮廓线、集水坑、电梯井坑、垫层标高（高程）、基槽断面尺寸和坡度等，并对照结构设计、地质报告的地基承载力及基底土质描述检验地基是否满足设计要求，填写《基槽验线记录》报施工审核。

3）楼层平面放线记录　楼层平面放线包括轴线竖向投测控制线、各层墙柱轴线、墙柱边线、门窗洞口位置线等，施工单位在完成楼层平面放线后，填写《楼层平面放线记录》报施工单位审核。

4）楼层垂直度、标高抄测记录　楼层全高、标高抄测包括楼层+0.5m（或+1.0m）水平控制线、皮数杆，以及本楼层和累计高度的垂直度测量。施工单位在完成楼层全高、标高、垂直度抄测后，报施工单位审核。

5）沉降观测记录　根据设计要求和规范规定，凡需进行沉降观测的工程，由建设单位委托有资质的测量单位进行施工过程中及竣工后的沉降观测工作。

测量单位应按设计要求或规范规定，编制观测方案，配合施工单位设置沉降观测点，绘制沉降观测点布置图，定期进行沉降观测记录，并应附沉降观测点的沉降量与时间、荷载关系曲线图和沉降观测技术报告。

（2）地基处理记录　一般包括地基处理方案、地基处理原材料试验报告、地基强度或承载力检测报告。地基处理记录要注明各处理部位的处理方法，处理结果能否达到设计要求或相应施工规范的规定，记录要由参与各方签证。施工方除按规范提供相应资料外，须提供经由法定检测机构（取得资质认证的检测机构）进行地基承载力检测的测试报告。强夯地基处理应对锤重、落距、夯击点布置及夯击次数做好记录。

（3）地基钎探记录　应有钎孔平面布置图和钎探记录，平面布置图上注明过硬或过软的孔号位置、异常物的尺寸，以便设计勘察人员或有关部门验槽时分析处理。钎探记录注明是人工或机械打钎，按钎孔顺序编号，钎杆每打入土层 30㎝ 记录一次锤击数，钎探深度必须符合设计要求，锤击数记录要字迹清楚、准确，经过签字认可后保存。地基处理的部位、尺寸、标高等情况应标入图中，并有复验记录。

（4）基坑支护变形监测记录　在深基坑开挖和支护结构使用期间，应以设计指标及要求为依据进行过程监测，如设计无要求，应按规范规定对支护结构进行监测，并做变形监测记录。

（5）施工检查记录（通用）　按照现行规范的要求进行施工检查，形成施工检查记录。

（6）交接检查记录　不同施工单位、不同工种之间工程交接，应进行交接检查，填写《工序交接检查记录》。移交单位、接收单位和见证单位共同对移交工程进行验收，并对质量情况、遗留问题、工序要求、注意事项、成品保护等进行记录。

（7）构件吊装记录
预制混凝土构件、大型钢、木构件吊装应有《构件吊装记录》，吊装记录包括构件名称、安装位置、搁置与搭接长度、接头处理、堵头情况、固定方法、标高、安装等内容。

（8）混凝土工程施工记录
① 混凝土配合比通知单。
② 混凝土浇灌申请书。正式浇筑混凝土前，施工单位应检查各项准备工作（如钢筋、模板工程检查，水电预埋检查，材料、设备及其他准备等），自检合格填写《混凝土浇灌申请书》，报施工检查合格后方可浇筑混凝土。
③ 预拌混凝土运输单。包括工程名称、使用部位、供应方量、配合比、坍落度等内容。
④ 混凝土搅拌、养护测温记录。冬季混凝土施工时，应有混凝土搅拌和养护测温

记录。混凝土冬期施工搅拌测温记录包括大气温度、原材料温度、出罐温度、入模温度等。混凝土冬期施工养护测温应先绘制测温点布置图，包括测温点的部位、深度等。测温记录应包括大气温度、各测温孔的实测温度、同一时间测得的各测温孔的平均温度和间隔时间等。

⑤ 混凝土结构实体检验试块按规定进行同条件养护测温记录。

⑥ 大体积混凝土养护测温记录。大体积混凝土施工时，对入模时大气温度、各测温孔温度、内外温差进行记录和对裂缝进行检查的记录。大体积混凝土养护测温附测温点布置图，包括测温点的位置、深度等。

⑦ 混凝土拆模申请书。在拆除现浇混凝土结构板、梁、悬臂构件等底模、支撑和柱墙侧模前，应填写《混凝土拆模申请单》，并附同条件养护混凝土强度检测报告，报项目专业负责人和施工工程师审批，通过后方可拆模。

（9）焊接材料烘焙记录　按照规范和工艺文件等规定须烘焙的焊接材料进行烘焙，并填写《焊接材料烘焙记录》。烘焙记录包括烘焙方法、烘干温度要求、烘干时间、实际烘焙时间和保温要求等。

（10）地下工程防水效果检查记录　地下工程验收时，应对地下工程有无渗漏现象进行检查，填写《地下室防水效果检查记录》。检查内容包括地下室外墙的穿墙管道的防水效果以及裂缝、渗漏部位、大小、渗漏情况、处理意见等。如有渗漏应绘图说明，并附防水面展开图。

（11）防水工程试水检查记录

① 凡有防水要求的房间应有防水层及装修后的蓄水检查记录。检查内容包括蓄水方式、蓄水时间、蓄水深度、管口及边缘的封堵情况和有无渗漏现象等。

② 屋面工程完工后，应对细部构造（屋面天沟、檐沟、檐口、泛水、水落口、变形缝、伸出屋面管道等）、接缝处和保护层进行淋水、蓄水检查。淋水试验持续时间不得少于2h；做蓄水检查的屋面蓄水时间不得少于24h。

（12）通风（烟）道畅通检查记录　建筑通风道（烟道）应全数做通（抽）风和漏风、串风试验，并做检查记录。

（13）卫生间、阳台地面坡度检查记录。

（14）样板间工程检查记录。

（15）无质量通病工程检查记录。

（16）新材料、新工艺施工记录。

31. 隐蔽验收

隐蔽工程是指在施工过程中，上一道工序的工作成果将被下一道工序的工作成果所覆盖，完工后无法检查的那一部分工程。隐蔽工程检查验收记录是指参加隐蔽工程检查验收的有关人员，对被验工程同意验收而办理的记录。

施工单位填报《隐蔽工程检查记录》。按规范规定须进行隐蔽的项目，完工后报施工（建设）方组织验收，各项记录和图示必须有建设、施工单位签字，并有结论性意见。个别重要分项验收应有设计或勘察单位参加，并签字。

建筑结构与装饰装修工程隐检内容：

（1）地基验槽　建筑物施工验槽，检查内容包括基坑位置、平面尺寸、持力层核查、基底绝对高程和相对标高、基坑土质及地下水位等，有桩支护或桩基的工程还应进行桩的检查。地基验槽检查记录由建设、勘察、设计、施工单位共同验收签认。如地基需处理，由勘察、设计单位提出处理意见。

（2）土方工程　基槽、房心回填前检查基底清理、基底标高、基底处理情况等。

（3）支护工程　对锚杆进行编号，检查锚杆、土钉的品种、规格、数量、位置、插入长度、钻孔直径、深度和角度等。地下连续墙检查成槽宽度、深度、垂直度，钢筋笼规格、位置、槽底清理、沉渣厚度以及边坡放坡情况等。其他支护按设计要求做好隐检。

（4）钢筋混凝土灌注桩工程　检查钢筋笼规格、成孔深度、直径、垂直偏差、沉渣厚度、清孔情况，嵌入桩的岩性报告等。

（5）地下防水工程　检查混凝土变形缝、施工缝、后浇带、穿墙套管、预埋件等设置的位置、形式和构造，人防出口止水做法，防水层基层、防水材料规格、厚度、铺设方式、阴阳角处理、搭接密封处理等。

（6）钢筋工程　检查绑扎的钢筋品种、规格、数量、位置、锚固和接头位置、搭接长度、保护层厚度和除锈、除污情况；钢筋代用及变更；拉结筋处理、洞口过梁、附加筋情况等。应注明图纸编号、验收意见，必要时应附图说明。

检查钢筋连接型式、连接种类、接头位置、数量及焊条、焊剂、焊口形式、焊缝长度、厚度及表面清渣和连接质量等。

抗震结构的抗震钢筋安装情况。

（7）预应力工程　检查预留孔道的规格、数量、位置、形状、端部预埋件垫板；预应力筋下料长度、切断方法、竖向位置偏差、固定、护套的完整性；锚具、夹具、连接点组装等。

（8）外墙（内）外保温，隔声处理构造节点做法

（9）楼地面工程　检查各基层（垫层、找平层、隔离层、防水层、填充层、地龙骨）材料品种、规格、铺设厚度、方式、坡度、表面情况、密封处理、黏结情况等。

（10）抹灰工程　应检查界面剂情况，抹灰总厚度大于或等于 35mm 时的加强措施，不同材料基体交接处的加强措施。

（11）门窗工程　检查预埋件和锚固件、螺栓等的规格、数量、位置、间距、埋设方式、与框的连接方式、防腐处理、缝隙的嵌填、密实材料的黏结等。

（12）吊顶工程　检查吊顶龙骨及吊件材质、规格、间距、连接方式、固定方法、表面防火、防腐处理、外观情况、接缝和边缝情况、填充和吸声材料的品种、规格、铺设、固定情况等。

（13）轻质隔墙工程　检查预埋件、连接件、拉结筋的规格、位置、数量、连接方式、与周边墙体及顶棚的连接，龙骨连接、间距，防火、防腐处理，填充材料设置等。

（14）饰面板（砖）工程　检查预埋件、后置埋件、连接件规格、数量、位置、连接方式、防腐处理等。有防水构造的部位应检查找平层、防水层的构造做法，同地面工程检查。

（15）屋面工程　检查基层、找平层、保温层、防水层、隔离层材料的品种、规格、厚度、铺贴方式、搭接宽度、接缝处理、黏结情况；附加层、天沟、檐沟、泛水和变形缝、屋面突出部分细部做法，隔离层设置、密封处理部位、刚性屋面的分隔缝和嵌缝情况。

（16）幕墙工程隐检　检查预埋件、后置埋件和连接件的规格、数量、位置、连接方式、防腐处理等；检查构件之间以及构件与主体结构的连接节点的安装及防腐处理；幕墙四周、幕墙与主体结构之间间隙节点的处理、封口的安装；幕墙伸缩缝、沉降缝、防震缝及墙面转角节点的安装；幕墙防雷接地节点的安装等；幕墙的防火层构造的设置与处理。

（17）钢结构工程隐检　检查预埋件、后置埋件和连接件的规格、数量、位置、连接方式、防腐处理等。检查地脚螺栓的规格、位置、埋设方法、紧固等。钢结构的焊接、保温的

措施。

（18）地下室、主体结构抽检　检验项目是混凝土实体强度、钢筋直径、间距、保护层，检测数量为同类构件总数的 5％且不少于 3 件。同强度等级混凝土构件取样数量、构件部位由检测人员现场确定。混凝土结构子分部工程结构实体钢筋保护层厚度验收记录。混凝土结构子分部工程结构实体混凝土强度验收记录。

（19）室内空气质量检测　检验项目是空气中有毒有害气体含量，检测数量为同类房间数的 3％且不少于 3 间。

**32．施工记录填写要求**

施工员在施工过程中要认真编制、填写施工过程记录文件。包括：做好施工日志的记录；填写各分部分项工程的过程记录及验收记录；绘制本专业的竣工图，整理、编制竣工资料，填写月生产计划和月度已完实物工作量报表的编制，对班组完成工作量进行考核；及时对本专业施工管理和施要技术进行归纳小结。

**（三）组织协调工作**

**1．施工员协助项目经理的协调工作**

工程的建设是个对外沟通的过程，一个工程的建设涉及方方面面的内容，所以施工员应协助项目经理做好组织协调工作。

（1）学习、贯彻执行国家和建设行政管理部门颁发的建设法律、规范、规程、技术标准、熟悉基本建设程序、施工程序和施工规律，并在实际工作中具体运用。

（2）熟悉建设工程结构特征与关键部位，掌握施工现场的周围环境、社会（含拆迁等）和经济技术条件，参与编制施工组织设计（或施工方案）。

（3）制订施工的各种规章制度和岗位职责，组建项目施工管理班子，并从人力、物力、财力及技术等方面，合理均衡组织施工。

（4）做好开工前施工条件的准备（包括阶段性和作业条件的施工准备），搞好"三通一平"，促成工程开工，提出开工报告。

（5）熟悉审查图纸及有关资料，在上级技术部门组织下，参与图纸会审。

（6）了解设计意图，掌握工程的重点和难点，弄清坐标位置、水平标高，测量定位。

（7）审批各幢号施工员编制的作业计划（包括季、月、旬作业计划），监督幢号施工员及时将施工任务下达到各班组执行，做好任务书的管理、签发、验收结算三个环节。

（8）在施工前，施工员应根据项目工程的特点、技术要求，协助项目经理做好开工前的人员组织，编制机具设备申请表及要料计划表。

（9）在施工过程中做好与施工或业主及相关施工单位人员的沟通工作。

（10）做好本专业工程与其他专业工程的沟通衔接。

（11）对幢号施工进度、质量、安全、节约等问题实行全面控制，建立日常和定期检查，随时掌握工程动态，解决施工中的各种矛盾。

（12）严格执行工艺标准、验收和质量验评标准，以及各种专业技术操作规程，狠抓"质量第一"、"安全第一"方针的落实，制订质量、安全等方面的措施，并经常进行督促检查。施工员还要负责工程质量事故和伤亡事故的调查、分析与处理。

（13）参与预算的编制，积极挖掘内部潜力，狠抓节约，当家理财，降低成本。

（14）按照施工现场管理规定，抓好施工现场标准化建设和科学管理，实现文明施工。

（15）及时准确地搜集并整理施工生产过程、技术活动、材料使用、劳力调配、资金周转、经济活动分析的原始记录、台账和统计报表，记好施工日志。搜集和运用国内外同行施工管理、技术活动的经验，推广新材料、新技术。

（16）全权负责钢筋班组的施工进度和施工质量，动态控制钢筋班组的人员组织结构，对技术负责人和幢号施工员针对钢筋班组提出来的有关问题负责落实整改并监督实施完成。

（17）绘制竣工图，组织单位工程竣工 质量预检，负责整理好全部技术档案。

（18）参与竣工后的回访活动，对需返修、检修的项目，尽快组织人员落实。

（19）与甲方、施工单位和有关单位保持经常联系，及时向他们通报施工动态，取得他们的支持。

2．总施工员的协调工作

（1）总施工员必须按照施工程序督导幢号施工员组织施工 施工程序是指一个建设项目（包括生产、生活、主体、配套与管道、庭院及道路等）或单位工程在施工过程中应遵循的合理的施工程序，即施工前有准备，施工过程中有安排。针对一个工程的全部项目，其程序是：

1）先红线外（上下水、电、电讯、煤气、热力、交通道路等）后红线内。

2）红线内工程，先全场（包括场地平整、道路管线等）后单项。一般要坚持先地下后地上的原则，场内与场外、土建与安装各个工序统筹安排，合理交叉，并注意经济技术效果，注意质量、安全及文明施工。设备安装必须坚持检验、调试、单机试车和无负荷联动试运转。

3）全部工程项目施工安排时，主体工程和配套工程（变电室、热力站、空压站、污水处理等）要相适应，力争配套工程为施工服务，主体工程竣工时能投产使用。

4）庭院、道路、花圃的施工收尾与施工撤离相适应。

（2）技术准备工作程序

1）熟悉图纸：了解设计要求、质量要求和细部做法，熟悉地质、水文等勘察资料，了解设计概算和工程预算。

2）熟悉施工组织设计：了解施工部署、施工方法、施工顺序、施工进度计划、施工平面布置和施工技术措施。

3）准备施工技术交底：一般工程应准备简要的操作要点和技术措施要求，特殊工程必须准备图纸（或施工大样）和细部做法。

4）选择确定比较科学、合理的施工（作业）方法和施工程序。

（3）指导幢号施工员以及班组操作前的准备

1）临设准备：搭好生产、生活的临时设施。

2）工作面的准备：包括现场清理、道路畅通、临时水电引到现场和准备好操作面。

3）施工机械的准备：施工机械进场按照施工平面图的布置安装就位，并按上电源试运转，检查安全装置。

4）材料工具的准备：材料按施工平面布置进行堆放，工具按班组人员配备。

（4）组织工作程序

1）掌握工人班组情况，包括人员配备、技术力量和生产能力，特别是钢筋班组的动态情况以及动态质量情况。

2）研究施工工序。

3）确定工种间的搭接次序、搭接时间和搭接部位。

4）协助幢号施工员及工人班组长做好人员安排。根据工作面计划流水和分段、根据流水分段和技术力量进行人员分配，根据人员分配情况配备机器、工具、运输、供料的力量。

（5）向幢号施工员和工人班组交底

1）计划交底：包括生产任务数量、任务的开始及完成时间、工程中对其他工序的影响和重要程度等。

2）定额交底：包括劳动定额、材料消耗定额和机械配合台班及台班产量。

3）施工技术和操作方法交底：包括施工规范及工艺标准的有关部分，施工组织设计中的有关规定和有关设备图纸及细部做法。

4）安全生产交底：包括施工操作运输过程中的安全事项、机电设备安全事项、消防事项。

5）工程质量交底：包括自检、互检、交接的时间和部位，分部分项质量评定标准和要求。

6）管理制度交底：包括现场场容管理制度的要求、成品保护制度的要求、样板的建立和要求。

（6）施工中的具体指导和检查

1）检查测量、抄平、放线准备工作是否符合要求。

2）幢号施工员及工人班组能否按交底要求进行施工。

3）关键部位是否符合要求，有问题及时向工人班组提出改正。

4）经常提醒工人班组在安全、质量和现场场容管理中的倾向性问题。

5）根据工程进度及时进行隐蔽工程预检和交接检，配合质量检查人员做好分部分项工程的质量评定。

（7）做好总体施工日志

施工日志记载的主要内容：气候实况、工程进展及施工内容，工人调动情况，材料供应情况，材料及构件检验试验情况，施工中的质量及安全问题，设计变更和其他重大决定，施工中的经验和教训。

（8）对幢号施工员施工任务的下达和验收

向幢号施工员及工人班组下达总体任务书，并按计划要求、质量标准验收。完成分部分项工程后，总施工员一方面需查阅内业资料，如混凝土强度等级、钢筋强度及砖的标号是否符合设计要求等，特别是技术资料中的保证质量资料项目必须齐全；另一方面须通知技术员、质量检查员、施工中班组长，对所施工的部位或项目按质量标准进行检查验收，合格产品必须填写表格并签字，不合格产品应立即组织原施工班组进行维修或返工。

（9）搞好工程档案

主要负责提供隐蔽签证、设计变更、竣工图等工程结算资料，协助结算员办理工程结算。

（四）变更及签证工作

土木工程施工中常常出现设计变更和工程签证，设计变更和工程签证的发生，在总造价中占有相当的比例。施工过程中由于各方面原因导致原设计变更是在所难免的，施工员在接到设计变更通知单后应立即停止变更前的工作，仔细核对变更后的设计与原设计的比较，并做出相应的标记，给现场施工人员发出通知单，做好变更后的相关交底。

签证是工程利润的重要来源之一，作为施工员，应及时了解相关工程量的增减，将所增工程量及时报予施工或业主进行认可。

建设单位、设计单位、施工单位都应该对此高度重视，加强管理，节约造价。设计变更和工程签证工作是工程施工管理中较为重要的一项内容，它内容广泛，构成原因复杂，规律性较差，发生的时间长，其造价具有不确定性。因此，重视和搞好这项工作是建设单位正确确定工程造价、控制投资的依据之一，也是施工单位保护其应得利益的措施之一。

由于设计变更和工程签证而调整的工程造价占整个单位工程竣工结算的比例，多则接近

20%，少则也在 5%左右。设计变更和工程签证容易混淆，隐蔽工程（房建的深基础、桥梁涵洞基础等）易出现设计变更。施工单位应加强设计变更和工程签证管理，提高经济效益。

1. 设计变更和工程签证的内容

（1）设计变更

1）实行 FIDIC 条款的设计变更    FIDIC 条款中的设计变更是指设计文件或技术规范修改而引起的合同变更。它具有一定的强制性，且以施工工程师签发的设计变更令为存在的充分必要条件。在表现形式上有以下类型：

① 因设计变更或工程规模变化而引起的工程量增减。

② 因设计变更而使得某些工程内容被取消。

③ 因设计变更或技术规范改变而导致的工程质量、性质或类型的改变。

④ 因设计变更而导致的工程任何部分的标高、位置、尺寸的改变。

⑤ 为使工程竣工而必须实施的任何种类的附加工作。

⑥ 因规范变更而使得工程任何部分规定的施工顺序或时间安排的改变。

从以上类型可以看出，FIDIC 条款中的设计变更范围很广，这些变更均涉及设计图纸或技术规范的改变、修改或补充，只要有施工工程师的设计变更令，承包商必须进行设计变更，而没有施工工程师的工程设计变更令，承包商就不能进行设计变更。值得注意的是，当设计变更超过上述范围时，随之也超出了施工工程师的权力范围，此时的变更应由业主和承包商平等协商，签署变更协议，之后方可由施工工程师按变更协议执行。

FIDIC 合同条件对清单中单项工程数量增减的变化，一般规定为：对于原合同内有标价的工程量清单的费率或价格不应随便地考虑变动，除非该单项工程涉及的累计款额超过合同价格的 2%，同时在该单项工程下实施的实际工程量超过或少于原工程量清单中工程量的 25%及以上时。其数量的增减未超出清单中数量的 25%时，应理解为承包商的风险，则采用原清单单价，按原合同清单价格付款。

2）未实行 FIDIC 条款的国内土木工程的设计变更    设计变更是工程施工过程中保证设计和施工质量，完善工程设计，纠正设计错误以及满足现场条件变化而进行的设计修改工作。一般包括由原设计单位出具的设计变更通知单和由施工单位征得由原设计单位同意的设计变更联络单两种。

① 在建设单位组织的有设计单位和施工企业参加的技术交底会上，经施工企业和建设单位提出，各方研究同意而改变施工图的做法，都属于设计变更，为此而增加新的图纸或设计变更说明都由设计单位或建设单位负责。

② 施工企业在施工过程中，遇到一些原设计未预料到的具体情况需要进行处理，因而发生的设计变更，如桥墩基础开挖后发现地基与原来设计相差较大，原来是一般黏土而开挖后发现是软土，需要换土，经设计单位和建设单位同意，办理设计变更或设计变更联络单。这类设计变更应注意工程项目、位置、变更的原因、做法、规格和数量，以及变更后的施工图，经三方签字确认后即为设计变更。

③ 工程开工后，由于某些方面的需要，建设单位提出要求改变某些落后的施工方法，或增减某些具体工程项目等，如在一些工程中由于建设单位要求增加的暗敷管线，再征得设计单位的同意后出设计变更。

④ 施工企业在施工过程中，由于施工方面、资源市场的原因，如材料供应或者施工条件不成熟，认为需改用其他材料代替，或者需要改变某些工程项目的具体设计等引起的设计变更，经双方或三方签字同意可作为设计变更。

3）设计变更的签发原则　设计变更无论由哪方提出，均应由建设单位、设计单位、施工单位协商，经确认后由设计部门发出相应图纸或说明，并办理签发手续，下发到有关部门付诸实施。但在审查时应注意以下几点：

① 确属原设计不能保证质量、设计遗漏和错误以及现场不符无法施工非改不可的，应按设计变更程序进行。

② 一般情况下，即使变更要求可能在技术经济上是合理的，也应全面考虑，将变更以后产生的效益与现场变更引起施工单位的索赔所产生的损失加以比较，权衡轻重后再做决定。

③ 设计变更引起的造价增减幅度是否控制在预算范围之内，若确需变更而有可能超预算时，更要慎重。

④ 施工中发生的材料代用应办理材料代用单，要坚决杜绝内容不明确的、没有详图或具体使用部位，而只是纯材料用量的变更。

⑤ 设计变更要尽量提前，最好在开工之前就发现，为了更好地指导施工，在开工前组织图纸会审，尽量减少设计变更的发生，确需在施工中发生变更的，也要在施工之前变更，防止拆除造成的浪费，也避免索赔事件的发生。

⑥ 设计变更应记录详细，简要说明变更产生的原因、背景、变更产生的时间，参与人、工程部位、提出单位都应记录。

⑦ 杜绝假设计变更，即由施工单位事后提出由施工单位签字的没有实施的设计变更，但是决算里面却包含这一项。一般在国家投资（不是某单位花钱）的项目有出现这种情况的可能性，例如高速公路工程，其桥涵的隐蔽工程变更较多，如果只是形式施工，极易出现假设计变更。这就要求建设单位、施工单位、设计单位、监理单位的领导要高度重视，责任落实到人。

（2）工程签证　施工过程中的工程签证，主要是指施工企业就施工图纸、设计变更所确定的工程内容以外，施工图预算或预算定额取费中未含有，而施工中又实际发生费用的施工内容所办理的签证，如由于施工条件的变化或无法预见的情况所引起的工程量的变化。

1）由于建设单位原因，未按合同规定的时间和要求提供材料、场地、设备资料等造成施工企业的停工、窝工损失。

2）由于建设单位原因决定工程中途停建、缓建或由于设计变更以及设计错误等造成施工企业的停工、窝工、返工而发生的倒运、人员和机具的调迁等损失。

3）在施工过程中发生的由建设单位造成的停水停电，造成工程不能顺利进行，且时间较长，施工企业又无法安排停工而造成的经济损失。

4）在技措技改工程中，常遇到在施工过程中由于工作面过于狭小、作业超过一定高度，而需要使用大型机具方可保证工程顺利进行的情况，施工企业应及时将现场实际条件和施工方案通告建设单位，并在征得建设单位同意后实施，此时施工企业应办理工程签证。

5）应在合同中约定的项目，不能以签证形式出现，例如：人工浮动工资、议价项目、材料价格。合同中没约定的，应由有关管理人员以补充协议的形式约定，现场施工代表不能以工程签证的形式取代。

6）应在施工组织方案中审批的，不能做签证处理。例如：临设的布局、塔吊台数、挖土方式、钢筋搭接方式等，应在施工组织方案中严格审查，不能随便做工程签证处理。

**2．施工企业加强设计变更和工程签证的措施**

（1）设计单位、建设单位、施工单位、监理单位四方签字。特别强调，对于现场设计变更或工程签证最好四方认可，这样可能出现假的设计变更和工程签证，即所谓的"形式施工"，甚至有的根本没有变更，完全是按照图纸施工，但最后却出现了设计变更或工程签证。有的建设单位麻痹大意，容易给工程埋下隐患。施工工程师要切实履行其职责，严格按照合同行事，不能把本应该及时签字的文件留待最后一起签字，这种一个小时就完成一大堆文件签字的做法是极不负责任的。

（2）建立完善的管理制度。明确领导、施工、技术、预结算等有关人员的责任、权利和义务，只有责、权、利明确了，才能规范各级工程管理人员在设计变更和工程签证的管理行为，提高其履行职责的积极性。

（3）建立合同交底记录制度。让每一个参与施工项目的施工、技术、供应、预算、财务等管理人员了解合同，并做好合同交底记录，必要时将合同复印件分发给有关人员，使大家对合同的内容做到全面了解、心中有数，划清甲乙双方的经济技术责任，便于实际工作中运用。

（4）严格区分设计变更和工程签证。根据我国现行规定，设计变更与工程签证费用都属于预备费的范畴，但是设计变更与工程签证费用是有严格的区别和划分的。属于设计变更范畴的就应该由设计单位下发设计变更通知单，所发生的费用按设计变更处理，不能由于设计单位为了怕设计变更的数量超过考核指标或怕麻烦而把应该变更的内容变为工程签证。

（5）提高责任心和业务水平。施工企业的造价员每接受一项工程的预结算任务时，首先要对施工图及合同等有关规定进行认真学习了解，其次要经常深入施工现场，了解施工中的异常情况或施工工艺的变动对工程造价的影响，对发现的问题及时做好记录，督促技术和施工人员办理设计变更联络单和工程签证。

（6）施工、技术和预算既有分工又有合作。对于设计变更和工程签证的前期工作如工程量的确认，要以工程施工、技术人员为主，预算人员要经常与各相关部门及专业人员取得联系，争取各方的支持与配合，各相关部门及专业技术人员对于工程中出现得不偿失的异常情况要及时通知预算人员，预算人员也应将定额中不含的内容及时通知技术人员，将需要办理工程签证的内容落实清楚。

（7）加强现场施工资料的收集。施工企业在结算时要向建设单位提供服务的依据，建设单位在结算审核时也必须以真实完整的设计变更或工程签证的资料为依据，因此施工企业的预算人员和施工技术人员都必须对施工中发现的问题及时做好记录，写清详细情况，并取得相关资料，为工程签证的顺利进行打好基础。

3．搞好设计变更和工程签证的预算编制

建筑工程施工中出现的设计变更、工程签证应及时发放到造价员手中，造价员应及时地编制变更或签证后的增减预算工作，尽最大可能地实现真实效益，反映工程的真实造价。

（1）造价员应加强自身业务水平的提高，对变更或签证要和施工图一样重视，同样要熟悉施工图纸、施工规范、施工方案、预算定额及有关文件，变更和签证的增减预算编制及结算应与施工预算的编制原则程序、预算定额和费用定额相一致。

（2）在编制变更或签证的增减预算时，要实事求是，要考虑变更和签证的内容是否符合有关规定，与施工图预算、预算定额和相关费用的内容是否有重复，将那些已经包含在施工图预算或设计变更预算中已办理工程签证的剔除出来，以守法、诚信、公正、科学为原则，使现场工程签证准确无误，正确反映建设工程的真实造价。

（3）在编制变更或签证的增减预算时，要注意变更或签证的内容是否清楚完整，是否满足编制预算的要求。有些变更对工程的描述比较简单，而施工企业却因简单的变更无法说明施工中实际发生的较多工作内容或较大工程量，导致预算很可能不被建设单位认可。所以造价员在编制预算增减前，应仔细阅读设计变更，对其中含糊、遗漏或不清的地方，必须要求设计单位予以明确、补充并且另外出具设计变更予以说明。

（4）由于工程的设计变更发生在施工阶段，现场施工较为复杂，常常发生超出定额范围的工、料、机费，而设计变更的表述比较简单，难以全面反映现场情况，因此预算人员在编制变更或签证的增减预算时要深入施工现场，充分了解施工现场情况，对超变更的工程或工、料、机，要及时地提醒施工技术人员办理签证或变更联络单，确保这项工作的顺利进行。

（5）由于设计部门的错误或缺陷造成的变更费用以及采取的补救措施，如返修、加固、拆除等费用，由造价工程师协同业主与设计单位协商是否索赔。

（6）由于施工单位的失职或错误指挥造成设计变更应由施工单位承担一定费用。

① 由于设备、材料供应单位供应的材料质量不合格造成的费用应由供应单位负责。

② 由于施工单位的原因，施工不当或施工错误，此变更费用不予处理，由施工单位自负，若对工期、质量、造价造成影响，还应进行反索赔。

（7）材料价格的确认要注明采购价还是预算价，以避免采购保管费重复计取。

**4．施工单位应注意的其他事项**

（1）设计变更实施后，由施工工程师签注实施意见，但应注明以下几点：

1）变更是否全部实施，若原设计图已实施后才发生变更，则应注明，因牵扯到原图制作加工、安装、材料费以及拆除费。若原设计图没有实施，则要扣除变更前部分内容的费用。

2）若发生拆除，已拆除的材料设备，或已加工好但未安装的成品、半成品，均应由施工人员负责组织建设单位回收。

3）避免出现形式施工、施工依附或寄生于施工单位的情况。

（2）由施工单位编制结算单，经过造价工程师按照标书或合同中的有关规定审核后作为结算的依据，此时也应注重以下几方面：

1）由于施工不当或施工错误造成的变更，正常程序相同，但施工工程师应注明原因，此变更费用不予处理，由施工单位自负，若对工期、质量、投资效益造成影响，还应进行反索赔。

2）由设计部门的错误或缺陷造成的变更费用，以及采取的补救措施，由施工单位协助业主与设计部门协商是否索赔。

3）由于施工部门失责造成损失的，应扣减施工费用。

4）设计变更应视作原施工图纸的一部分内容，所发生的费用计算应保持一致，并根据合同条款按国家有关政策进行费用调整。

5）材料的供应及自购范围也应同原合同内容相一致。

6）属变更削减的内容，也应按上述程序办理费用削减，若施工单位拖延，建设单位可督促其执行或采取措施直接发出削减费用结算单。

**（五）工程验收**

工程施工的每一步都要进行验收，施工员必须懂得验收。工程接近尾声进行交工验收时，施工员应协同项目部相关人员进行自我验收，对不符合相关要求的及时加以纠正，准备好本专业相关工程的竣工资料。

**1．如何看地质报告**

（1）先看清楚地质资料中对场地的评价和基础选型的建议，以便了解场地的大致情况。

（2）根据地质剖面图和各土层的物理指标对场地的地质结构、土层分布、场地稳定性、均匀性进行评价和了解。

（3）确定基础形式。

（4）根据基础形式，确定地基持力层、基础埋深、土层数据等。

（5）沉降数据分析。

（6）是否发现有影响基础的不利地质情况，如土洞、溶洞、软弱土、地下水情况等。注意有关地下水地质报告中经常有这样一句"勘察期间未见地下水"，如果带地下室，而且场地为不透水土层，例如岩石，设计时必须考虑水压，因为基坑一旦进水，而水又无处可去，如果设计时未加考虑就会有麻烦。

2．钢筋验收

（1）钢筋数量与直径；

（2）钢筋锚固；

（3）钢筋间距；

（4）钢筋保护层；

（5）箍筋弯钩；

（6）后浇带钢筋；

（7）拉结筋；

（8）钢筋搭接长度及接头率；

（9）钢筋接头部位；

（10）钢筋合格证及试验报告。

3．验槽

验槽是为了普遍探明基槽的土质和特殊土情况，据此判断异常地基的局部处理，原钻探是否需补充，原基础设计是否需修正，对接收的资料和工程的外部环境进行确认。

（1）地基土层是否是到达设计时由地质部门给的数据的土层，是否有差别，主要由勘察人员负责。

（2）基础深度是否达设计深度，持力层是否到位或超挖，基坑尺寸是否正确，轴线位置及偏差、基础尺寸。

（3）验证地质报告，有不相符的情况要协商解决，修改设计方案。

（4）基坑是否积水，基底土层是否被搅动。

（5）有无其他影响基础施工质量的因素（如基坑放坡是否合适，有无塌方）。

4．主体验收

主体验收，结构工程师主要注意的内容有：

（1）梁柱板尺寸定位是否符合设计要求，其成形质量如何，是否有蜂窝麻面等。是否有修补的痕迹，如果有，应询问修补的原因，是否对结构有影响。

（2）预埋件是否准确埋设，插筋是否预留，雨水管过水洞是否留设准确，卫生间等设备是否按要求留设，对后封的洞板钢筋是否预留等。

（3）砌体工程的砂浆是否饱满，强度是否够（可以用手扳一下），砌体的放样如何，是否平直，墙面是否平整。砌体中的构造柱是否设若，框架梁下砌体是否密实，圈梁是否按要求设置，墙面的砂浆找平层厚度是否过厚等。

（4）看看各层施工时的沉降记录如何，是否有过大的差异沉降，每层增加的沉降量及各观测点间的沉降差如何。如差异过大，首先加大观测密度。

（5）查看施工记录、各种材料合格证、试件的强度检验报告等。

## 四、施工员的技术素质要求

### （一）熟悉图纸

施工员在接到工程设计图纸后要认真阅读，对工程设计图纸中存在的疑问或存在的问题加以汇总，准备图纸会审。如果在图纸会审以后还发现问题，应向设计单位发出询问单。在施工过程中，如发现设计图纸存在问题，或因施工条件变化需要补充设计、需要材料代用，应及时向设计、施工或建设单位相关人员提出，等待确认。

#### 1. 图纸自审

建筑设计图纸是施工企业进行施工活动的主要依据，学习与会审图纸是技术管理的一个重要方面，施工员接到图纸后，首先是学习图纸，了解设计意图。

学好图纸，掌握图纸内容，明确工程特点和各项技术要求，理解设计意图，是确保工程质量和工程顺利进行的重要前提。从事施工的人员都应重视图纸学习，认真学好图纸以便能正确、有效地指导施工，否则，不学习图纸或学习得不够仔细就盲目进行施工，势必会影响工程质量，造成经济损失。

工程图纸往往是少则几张，多则数十张到数百张，如何能快捷地学好图纸，达到融会贯通，一般采用的学习方法是：先粗后精，先建筑后结构，先大后细，先主体后装修，先一般后特殊。

（1）先粗后精　就是先看平面、立面、剖面，将整个工程的设计图纸粗略地看一遍，对整个工程的规模、特点、结构情况、使用材料要求等有一个大致的了解。并检查图纸是否齐全、清楚，内容有无漏项。

然后再一张一张地细看，核对图纸中总尺寸和分尺寸，坐标、轴线、位置、标高、平立面等是否一致，标注是否齐全，有无遗漏、错误之处，各处交叉连接是否相符，门窗型号的位置、尺寸和数量表与平面是否一致等。

（2）先建筑后结构　就是先看建筑图，后看结构图，核对建筑图和结构图的轴线位置、尺寸是否一致，前后有无矛盾；检查立面图各楼层的标高是否与建施平面图相同，再检查建施的标高是否与结施标高相符。

建施图各楼层标高与结施图相应楼层的标高应不完全相同，因建施图的楼地面标高是建筑完成面标高，而结施图中楼地面标高是结构顶面标高，不包括装修面层的厚度，同一楼层建施图的标高应比结施图的标高高出 20～50mm。这一点需特别注意，因有些施工图把建施图标高标在了相应的结施图上，如果不留意，施工中会出错。

此外，尤其要注意由于柱净高（包括应嵌砌填充墙、楼梯平台梁支承在框架柱上等）形成的柱净高与柱截面长边尺寸（或圆柱直径）之比≤4（$H_n/h_c \leqslant 4$ 或 $\lambda \leqslant 2$）的短柱，其箍筋应沿柱全高加密。检查立面图门窗顶部标高是否与所在层的梁底标高相一致（或即使两者标高一致，但两者不在同一竖向平面内，此时应向设计索要梁下挑耳节点构造）；检查楼梯踏步的水平尺寸和标高是否有错，检查梯梁下竖向净空尺寸（净高）是否大于 2m，是否存在碰头现象。

结构图部件等大样图及其编号是否与结构布置图相符；钢筋配置是否齐全合适，钢筋尺寸、数量、形状与钢筋表是否相符，特别是配筋有无遗漏和差错，安装有无问题。

（3）先大后细　就是先看大图后看细部大样图，搞清细部构造要求和做法，以及节点构造的连接处理是否清楚、合理，核对平面图中标注的大样与大样图的编号、尺寸、形式、做法是否一致，所采用的标准图集编号、类别、型号与图纸是否矛盾，大样图是否齐全、有无遗漏。

（4）先主体后装修　就是先看主体结构部分，后看装修部分（包括装饰、防火、保温、隔垫、隔声等）以及其他特殊装修部位构造和材质要求。

（5）先一般后特殊　就是先看一般建筑结构部位，熟悉基本尺寸、标高、部位、构造和要求后再看特殊部位和要求（如地基处理、变形缝的设置、防火处理、抗震构造等），搞清构造和处理方法，有无使用特殊材料，其品种、规格、数量能否满足需要等等。

**2. 图纸会审**

图纸会审是指工程各参建单位（建设单位、设计单位、施工单位、监理单位）在收到设计院施工图设计文件后，对图纸进行全面细致的熟悉，审查出施工图中存在的问题及不合理情况并提交设计院进行处理的一项重要活动。图纸会审由施工单位负责组织并记录。通过图纸会审可以使各参建单位特别是施工单位熟悉设计图纸、领会设计意图、掌握工程特点及难点，找出需要解决的技术难题并拟定解决方案，从而将因设计缺陷而存在的问题消灭在施工之前。

（1）图纸会审的主要内容

1）是否无证设计或越级设计，图纸是否经设计单位正式签署。

2）地质勘探资料是否齐全。

3）设计图纸与说明是否齐全，有无分期供图的时间表。

4）设计地震烈度是否符合当地要求。

5）几个设计单位共同设计的图纸相互间有无矛盾；专业图纸之间、平立剖面图之间有无矛盾；标注有无遗漏。

6）总平面与施工图的几何尺寸、平面位置、标高等是否一致。

7）防火、消防是否满足要求。

8）建筑结构与各专业图纸本身是否有差错及矛盾；结构图与建筑图的平面尺寸及标高是否一致；建筑图与结构图的表示方法是否清楚；是否符合制图标准；预埋件是否表示清楚；有无钢筋明细表；钢筋的构造要求在图中是否表示清楚。

9）施工图中所列各种标准图册，施工单位是否具备。

10）材料来源有无保证，能否代换；图中所要求的条件能否满足；新材料、新技术的应用有无问题。

11）地基处理方法是否合理，建筑与结构构造是否存在不能施工、不便于施工的技术问题，或容易导致质量、安全、工程费用增加等方面的问题。

12）工艺管道、电气线路、设备装置、运输道路与建筑物之间或相互间有无矛盾，布置是否合理，是否满足设计功能要求。

13）施工安全、环境卫生有无保证。

14）图纸是否符合施工大纲所提出的要求。

（2）图纸会审的程序　图纸会审应在开工前进行。如施工图纸在开工前未全部到齐，可先进行分部工程图纸会审。

1）图纸会审的一般程序：业主或施工方主持人发言→设计方图纸交底→施工方代表提问题→逐条研究→形成会审记录文件→签字、盖章后生效。

2）图纸会审前必须组织预审。阅图中发现的问题应归纳汇总，会上派一名代表为主发言，其他人可视情况适当解释、补充。

3）施工方及设计方专人对提出和解答的问题做好记录，以便查核。

4）整理成为图纸会审记录，由各方代表签字盖章认可。

（3）参加图纸会审的单位　图纸会审由施工单位负责组织，施工单位、建设单位、设计单位等参加。

（4）施工工程师对施工图审核的原则和重点

1）施工工程师对施工图审核的主要原则（施工机构的）

① 是否符合有关部门对初步设计的审批要求。

② 是否对初步设计进行了全面、合理的优化。

③ 安全可靠性、经济合理性是否有保证，是否符合工程总造价的要求。

④ 设计深度是否符合设计阶段的要求。

⑤ 是否满足使用功能和施工工艺要求。

2）施工工程师进行施工图审核的重点

① 图纸的规范性。

② 建筑功能设计。

③ 建筑造型与立面设计。

④ 结构安全性。

⑤ 材料代换的可能性。

⑥ 各专业协调一致情况。

⑦ 施工可行性。

（5）图纸会审记录　图纸会审后应有施工图会审记录。其中应标明：

1）工程名称：所在工程名称。

2）工程编号：所在工程编号。

3）表号：图纸会审表的表号，登记所用。

4）图纸卷册名称：所审图纸的卷册名称。

5）图纸卷册编号:所审图纸的卷册编号。

6）主持人:此处为施工人员签名，主持。

7）时间：图纸会审时间，应注明年-月-日。

8）地点：图纸会审场所。

9）参加人员：所有参与人员，包括工程各参建单位（建设单位、施工单位、监理单位）的与会人员。

10）提出意见包括：

① 图号：有问题的图纸编号。

② 提出单位：提出问题的单位（一般填写施工单位）。

③ 提出意见：提出的问题（一般由施工单位提出）。

④ 处理意见：对提出的问题做出的回复（由设计院做出回复）。

11）签字、盖章：表底应有设计单位代表、建设单位代表、施工单位代表、监理单位代表的签字以及各单位盖章。

**（二）对设计及设计意图的了解**

优秀的施工员应懂得结构设计，至少应了解结构设计的过程，才能理解设计。

1.结构设计的选型

结构设计，就是对建筑物的结构构造进行设计，首先当然要有建筑施工图，要能真正看懂建筑施工图，了解建筑师的设计意图以及建筑各部分的功能及做法。建筑物是一个复杂物体，所涉及的面也很广，所以在看建筑图的同时，作为一个结构师，需要和建筑、水电、暖通空调、勘察等各专业进行咨询，了解各专业的各项指标。在看懂建筑图后，作为一个结构师，此时对整个结构的选型及基本框架应该有一个大致的思路。

2．建模

当结构师对整个建筑有了一定的了解后，即可以考虑建模。建模就是利用软件，把心中对建筑物的构思在电脑上再现出来，然后再利用软件的计算功能进行适当的调整，使之符合现行规范以及满足各方面的需要。目前进行结构设计的软件很多，常用的有 PKPM、广厦、TBSA 等，基本差不多。这里不对软件的具体操作做过多的描述，有兴趣的可以看看每个软件的操作说明书。每个软件都是先建轴网，然后就是定柱截面及布置柱子。

柱截面大小的确定需要一定的经验，作为新手，可以先定一个，慢慢再调整。柱子布置也需要结构师对整个建筑的受力合理性有一定的结构理念。柱子布置的合理性对整个建筑的安全与否以及造价的高低起决定性作用。建筑师在建筑图中基本已经布好了柱网，作为结构师只需要对布好的柱网研究其是否合理，适当的时候需要建议建筑师更改柱网。布好了柱网以后就是梁截面以及主次梁的布置。

梁截面相对容易确定一些，主梁按 1/12～1/8 跨度考虑，次梁可以相对取大一点，主次梁的高度要有一定的差别，要符合规范要求。主次梁的布置是一门学问，这也是涉及安全及造价的一个大的方面。

总的原则是要求传力明确，次梁传到主梁，主梁传到柱，力求使各部分受力均匀。要根据建筑物各部分功能的不同，考虑梁布置及梁高的确定。

梁布完后，基本上板也就被划分出来了，梁板柱布置完后就可输入基本的参数，比如混凝土强度，每一标准层的层高、板厚、保护层，每个软件设置的都不同，但输入原则是严格按规范执行。

当整个三维线框构架完成，就需要加入荷载及设置各种参数了，比如板厚啊，板的受力方式啊，悬挑板的位置及荷载啊什么的，这时候模型也可以讲基本完成了，生成三维线框看看效果吧，可以很形象的表现出原来在结构师脑中那个虚构的框架。

3．结构计算

计算过程就是软件对结构师所建模型进行导荷及配筋的过程，在计算的时候需要根据实际情况调整软件的各种参数，以符合实际情况及安全保证。如果先前所建模型不满足要求，就可以通过计算出的各种图形看出，结构师可以通过对计算出的受力图、内力图、弯矩图等对电算结果进行分析，找出模型中的不足并加以调整，反复至电算结果满足要求为止，这时模型也就完全地确定了；然后再根据电算结果生成施工图，导出到 CAD 中修改即可。通常电算的只是上部结构，也就是梁板柱的施工图，基础通常需要手算，手工画图，现在通常采用平面法出图，大大简化了图纸，有利于施工。

4．绘图

软件导出的图纸是不能够指导施工的，需要结构师根据现行制图标准进行修改。施工图是工程师的语言，要想让别人了解自己的设计，就需要更为详细的说明，根据施工图能够完整地将整个建筑物再现于实际中，这是个复杂的过程，需要仔细再仔细，认真再认真。结构师在绘图时还需要针对电算的配筋及截面大小进一步地确定，适当加强薄弱环节，使施工图更符合实际情况，毕竟模型不能完完全全与实际相符。最后还需要根据现行各种规范对施工图的每一个细节进行核对，宗旨就是完全符合规范。总的来讲，结构施工图包括设计总说明、基础平面布置及基础大样图，如果是桩基础就还有桩位图、柱网布置及柱平面法大样图、每层的梁平法配筋图、每层板配筋图、层面梁板的配筋图、楼梯大样图等，其中根据建筑复杂程度，有几个到几十个节点大样图。

5．校对审核出图

结构师在完成施工图后，需要一个校对人对整个施工图进行仔细的校对工作。校对通常比较仔细，资格比较老，水平也比较高，设计中的问题多是校对发现的，校对出问题后返回设计者修改。修改完毕交总工审核，总工进一步发现问题返回设计者修改，通常修改完毕后的施工图，有错误的可能性就很低了，即使有错误，对整个结构也不会产生灾难性的后果。然后签字、盖出图章和注册章，即可晒图。

6．联系单或设计变更

在建筑物的施工过程中，有时候实际情况与设计考虑的情况不符，或设计的施工难度过大，施工无法满足，就需要设计变更，由甲方或施工队提出问题，返回设计修改。在施工过程中，设计也需要多次到工地现场进行检查，看施工是否是按照自己的设计意图来做的，不对的地方及时指出修改。

（三）怎样看相关图纸资料

除图纸外，甲方应提供给乙方地质勘探报告、初步设计等文件资料。

1．地质报告看什么

（1）先看清楚地质资料中对场地的评价和基础选型的建议，以便了解场地的大致情况。

（2）根据地质剖面图和各土层的物理指标对场地的地质结构、土层分布、场地稳定性、均匀性进行评价和了解。

（3）确定基础形式。

（4）根据基础形式，确定地基持力层、基础埋深、土层数据等。

（5）沉降数据分析。

（6）是否发现有影响基础的不利地质情况，如土洞、溶洞、软弱土、地下水情况等。注意有关地下水地质报告中经常有这样一句"勘察期间未见地下水"。如果带地下室，而且场地为不透水土层，例如岩石，设计时必须考虑水压，因为基坑一旦进水，而水又无处可去，如果设计时未加考虑就会有麻烦。

2．结构专业"扩初说明"

（1）设计依据　主要设计规范和规定；岩土工程勘察。

（2）自然条件

基本风压值、建筑物抗震设防烈度、建筑物抗震重要性分类、建筑物安全等级、场地土类型、地震作用、抗震措施、场地稳定性、场地土层描述。

（3）基础

① 拟建建筑物地基基础设计等级;基础持力层。

② 拟建建筑物基础形式。

③ 场地地下水对混凝土结构和钢筋混凝土中钢筋有无腐蚀性及措施。

（4）上部结构形式及平面布置说明。

（5）材料　混凝土强度等级；隔墙材料。

（6）使用荷载标准值。

（7）计算方法和结果。计算软件；主要技术参数：自震周期、层间位移、剪重比、总质量 $G$。

（四）钢筋识图入门

1．箍筋表示方法

（1）$\phi10@100/200(2)$，表示箍筋为 $\phi10$，加密区间距 100，非加密区间距 200，全为双肢箍。

（2）φ10@100/200(4)，表示箍筋为φ10，加密区间距100，非加密区间距200，全为四肢箍。

（3）φ8@200(2)，表示箍筋为φ8，间距为200，双肢箍。

（4）φ8@100(4)/150(2)，表示箍筋为φ8，加密区间距100，四肢箍；非加密区间距150，双肢箍。

2. 梁上主筋和梁下主筋同时表示方法

（1）3φ22，3φ20，表示上部钢筋为3φ22，下部钢筋为3φ20。

（2）2φ12，3φ18，表示上部钢筋为2φ12，下部钢筋为3φ18。

（3）4φ25，4φ25，表示上部钢筋为4φ25，下部钢筋为4φ25。

（4）3φ25，5φ25，表示上部钢筋为3φ25，下部钢筋为5φ25。

3. 梁上部钢筋表示方法（标在梁上支座处）

（1）2φ20，表示两根φ20的钢筋，通长布置，用于双肢箍。

（2）2φ22+（4φ12），表示2φ22为通长，4φ12架立筋，用于六肢箍。

（3）6φ25 4/2，表示上部钢筋上排为4φ25，下排为2φ25。

（4）2φ22+2φ22，表示只有一排钢筋，两根在角部，两根在中部，均匀布置。

4. 梁腰中钢筋表示方法

（1）G2φ12，表示梁两侧的构造钢筋，每侧一根φ12。

（2）G4φ14，表示梁两侧的构造钢筋，每侧两根φ14。

（3）N2φ22，表示梁两侧的抗扭钢筋，每侧一根φ22。

（4）N4φ18，表示梁两侧的抗扭钢筋，每侧两根φ18。

5. 梁下部钢筋表示方法（标在梁的下部）

（1）4φ25，表示只有一排主筋，4φ25全部伸入支座内。

（2）6φ25 2/4，表示有两排钢筋，上排筋为2φ25，下排筋为4φ25。

（3）6φ25(-2)/4 表示有两排钢筋，上排筋为2φ25，不伸入支座，下排筋4φ25，全部伸入支座。

（4）2φ25+3φ22(-3)/5φ25，表示有两排筋，上排筋为5根，2φ25伸入支座，3φ22，不伸入支座。下排筋5φ25，通长布置。

（五）施工现场小常识

1. 连梁和框架梁的区别

连梁是指两端与剪力墙相连且跨高比小于5的梁。框架梁是指两端与框架柱相连的梁，或者两端与剪力墙相连但跨高比不小于5的梁。

两者相同之处在于，一方面从概念设计的角度来说，在抗震时都希望首先在框架梁或连梁上出现塑性铰而不是在框架柱或剪力墙上，即所谓"强柱弱梁"或"强墙弱连梁"；另一方面从构造的角度来说，两者都必须满足抗震的构造要求，具体说来，框架梁和连梁的纵向钢筋（包括梁底和梁顶的钢筋）在锚入支座时都必须满足抗震的锚固长度的要求，对应于相同的抗震等级，框架梁和连梁箍筋的直径和加密区间距的要求是一样的。

两者不相同之处在于，在抗震设计时，允许连梁的刚度有大幅度的降低，在某些情况下甚至可以让其退出工作，但是框架梁的刚度只允许有限度的降低，且不允许其退出工作，所以规范规定次梁是不宜搭在连梁上的，但可以搭在框架梁上。一般说来，连梁的跨高比较小（小于5），以传递剪力为主，所以规范对连梁在构造上做了一些与框架梁不同的规定，一是要求连梁的箍筋是全长加密，而框架梁可以分为加密区和非加密区；二是对连梁的腰筋做了明确的规定，即"墙体水平分布钢筋应作为连梁的腰筋在连梁范围内拉通连续配置。当连梁截面高度大于 700mm 时，其两侧面沿梁高范围设置的纵向构造钢筋（腰筋）的直径不应小于 10mm，间距不应大于 200mm；对跨高比不大于 2.5 的连梁，梁两侧的纵向构造钢筋（腰筋）的面积配筋率不应小于 0.3％，且将其纳入了强条的规定。而框架梁的腰筋只要满足"当梁的腹板高度 $h_w \geq 450mm$ 时，在梁的两个侧面应沿高度配置纵向构造钢筋，每侧纵向构造钢筋（不包括梁上、下部受力钢筋及架立钢筋）的截面面积不应小于腹板截面面积的 0.1％，且其间距不宜大于 200mm"，且不是强条的规定。

在施工图审查的过程中发现设计人员常犯的错误有：一是把两端与剪力墙相连且跨高比小于 5 的梁编成了框架梁，而且箍筋有加密区和非加密区，或把跨高比不小于 5 的梁编成了连梁；二是在连梁的配筋表中不区分连梁的高度和跨高比而笼统地在说明中写一句"连梁腰筋同剪力墙的水平钢筋"，这时如果连梁中有梁高大于 700mm 或跨高比不大于 2.5 而剪力墙墙身配筋率小于 0.3％或水平分布筋的直径不大于 8mm 时，容易违反《高层民用建筑设计防火规范》（GB 50045—2005）第 7.2.26 条的规定，而且该条还是强条，这应引起设计人的注意。

2．框架梁和次梁的区别

一般情况下，次梁是指两端搭在框架梁上的梁。这类梁是没有抗震要求的，因此在构造上与框架梁不同。现以国标图集"11G 101—1"为例加以说明：

（1）次梁梁顶钢筋在支座的锚固长度为受拉锚固长度 $l_a$，而框架梁的梁顶钢筋在支座的锚固长度为抗震锚固长度 $l_{aE}$。

（2）次梁梁底钢筋在支座的锚固长度一般情况下为 $12d$，而框架梁的梁底钢筋在支座的锚固长度为抗震锚固长度 $l_{aE}$。

（3）次梁的箍筋没有最小直径、加密区和非加密区的要求，只需满足计算要求即可。而框架梁根据不同的抗震等级对箍筋的直径和间距有不同的要求，不但要满足计算要求，还要满足构造要求。

（4）在平面表示法中，框架梁的编号为 KL，次梁的编号为 L。

在实际的施工图中，设计人员容易犯的错误主要有以下两类：一是在次梁的平法表示中，对箍筋按加密区和非加密区来表示，如φ8#100/200 等。二是当次梁为单跨简支梁时，支座的负筋数量往往不满足《混凝土结构设计规范》（GB 50010—2010）的规定。

3．基础拉梁与次梁的区别

基础拉梁是指两端与承台或独立柱基相连的梁，与次梁相同之处在于，基础拉梁也是没有抗震要求的，基础拉梁的梁顶钢筋在支座的锚固长度也为受拉锚固长度 $l_a$，基础拉梁的箍筋也没有加密区和非加密区的要求。与次梁不同之处在于，基础拉梁的梁底钢筋必须满足受拉锚固长度 $l_a$ 的要求，基础拉梁的宽度不应小于 250mm，基础拉梁除按计算要求确定外梁内上下纵向钢筋直径不应小于 12mm 且不应少于 2 根（详见（GB 50007—2011）《建筑地基基础设计规范》第 8.5.20 条）、箍筋不少于φ6@200（详见《全国民用建筑工程设计技术措施结构篇》第 3.12.1～9 条）。

在实际的施工图中，设计人员容易犯的错误主要是：将基础拉梁简单套用框架梁的平法表示，编号为 JKL，对箍筋按加密区和非加密区来表示，如φ8#100/200 等。而现有的国标平法图集中并没有专门针对基础拉梁的构造，如果设计人员想借用平法图集的话，将基础拉梁编号为 JL 较为合适，同时应在说明中注明 JL 的配筋构造应按"11G 101—1"中次梁（非框架梁）的配筋构造执行，同时梁底钢筋锚入支座的长度必须满足受拉锚固长度 $l_a$ 的要求。

**4．构造柱和普通柱子的区别**

构造柱不参与结构计算。一般做法是先砌墙后浇柱。其纵筋及箍筋只需构造配置，不需要满足最小配筋率。而普通柱其纵筋及箍筋需根据计算配置，且不得小于最小配筋率。

**5．工地为什么要打桩**

房屋即地面以上的建筑群，必须要有一个牢固的基础。如不经处理，基础产生的不均匀沉降，轻则造成房屋裂缝开口，重则造成房屋倒塌。为了保证房屋的安全，地基必须经专业勘察部门勘察，根据上部荷载设计采用何种基础。楼层高的采用深基础处理，像打桩挖桩到深部持力层，或挖到房屋的地下室负标高再打桩（水泥桩、振冲桩）到持力层，楼层低的就直接大开挖或振冲碎石桩（提前液化基础抗地震效果好），以消除地基的不均匀沉降，满足上部建筑的承载要求。

简单地说就是：当地基浅层土质较差，持力土层埋藏较深，需要采用深基础才能满足结构物对地基强度、变形和稳定性要求时，就用桩基础，即打桩。反之则用明挖扩大基础。

**6．Ⅰ级钢筋、Ⅱ级钢筋、Ⅲ级钢筋、Ⅳ级钢筋的区别**

钢筋种类很多，通常按化学成分、生产工艺、轧制外形、供应形式、直径大小，以及在结构中的用途进行分类。

（1）按轧制外形分

1）光面钢筋：Ⅰ级钢筋（Q235钢钢筋）均轧制为光面圆形截面，供应形式有盘圆，直径不大于10mm，长度为6～12m。

2）带肋钢筋：有螺旋形、人字形和月牙形三种，一般Ⅱ、Ⅲ级钢筋轧制成人字形，Ⅳ级钢筋轧制成螺旋形及月牙形。

3）钢线（分低碳钢丝和碳素钢丝两种）及钢绞线。

4）冷轧扭钢筋：经冷轧并冷扭成型。

（2）按直径大小分

钢丝（直径3～5mm）、细钢筋（直径6～10mm）、粗钢筋（直径大于22mm）。

（3）按力学性能分

Ⅰ级钢筋（235/370级）；Ⅱ级钢筋（335/510级）；Ⅲ级钢筋（370/570）和Ⅳ级钢筋（540/835）。

（4）按生产工艺分

热轧、冷轧、冷拉的钢筋，还有以Ⅳ级钢筋经热处理而成的热处理钢筋，强度比前者更高。

（5）按在结构中的作用分

分为受压钢筋、受拉钢筋、架立钢筋、分布钢筋、箍筋等。配置在钢筋混凝土结构中的钢筋，按其作用可分为下列几种：

1）受力筋　承受拉、压应力的钢筋。

2）箍筋　承受一部分斜拉应力，并固定受力筋的位置，多用于梁和柱内。

3）架立筋　用以固定梁内钢箍的位置，构成梁内的钢筋骨架。

4）分布筋　用于屋面板、楼板内，与板的受力筋垂直布置，将承受的重量均匀地传给受力筋，并固定受力筋的位置，以及抵抗热胀冷缩所引起的温度变形。

5）其他　因构件构造要求或施工安装需要而配置的构造筋。如腰筋，预埋锚固筋、环等。

**7．Ⅱ级钢筋和Ⅲ级钢筋的区别**

在建筑行业中，Ⅱ级钢筋和Ⅲ级钢筋是过去（旧标准）的叫法，新标准中Ⅱ级钢筋改称

HRB335 级钢筋，Ⅲ级钢筋改称 HRB400 级钢筋。

（1）Ⅱ级钢筋和Ⅲ级钢筋的相同点

1）都属于普通低合金热轧钢筋。

2）都属于带肋钢筋（即通常说的螺纹钢筋）。

3）都可以用于普通钢筋混凝土结构工程中。

（2）Ⅱ级钢筋和Ⅲ级钢筋的不同点

1）钢种不同（化学成分不同）：HRB335 级钢筋是 20MnSi（20 锰硅）；HRB400 级钢筋是 20MnSiV 或 20MnSiNb 或 20MnTi 等。

2）强度不同：HRB335 级钢筋的抗拉、抗压设计强度是 300MPa，HRB400 级钢筋的抗拉、抗压设计强度是 360MPa。

3）由于钢筋的化学成分和极限强度的不同，因此在韧性、冷弯、抗疲劳等性能方面也有不同。

两种钢筋的理论重量，在公称直径和长度都相等的情况下是一样的。

两种钢筋在混凝土中对锚固长度的要求是不一样的。钢筋的锚固长度与钢筋的抗拉强度、混凝土的抗拉强度及钢筋的外形有关。

在混凝土中，受拉钢筋的锚固长度

$$L = a \times (f_1/f_2) \times d。$$

式中　$f_1$——钢筋的抗拉设计强度，MPa；

$f_2$——混凝土的抗拉设计强度，MPa；

$a$——钢筋外形系数，光面钢筋取 0.16，带肋钢筋取 0.14；

$d$——钢筋的公称直径，mm。

另外，当钢筋为 HRB335 级和 HRB400 级其直径大于 25mm 时，锚固长度应再乘 1.1 的修正系数。在地震区还应根据抗震等级再乘一个大于 1 的系数。

混凝土中受压钢筋的锚固长度为受拉钢筋锚固长度的 0.7 倍。

关于钢筋标号，不是有经验的专业人员，在外表上不好区分，尤其是钢号较为接近的，如 14 与 16，6 与 8，20 与 22，原因是厂家不同，所生产的钢筋带肋大小不整齐，容易造成视觉混淆，最好还是以钢号区分。再就是卡尺控制，有些地区的钢筋仍在执行老标准，即 235 为二级钢，开头钢号为 2，335 为三级钢，开头为 3 等。

8．为什么钢筋要进行搭接

一般来说，搭接比焊接或者机械连接的成本更低、施工更快，所以只要允许搭接的地方通常都用钢筋搭接。

钢筋生产企业为了运输方便，除了盘条钢筋外，其他的钢筋都是 6m 或 9m 一根供货。盘条钢筋可以很大长度供货，但是现场的二次运输也有长度限制，很难想象将 80m 长的钢筋从地面运送到 20 楼，所以在工程中不可避免有搭接或者焊接的地方。

9．塔吊是如何一步一步升起来的

塔吊（图 1-5）的上部（横梁部分以下的位置）有一个比主体部分宽一点的铁架，塔吊的上部是与这个宽铁架相连接的，外侧的宽铁架与主体铁架的四角设有滑道，外面的宽铁架可以在主体铁架上移动，当塔吊在加节的时候，用千斤顶将上面的部分向上顶起，顶到有一节铁架的高度，把事先吊上来的一个架节从外面大的铁架框移到中间分离开的位置上，并把这节与下面的主体铁架固定好，这时塔吊就上升了一个节的高度，下次接节时，外面的宽铁架还可以在这个节继续向上滑动，这样一个塔吊就一点一点升起来了。外面的宽铁架比一节铁架要长一些，这样才能进行加节。拆架时与此相反。

图 1-5　塔吊

10．悬挑式脚手架和落地式脚手架

（1）假如工期紧张、室外回填或者零米以下结构验收，那么落地脚手架的搭设高度为地下室高度和一层高度之和，从 1 层顶即 2 层结构面开始搭设悬挑架，架体高 18m（其中已经考虑女儿墙高度和护身栏杆高度），这样的好处就是落地架拆除并经验收后可以直接进行地下室外墙防水和室外回填等步骤，但缺点同样很明显，大量的悬挑梁（一般为 16 号工字钢或槽钢）、钢丝绳、U 形拉环的一次性投入，以及人工费的增加和工期的一定拖延。

（2）如果不着急回填，建议一次性搭设到顶，总高不过 30m，单立杆双排脚手架完全可以实现，可以加快工期，节省劳动力，但缺点是钢管扣件投入量过大，使用周期长。

11．安全玻璃

一类经剧烈振动或撞击不破碎，即使破碎也不易伤人的玻璃叫安全玻璃，包括钢化玻璃、夹层玻璃等。常用于汽车、飞机和特种建筑物的门窗等。主要用于下列建筑部位：

（1）7 层及 7 层以上建筑物外开窗。

（2）面积大于 $1.5m^2$ 的窗玻璃或玻璃底边（玻璃在框架中装配完毕，玻璃的透光部分与玻璃安装材料覆盖的不透光部分的分界线）离最终装修面小于 500mm 的落地窗。

（3）幕墙（全玻幕除外）。

（4）倾斜装配窗、各类天棚（含天窗、采光顶）、吊顶。

（5）观光电梯及其外围护。

（6）室内隔断、屏风。

（7）楼梯、阳台、平台走廊的栏板和中庭内护栏板。

（8）用于承受行人行走的地面板。

（9）公共建筑物的出入口、门厅等部位（包括门玻璃、安装在门上方的玻璃、安装在门两侧的玻璃，其靠近门道开口的竖直边与门道开口的距离小于 300mm）。

（10）易遭受撞击、冲击而造成人体伤害的其他部位。

12．建筑工地的作业人员与管理人员

（1）建筑工地的作业人员

混凝土工、木工、瓦工、钢筋工、抹灰工、电焊工、电工、起重工、信号工、测量工。

（2）建筑工地的管理人员

项目经理、项目副经理、项目总工程师（技术负责人）、施工员、质检员、安全员、材料员、资料员、造价员，有的工地还有试验员、机械设备管理员等。

13．C30 混凝土的含义

C30 表示立方体抗压强度标准值为 30MPa 的混凝土。

混凝土的强度等级按照立方体抗压强度等级标准值划分。混凝土的强度等级采用符号 C 与立方体抗压强度标准值 $f_{cu,k}$ 表示，计量单位为 MPa。立方体抗压强度标准值是指按标准方法制作、养护的边长为 150mm 的立方体试件在 28d 龄期，用标准试验方法测得的具有 95% 保证率的抗压强度。普通混凝土强度等级分为 C15、C20、C25、C30、C35、C40、C45、C50、C55、C60、C65、C70、C75、C80 共十四个等级。

14．安全色与安全标志

（1）安全色包括四种颜色，即红色、黄色、蓝色、绿色。

1）安全色的含义及用途　红色表示禁止、停止的意思。禁止、停止和有危险的器件设备或环境涂以红色的标记。如禁止标志、交通禁令标志、消防设备。

黄色表示注意、警告的意思。需警告人们注意的器件、设备或环境涂以黄色标记。如警告标志、交通警告标志。

蓝色表示指令，必须遵守的意思。如指令标志必须佩戴个人防护用具、交通指示标志等。

绿色表示通行、安全和提供信息的意思。可以通行或安全情况涂以绿色标记。如表示通行、机器启动按钮、安全信号旗等。

2）对比色　对比色有黑白两种颜色，黄色安全色的对比色为黑色。红、蓝、绿安全色的对比色均为白色。而黑、白两色互为对比色。

黑色用于安全标志的文字、图形符号、警告标志的集合图形和公共信息标志。

白色则作为安全标志中红、蓝、绿色安全色的背景色，也可用于安全标志的文字和图形符号及安全通道、交通的标线及铁路站台上的安全线等。

红色与白色相间的条纹比单独使用红色更加醒目，表示禁止通行、禁止跨越等，用于公路交通等方面的防护栏及隔离墩。

黄色与黑色相间的条纹比单独使用黄色更为醒目，表示要特别注意，用于起重钓钩、剪板机压紧装置、冲床滑块等。

蓝色与白色相间的条纹比单独使用蓝色醒目,用于指示方向,多为交通指导性导向标志。

(2)安全线的使用   工矿企业中用以划分安全区域与危险区域的分界线、厂房内安全通道的表示线、铁路站台上的安全线都是常见的安全线。根据国家有关规定,安全线使用白色,宽度不小于 60mm。在生产过程中,有了安全线的标示,就能区分安全区域和危险区域,有利于我们对安全区域和危险区域的认识和判断。

(3)安全标志   安全标志由安全色、几何图形和图形符号构成,用以表达特定的安全信息。使用安全标志的目的是提醒人们注意不安全的因素,防止事故的发生,起到保障安全的作用。当然,安全标志本身不能消除任何危险,也不能取代预防事故的相应设施。

1)安全标志类型   安全标志分为禁止标志、警告标志、指令标志和提示标志四大类型。

2)安全标志的含义   禁止标志的含义是禁止人们不安全行为的图形标志,其基本形式为带斜杠的圆形框,圆环和斜杠为红色,图形符号为黑色,衬底为白色。

警告标志的含义是提醒人们对周围环境引起注意,以避免可能发生危险的图形标志。其基本形式是正三角形边框,三角形边框及图形为黑色,衬底为黄色。

指令标志的含义是强制人们必须做出某种动作或采用防范做事的图形标志。其基本形式是圆形边框,图形符号为白色,衬底为蓝色。

提示标志的含义是向人们提供某种信息的图形标志。其基本形式是正方形边框,图形符号为白色,衬底为绿色。

3)使用安全标志的相关规定   安全标志在安全管理中的作用非常重要,作业场所或者有关设备、设施存在较大的危险因素,员工可能不清楚,或者常常忽视,如果不采取一定的措施加以提醒,这看似不大的问题,也可能造成严重的后果。因此,在有较大的危险因素的生产经营场所或者有关设施、设备上设置明显的安全警示标志,以提醒、警告员工,使他们能时刻清醒认识所处环境的危险,提高注意力,加强自身安全保护,对于避免事故发生将起到积极的作用。

在设置安全标志方面,相关法律法规已有诸多规定。如《安全生产法》第二十八条规定,生产经营单位应当在有较大危险因素的生产经营场所和有关设施、设备上设置明显的安全警示标志。《建设工程管理条例》第二十八条规定,施工单位应当在施工现场入口处、施工起重机械、临时用电设施、脚手架出入通道口、楼梯口、电梯井口、孔洞口、桥梁口、隧道口、基坑边沿、爆破物及有害危险气体和液体存放处等危险部位,设置明显的安全警示标志。

安全警示标志必须符合国家标准。设置的安全标志,未经有关领导批准,不准移动和拆除。

### 15. 钢筋上画线用的石笔

石笔(图 1-6)广泛用于焊接、切割钢板画线。

石笔的用途:钢铁板画线,有"无尘粉笔"之称。

石笔的特点:火烤不褪色,线条清晰。

石笔的应用范围:机械制造业、车辆制造、船舶厂、钢铁厂等。

### 16. 底板卷材防水铺贴方法

地下工程卷材的铺贴方法,按其保护墙施工先后顺序及卷材铺设位置,可分为"外防外贴法"和"外防内贴法"两种,施工时可根据具体情况选用。

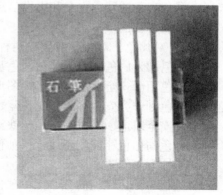

图 1-6   石笔

（1）卷材防水的外防外贴法　外防外贴法是先在垫层上铺贴底层卷材，四周留出接头，待底板混凝土和立面混凝土浇筑完毕，将立面卷材防水层直接铺设在防水结构的外墙外表面。

"外防外贴法"具体施工顺序如下：

① 浇筑防水结构底板混凝土垫层，在垫层上抹 1∶3 水泥砂浆找平层，抹平压光。

② 然后在底板垫层上砌永久性保护墙，保护墙的高度为 $B+(200\sim500mm)$（$B$ 为底板厚度），墙下平铺油毡条一层。

③ 在永久性保护墙上砌临时性保护墙，保护墙的高度为 150×（油毡层数+1）。临时性保护墙应用石灰砂浆砌筑。

④ 在永久性保护墙上和垫层上抹 1∶3 水泥砂浆找平层，转角要抹成圆弧形。在临时性保护墙上抹石灰砂浆做找平层，并刷石灰浆。若用模板代替临时性保护墙，应在其上涂刷隔离剂。

⑤ 保护墙找平层基本干燥后，满涂冷底子油一道，但临时性保护墙不涂冷底子油。

⑥ 在垫层及永久性保护墙上铺贴卷材防水层，转角处加贴卷材附加层，铺贴时应先底面后立面，四周接头甩槎部位应交叉搭接，并贴于保护墙上，从垫层折向立面的卷材永久性保护墙的接触部位，应用胶结材料紧密贴严，与临时性保护墙（或围护结构模板接触部位）应分层临时固定在该墙（或模板）上。

⑦ 油毡铺贴完毕，在底板垫层和永久性保护墙卷材面上抹热沥青或玛𧫴脂，并趁热撒上干净的热砂，冷却后在垫层、永久性保护墙和临时性保护墙上抹 1∶3 水泥砂浆，作为卷材防水层的保护层。

⑧ 浇筑防水结构的混凝土底板和墙身混凝土时，保护墙作为墙体外侧的模板。

⑨ 防水结构混凝土浇筑完工并检查验收后，拆除临时保护墙，清理出甩槎接头的卷材，如有破损应进行修补，再依次分层铺贴防水结构外表面的防水卷材。此处卷材可错茬接缝，上层卷材盖过下层卷材不应小于150mm，接缝处加盖条。

⑩ 卷材防水层铺贴完毕，立即进行渗漏检验，有渗漏立即修补，无渗漏时砌永久性保护墙，永久性保护墙每隔 5～6m 及转角处应留缝，缝宽不小于20mm，缝内用油毡或沥青麻丝填塞。保护墙与卷材防水层之间缝隙，随砌砖随用 1∶3 水泥砂浆填满。

保护墙施工完毕，随即回填土。

（2）卷材防水的外防内贴法　外防内贴法是地下工程卷材铺贴的方法之一。"外防内贴法"是先浇筑混凝土垫层，在垫层上将永久性保护墙全部砌好，抹水泥砂浆找平层，将卷材防水层直接铺贴在垫层和永久性保护墙上的一种卷材施工方法。

外防内贴法施工顺序如下：

① 做混凝土垫层，如保护墙较高，可采取加大永久性保护墙下垫层厚度的做法，必要时可配置加强钢筋。

② 在混凝土垫层上砌永久性保护墙，保护墙厚度采用一砖墙，其下干铺油毡一层。

③ 保护墙砌好后，在垫层和保护墙表面抹 1∶3 水泥砂浆找平层，阴阳角处应抹成钝角或圆角。

④ 找平层干燥后，刷冷底子油 1～2 遍，冷底子油干燥后，将卷材防水层直接铺贴在保护墙和垫层上，铺贴卷材防水层时应先铺立面后铺平面。铺贴立面时，应先转角后大面。

⑤ 卷材防水层铺贴完毕，及时做好保护层，平面上可浇一层 30～50mm 的细石混凝土或抹一层 1∶3 水泥砂浆，立面保护层可在卷材表面刷一道沥青胶结料，趁热撒一层热砂，冷却后再在其表面抹一层 1∶3 水泥砂浆保护层，并搓成麻面，以利于与混凝土墙体的黏结。

⑥ 浇筑防水结构的底板和墙体混凝土。

⑦ 回填土。

**17. 墙体砌筑时的注意事项**

（1）墙体的砌筑位置是否准确。

（2）墙体的砌筑高度。

（3）有门窗注意门窗、门窗过梁、构造柱位置。

（4）墙体的垂直度，可以用线锤吊直线。

（5）灰缝饱满度，是否有通缝现象。在填充墙中，砌至顶部时留两到三皮空档，将砖斜砌 60° 角左右。

（6）砖混结构的墙体严格一些，标高要控制精确。

**（六）手工计算钢筋的步骤以及方法**

首先要说明的一点是，平时所说的钢筋预算和实际的钢筋下料是不一样的。钢筋预算就是按照建筑的规范或标准平法图集的要求计算出来的钢筋；而下料还要考虑很多施工现场的要求，例如钢筋断点的位置在实际的施工中是有规定的，必须断在跨中 1/3 的范围内，构件交错的地方要注意钢筋的避让等。

在拿到结构图纸后，首先分析此建筑是什么结构形式，大致有哪些构件，基础是什么类型。然后剪力墙一般按照从下向上的顺序，也就是施工的先后顺序进行计算。

**1. 基础钢筋的计算步骤以及方法**

这里介绍几种常见的基础。

（1）独立基础　框架结构中用得较多，在计算钢筋中要注意的就是底板受力钢筋的长度，可取边长或宽度的 0.9 倍，并交错布置。

（2）筏板基础　一般用于剪力墙结构，可以仔细学习一下 11G 101 中的内容，例如对于下沉子筏板中的钢筋应伸出板边 $L_a$（最小锚固长度）等方面一些具体要求。

（3）条形基础　一般用于砖混结构。

**2. 上部构件钢筋的计算步骤及方法**

（1）柱钢筋的计算步骤及方法　柱钢筋比较简单，只有纵筋和箍筋。纵筋要注意底层的基础插筋问题，顶层柱纵筋对于边柱、中柱、角柱的锚固长度的区别可以参见 11G 101；箍筋要注意加密区长度的取值问题：底层柱根加密≥$H_n$/3，柱上部加密长度≥$H_n$/6、≥500 取大值，还要注意柱搭接范围内应该加密（其中，$H_n$ 是指所在楼层的柱净高）。

（2）梁钢筋的计算步骤以及方法　梁钢筋应按照 11G 101 进行计算。梁有上部通长筋、支座负筋（一排 1/3$L_n$，二排 1/4$L_n$，$L_n$ 是左右两跨较大值），底筋一般按照每跨分别向两边支座伸入锚固长度的情况进行计算。

（3）剪力墙钢筋的计算步骤以及方法　剪力墙中的构件一定要计算完全。其中包括：墙体分布钢筋（有水平钢筋和纵向钢筋，要注意墙和墙交接部位的水平钢筋的锚固、各种转角锚固要求是不一样的）；翼柱的钢筋（墙和墙交接的部位形成的柱子）；剪力墙的连梁钢筋（门窗洞口上面形成的连梁）；暗柱钢筋（门窗洞口两侧形成的暗柱）；端柱钢筋（剪力墙端头的柱子）；暗梁钢筋（由于构造的要求在墙体中所配置的梁）。

**3. 钢筋抽样常用公式**

（1）框架梁

1）首跨钢筋的计算

① 上部贯通筋　上部贯通筋长度＝通跨净跨长＋首尾端支座锚固值。

梁的纵向钢筋锚入支座的长度，首先判断直锚能否满足 $L_a$，当（支座宽度–1 个保护层厚度）$\geqslant L_a$ 时，则直锚 $L_a$ 即可；当 $L_a >$（支座宽度–1 个保护层厚度）$\geqslant 0.4L_a$，则伸至支座对边，并做 $15d$ 弯钩；当（支座宽度–1 个保护层厚度）$< 0.4L_a$，应与设计沟通，改变钢筋直径或支座宽度，以满足 $\geqslant 0.4L_a$。

② 端支座负筋 端支座负筋长度：第一排为 $L_n/3$+端支座锚固值；第二排为 $L_n/4$+端支座锚固值。

③ 下部钢筋 下部钢筋长度=净跨长+左右支座锚固值。

以上三类钢筋中均涉及支座锚固问题，其支座锚固判断如下：

支座宽$\geqslant L_{ae}$且$\geqslant 0.5H_c+5d$，为直锚，取 $\text{Max}\{L_{ae},\ 0.5H_c+5d\}$。

钢筋的端支座锚固值=支座宽$\leqslant L_{ae}$ 或$\leqslant 0.5H_c+5d$，为弯锚，取 $\text{Max}\{L_{ae}$，支座宽度–保护层$+15d\}$。

钢筋的中间支座锚固值=$\text{Max}\{L_{ae},\ 0.5H_c+5d\}$。

④ 腰筋 构造钢筋：构造钢筋长度=净跨长+2×$15d$；抗扭钢筋：算法同贯通钢筋。

⑤ 拉筋 拉筋长度=（梁宽–2×保护层）+2×$11.9d$(抗震弯钩值)+$2d$。

拉筋根数：如果我们没有在平法输入中给定拉筋的布筋间距，那么拉筋的根数=(箍筋根数/2)×(构造筋根数/2)；如果给定了拉筋的布筋间距，那么拉筋的根数=布筋长度/布筋间距。

⑥ 箍筋 箍筋长度=（梁宽–2×保护层+梁高–2×保护层）×2+2×$11.9d$+$8d$。

箍筋根数=(加密区长度/加密区间距+1)×2+(非加密区长度/非加密区间距–1)+1。

注意：因为构件扣减保护层时，都是扣至纵筋的外皮，可以发现，拉筋和箍筋在每个保护层处均被多扣掉了直径值；并且在预算中计算钢筋长度时，都是按照外皮计算的，所以软件自动会将多扣掉的长度再补回来，由此，拉筋计算时增加了 $2d$，箍筋计算时增加了 $8d$。

⑦ 吊筋 吊筋长度=2×锚固($20d$)+2×斜段长度+次梁宽度+2×50，其中框梁高度>800mm，夹角=60°；$\leqslant$800mm，夹角=45°。

2）中间跨钢筋的计算

① 中间支座负筋 第一排为：$L_n/3$+中间支座值+$L_n/3$；第二排为：$L_n/4$+中间支座值+$L_n/4$。

② 中间跨钢筋的计算 注意：当中间跨两端的支座负筋延伸长度之和$\geqslant$该跨的净跨长时，其钢筋长度：

第一排为该跨净跨长+($L_n/3$+前中间支座值)+($L_n/3$+后中间支座值)；

第二排为该跨净跨长+($L_n/4$+前中间支座值)+($L_n/4$+后中间支座值)。

其他钢筋计算同首跨钢筋计算。$L_n$ 为支座两边跨较大值。

（2）非框架梁 在 11G 101—1 中，对于非框架梁的配筋，简单地解释与框架梁钢筋处理的不同之处在于：

1）普通梁箍筋设置时不再区分加密区与非加密区的问题。

2）下部纵筋锚入支座只需 $12d$。

3）上部纵筋锚入支座，不再考虑 $0.5H_c+5d$ 的判断值。

未尽解释请参考 11G 101—1 说明。

（3）框支梁

1）框支梁的支座负筋的延伸长度为 $L_n/3$。

2）下部纵筋端支座锚固值处理同框架梁。

3）上部纵筋中第一排主筋端支座锚固长度=支座宽度–保护层+梁高–保护层+$L_{ae}$，第二排主筋锚固长度≥$L_{ae}$。

4）梁中部筋伸至梁端部水平直锚，再横向弯折 $15d$。

5）箍筋的加密范围为≥$0.2L_{n1}$≥$1.5h_b$。

6）侧面构造钢筋与抗扭钢筋处理与框架梁一致。

（4）剪力墙　在钢筋工程量计算中，剪力墙是最难计算的构件，具体体现在：

1）剪力墙包括墙身、墙梁、墙柱、洞口，必须要整体考虑它们的关系。

2）剪力墙在平面上有直角、丁字角、十字角、斜交角等各种转角形式。

3）墙身钢筋可能有单排、双排、多排，且可能每排钢筋不同。

4）墙柱有各种箍筋组合。

5）连梁要区分顶层与中间层，依据洞口的位置不同还有不同的计算方法。

（5）剪力墙墙身

1）剪力墙墙身水平钢筋

① 墙端为暗柱时

a．外侧钢筋连续通过　外侧钢筋长度=墙长−保护层；内侧钢筋=墙长−保护层+弯折。

b．外侧钢筋不连续通过　外侧钢筋长度=墙长−保护层+$0.65L_{ae}$；

内侧钢筋长度=墙长−保护层+弯折；

水平钢筋根数=层高/间距+1（暗梁、连梁墙身水平筋照设）。

② 墙端为端柱时

a．外侧钢筋连续通过　外侧钢筋长度=墙长−保护层；

内侧钢筋=墙净长+锚固长度（弯锚、直锚）。

b．外侧钢筋不连续通过　外侧钢筋长度=墙长−保护层+$0.65L_{ae}$；

内侧钢筋长度=墙净长+锚固长度（弯锚、直锚）；

水平钢筋根数=层高/间距+1（暗梁、连梁墙身水平筋照设）。

注意：如果剪力墙存在多排垂直筋和水平钢筋时，其中间水平钢筋在拐角处的锚固措施同该墙的内侧水平筋的锚固构造。

③ 剪力墙墙身有洞口时，墙身水平筋在洞口左右两边截断，分别向下弯折 $15d$。

2）剪力墙墙身竖向钢筋

① 首层墙身纵筋长度=基础插筋+首层层高+伸入上层的搭接长度。

② 中间层墙身纵筋长度=本层层高+伸入上层的搭接长度。

③ 顶层墙身纵筋长度=层净高+顶层锚固长度。

墙身竖向钢筋根数=墙净长/间距+1（墙身竖向钢筋从暗柱、端柱边 50mm 开始布置）。

④ 剪力墙墙身有洞口时，墙身竖向筋在洞口上下两边截断，分别横向弯折 $15d$。

3）墙身拉筋

① 长度=墙厚−保护层+弯钩（弯钩长度=11.9+$2×D$）。

② 根数=墙净面积/拉筋的布置面积。

注：墙净面积是指要扣除暗（端）柱、暗（连）梁，即墙面积−门洞总面积−暗柱剖面积−暗梁面积；拉筋的面积是指其横向间距×竖向间距。

（6）剪力墙墙柱

1）纵筋

① 首层墙柱纵筋长度=基础插筋+首层层高+伸入上层的搭接长度。

② 中间层墙柱纵筋长度=本层层高+伸入上层的搭接长度。

③ 顶层墙柱纵筋长度=层净高+顶层锚固长度。

注意：如果是端柱，顶层锚固要区分边、中、角柱，要区分外侧钢筋和内侧钢筋。因为端柱可以看作是框架柱，所以其锚固也与框架柱相同。

2）箍筋 依据设计图纸自由组合计算。

（7）连梁

1）受力主筋

顶层连梁主筋长度=洞口宽度+左右两边锚固值 $L_{ae}$；

中间层连梁纵筋长度=洞口宽度+左右两边锚固值 $L_{ae}$。

2）箍筋

顶层连梁，纵筋长度范围内均布置箍筋，即 $N = [(L_{ae}-100)/150+1] \times 2+(洞口宽-50 \times 2)/间距+1(顶层)$。

中间层连梁，洞口范围内布置箍筋，洞口两边再各加一根，即 $N=(洞口宽-50 \times 2)/间距+1(中间层)$。

（8）暗梁

主筋长度=暗梁净长+锚固。

（9）基础层柱

1）基础层柱主筋

基础插筋=基础底板厚度-保护层+伸入上层的钢筋长度+$Max\{10D, 200mm\}$。

2）基础内箍筋 基础内箍筋仅起一个稳固作用，也可以说是防止钢筋在浇注时受到扰动。一般是按 2 根进行计算（软件中是按 3 根）。

（10）中间层柱纵筋 KZ 中间层的纵向钢筋=层高-当前层伸出地面的高度+上一层伸出楼地面的高度。

（11）中间层柱箍筋

KZ 中间层的箍筋根数 = $N$ 个加密区/加密区间距 + $N$ + 非加密区/非加密区间距-1。

11G 101—1 图集中，关于柱箍筋加密区的规定如下。

1）首层柱箍筋的加密区有三个，分别为：下部的箍筋加密区长度取 $H_n/3$，上部取 $Max\{500$，柱长边尺寸，$H_n/6\}$；梁节点范围内加密；如果该柱采用绑扎搭接，那么搭接范围内同时需要加密。

2）首层以上柱箍筋分别为：上、下部的箍筋加密区长度均取 $Max\{500$，柱长边尺寸，$H_n/6\}$；梁节点范围内加密；如果该柱采用绑扎搭接，那么搭接范围内同时需要加密。

（12）顶层 顶层 KZ 因其所处位置不同，分为角柱、边柱和中柱，因此各种柱纵筋的顶层锚固各不相同。

1）角柱 角柱顶层纵筋长度：

① 内筋 内侧钢筋锚固长度为：

弯锚（≤$L_{ae}$）：梁高-保护层+12$d$；直锚（≥$L_{ae}$）：梁高-保护层。

② 外筋 外侧钢筋锚固长度为：外侧钢筋锚固长度=$Max\{1.5L_{ae}$，梁高-保护层+柱宽-保护层\}。柱顶部第一层：≥梁高-保护层+柱宽-保护层+8$d$（保证65%伸入梁内）。

柱顶部第二层：≥梁高-保护层+柱宽-保护层。

注意：在（GGJ　V8.1）《钢筋算量的基本方法》中，内侧钢筋锚固长度为，弯锚（≤$L_{ae}$）：梁高－保护层+12$d$；直锚（≥$L_{ae}$）：梁高－保护层。外侧钢筋锚固长度=Max{1.5$L_{ae}$，梁高－保护层+柱宽－保护层}。

2）边柱　边柱顶层纵筋长度=层净高 $H_n$ + 顶层钢筋锚固值。

边柱顶层纵筋的锚固分为内侧钢筋锚固和外侧钢筋锚固：

a．内侧钢筋锚固长度　弯锚（≤$L_{ae}$）：梁高－保护层+12$d$；直锚（≥$L_{ae}$）：梁高－保护层。

b．外侧钢筋锚固长度≥1.5$L_{ae}$

注意：在（GGJ　V8.1）《钢筋算量的基本方法》中，内侧钢筋锚固长度为，弯锚（≤$L_{ae}$）：梁高－保护层+12$d$；直锚（≥$L_{ae}$）：梁高－保护层。

外侧钢筋锚固长度=Max{1.5$L_{ae}$，梁高－保护层+柱宽－保护层}。

3）中柱

中柱顶层纵筋长度=层净高 $H_n$+顶层钢筋锚固值。

中柱顶层纵筋的锚固长度为，弯锚（≤$L_{ae}$）：梁高－保护层+12$d$；直锚（≥$L_{ae}$）：梁高－保护层。

注意：在（GGJ　V8.1）《钢筋算量的基本方法》中，处理同上。

4）板

在实际工程中，板分为预制板和现浇板，这里主要分析现浇板的布筋情况。

板筋主要有：受力筋（单向或双向，单层或双层）、支座负筋 、分布筋 、附加钢筋（角部附加放射筋、洞口附加钢筋）、撑脚钢筋（双层钢筋时支撑上下层）。

① 受力筋　软件中，受力筋的长度是依据轴网计算的。

受力筋长度=轴线尺寸+左锚固+右锚固+两端弯钩（如果是Ⅰ级筋）。

根数=(轴线长度－扣减值)/布筋间距+1。

② 负筋及分布筋

负筋长度=负筋长度+左弯折+右弯折。

负筋根数=(布筋范围－扣减值)/布筋间距+1。

分布筋长度=负筋布置范围长度－负筋扣减值。

负筋分布筋根数=负筋的长度/分布筋间距+1。

③ 附加钢筋（角部附加放射筋、洞口附加钢筋）、支撑钢筋（双层钢筋时支撑上下层）根据实际情况直接计算钢筋的长度、根数即可，在软件中可以利用直接输入法输入计算。

4．钢筋锚固原则

钢筋的锚固是指钢筋被包裹在混凝土中，增强混凝土与钢筋的连接。它的作用是使两者能共同工作以承担各种应力（协同工作，承受来自各种荷载的产生压力、拉力以及弯矩、扭矩等）。在工程中常用"钢筋的锚固长度"一词，钢筋的锚固长度一般指梁、板、柱等构件的受力钢筋伸入支座或基础中的总长度，包括直线及弯折部分。锚固的部位和形式 ，可以采用弯钩、弯折等形式，也可以指钢筋锚入构件的长度，如果没有足够的锚固长度，钢筋受力就不能有效地传递给锚固体，锚固长度是为保证钢筋传力效果而规定的。

（1）梁受拉钢筋的锚固原则

1）梁受拉钢筋在端支座的弯锚，其弯锚直段≥0.4$L_{ae}$，弯钩段为 15$d$ 并应进入边柱的"竖向锚固带"，且应使钢筋弯钩不与柱纵筋平行接触的原则（边柱的"竖向锚固带"的宽度为：

柱中线过 5d 至柱纵筋内侧之间）。

2）受力纵筋在端支座的锚固不应全走保护层的原则，当水平段走混凝土保护层时，弯钩段应在尽端角筋内侧"扎入"钢筋混凝土内。

3）当抗震框架梁往中柱支座直通锚固时，纵筋应过中线+5d 且 $\geqslant L_{ae}$ 的原则。

4）梁受拉纵筋受力弯钩为 15d，柱偏拉纵筋弯钩、钢筋构造弯钩为 12d 的原则。

5）墙身的第一根竖向钢筋、板的第一根钢筋距离最近构件内的相平行钢筋为墙身竖向钢筋与板筋分布间距 1/2 的原则。

6）当两构件配筋"重叠"时不重复设置且取大者的原则。

7）节点内钢筋锚固不应平行接触的原则。

（2）柱钢筋的锚固原则

1）变截面柱墙插筋锚固为 $1.5L_{ae}$。

2）墙上柱纵筋锚固为 $1.6L_{ae}$。

3）上柱比下柱多出的钢筋锚固为 $1.2L_{ae}$。

4）下柱比上柱多出的钢筋锚固为 $1.2L_{ae}$。

5）上柱直径大于下柱时应将下层柱的连接位置移到柱的上端，上柱连接位置下移。

6）顶层边角柱外侧钢筋全部伸入梁板内，长度为梁底以上 $1.5L_{ae}$。也可采用 12D（此时屋面梁上部弯折长度须为 $1.7L_{ae}$，避免节点顶部钢筋拥挤）和 $1.5L_{ae}+20D$（当柱外侧配筋率＞1.2％）。

7）顶层中柱 12D，当直锚长度大于锚固长度时可采取直锚。

8）暗柱和墙顶层锚固为 $L_{ae}$（自板底）。

9）框支柱部分纵筋延伸到上层剪力墙楼板顶，能通则通，弯锚部分伸入梁或板内 $L_{ae}$。

10）墙水平筋伸入端柱的长度取定:当满足直锚时为 $L_{ae}$，当不能满足直锚时为伸至端柱对边加弯折 15D，平直段长度须 $\geqslant 0.4L_{ae}$。

11）剪力墙水平筋应伸至墙端，并向内水平面弯折。

12）转角剪力墙外侧水平筋应连续通过。

（3）楼层梁的锚固原则

1）楼层框架梁钢筋端支座采用直锚时为 $\geqslant L_{ae}$ 且 $\geqslant 0.5$ 支座宽+5D。

2）楼层框架梁钢筋端支座采用弯锚时为伸至柱纵筋内侧+15D 弯折。平直段长度必须 $\geqslant 0.4L_{ae}$，这是对设计的要求，如果不能满足此条件，须用较小规格钢筋代替。

3）框架梁中间支座伸入支座内 $\geqslant L_{ae}$ 且 $\geqslant 0.5$ 支座宽+5D。

4）楼层高低跨梁低跨梁钢筋伸入高跨梁内为 $L_{ae}$，屋面高低跨梁低跨梁钢筋伸入高跨梁内为 $1.6L_{ae}$。

5）屋面框架梁上部钢筋在端支座的弯折长度为：①伸到梁底；②$1.7L_{ae}$；③$1.7L_{ae}+20D$（梁上部纵筋配筋>1.2％）。

6）井字梁、次梁和纯悬挑梁下部钢筋伸入支座 12D，当为光面钢筋时，直锚长度为 15D。弧形次梁下部钢筋伸入支座为 $L_{ae}$。

7）纯悬挑梁、井字梁和次梁上部钢筋以及连梁端部为小墙肢时的上下钢筋取值同楼层框架梁。

8）连梁满足直锚时伸入墙内的长度为 $L_{ae}$ 且 $\geqslant 600$。斜向交叉暗撑及斜向交叉构造钢筋锚入墙内为 $L_{ae}$。

9）侧面构造筋的锚固长度和搭接长度均为 15D，当梁侧面为抗扭腰筋时其锚固长度与方式同框架梁下部钢筋。

10）梁架立钢筋的搭接长度为150。

11）基础梁外伸时钢筋弯折长度为12D，无外伸时为梁高1/2，多出部分钢筋弯折长度为15D。

12）高低基础梁低跨钢筋伸入高跨内 $L_{ae}$。

13）基础梁底部负弯矩钢筋自柱中心线向跨内延伸的长度为跨度/3 且≥$1.2L_a$+梁高+0.5柱宽。

14）基础次梁无外伸时，上部钢筋伸入支座（基础主梁）内为≥12D 且≥支座宽 1/2，基础次梁下部钢筋≥$L_a$；外伸时上下部钢筋弯折 12D。

15）板上部钢筋伸入支座内为 $L_a$，底筋伸入支座内≥5D 且到支座中心线。

16）梁板式筏形基础底板上部钢筋和中部钢筋≥12D 且到梁中心线，下部钢筋伸到梁箍筋内侧+弯折 15D。

17）筏板外伸时上下钢筋弯折 12D，U 形封边筋长度=筏板厚–2×保护层+2×12D。交错封边纵筋弯折长度=板厚 1/2–保护层+75。

18）梁腋下部斜纵筋为伸入支座梁下部纵筋根数–1，且不少于 2 根，锚入梁内为 $L_{ae}$。此构件中的纵筋伸入彼构件内的长度，以彼构件的完整边线起算。如：梁伸入柱中；柱伸入梁中；次梁伸入主梁中；柱伸入基础中；墙或板伸入梁中等。

5．保护层问题

保护层厚度在图纸的结构说明页中均有详细规定。

一般情况下，无垫层基础是 70mm，有垫层基础是 35mm，柱是 30mm，梁是 25mm，板是 20mm，薄板是 15mm，图纸中均有具体规定。

通常，钢筋工在绑扎大梁时，在梁下部纵筋之下，必须要垫好保护层，合理的保护层材料是混凝土垫块或塑料卡，用大块石子垫也是常有的事。上级允许时，可用 25mm 的钢筋头垂直垫在主筋下，最好用 16mm 或 18mm 的钢筋头斜着垫在大梁的箍筋下面。

圈梁的保护层，一般应由混凝土工随打随垫，因为木工在支模时在圈梁钢筋上行走，事先垫了保护层更加容易踩倒箍筋。

6．架立筋

以前的架立筋与现在的架立筋，其意义已经发生了根本的改变。以前的架立筋是指梁的上部纵筋，现在的架立筋是指梁的上部中间连接负弯矩筋的连接筋，在复合箍筋的内上角处，其非抗震搭接长度为 150mm。

7．主筋

主筋以前是指梁的下部纵筋、板的下部纵筋、柱的立筋、楼梯板的下部纵筋，主筋的名称已经过时，内容已经变得含糊不清，今已减少了这样的称呼。

8．弯起筋

自从推广平法以来，弯起筋已经很少采用，但在个别的设计中依然可见，其要点是弯起角度、斜长的计算和减延伸率。

9．腰筋

腰筋包括两种，构造腰筋和抗扭腰筋，不同点是作用不一样，构造腰筋用 G 打头，抗扭腰筋用 N 打头，构造腰筋的锚固长度为 15d，抗扭腰筋的锚固长度与下部纵筋相同。

腰筋位置的计算，是以该梁所含板的下皮到梁的下部第一排纵筋之间均分间距，而不是按梁的上下纵筋之间来分或按梁高来分。

**10．负弯矩筋**

一般框架梁端部负弯矩筋的锚固长度为 $0.4L_{ae}$ 加 $15d$ 直角钩。

负弯矩筋位于第一排的取 1/3 净跨度 $L_n$，位于第二排的取 1/4 净跨度 $L_n$，但是其值要取左右两个跨度值之大的应用，这是理解负弯矩筋的关键点。

**11．梁下部纵筋**

框架梁下部纵筋，即以前所指的主筋，是钢筋作用的重点，其锚固长度是 $0.4L_{ae}$ 加 $15d$ 直角钩。

非框架梁的下部纵筋的锚固长度是 $12d$，满足 $12d$ 可不做弯钩。

**（七）编制施工组织设计**

施工组织设计是对施工活动实行科学管理的重要手段，具有战略部署和战术安排的双重作用。它体现了实现基本建设计划和设计的要求，提供了各阶段的施工准备工作内容，协调施工过程中各施工单位、各施工工种、各项资源之间的相互关系。通过施工组织设计，可以根据具体工程的特定条件，拟订施工方案，确定施工顺序、施工方法、技术组织措施，可以保证拟建工程按照预定的工期完成，可以在开工前了解到所需资源的数量及其使用的先后顺序，合理安排施工现场布置。因此施工组织设计应从施工全局出发，充分反映客观实际，符合国家或合同要求，统筹安排施工活动有关的各个方面，合理地布置施工现场，确保文明施工、安全施工。

**1．施工组织设计的基本内容**

施工组织设计的内容要结合工程对象的实际特点、施工条件和技术水平进行综合考虑，一般包括以下基本内容。

（1）工程概况

1）本项目的性质、规模、建设地点、结构特点、建设期限、分批交付使用的条件、合同条件；

2）本地区地形、地质、水文和气象情况；

3）施工力量，劳动力、机具、材料、构件等资源供应情况；

4）施工环境及施工条件等。

（2）施工部署及施工方案

1）根据工程情况，结合人力、材料、机械设备、资金、施工方法等条件，全面部署施工任务，合理安排施工顺序，确定主要工程的施工方案。

2）对拟建工程可能采用的几个施工方案进行定性、定量的分析，通过技术经济评价，选择最佳方案。

（3）施工进度计划

1）施工进度计划反映了最佳施工方案在时间上的安排，采用计划的形式，使工期、成本、资源等方面，通过计算和调整达到优化配置，符合项目目标的要求。

2）使工序有序地进行，使工期、成本、资源等通过优化调整达到既定目标，在此基础上编制相应的人力和时间安排计划、资源需求计划和施工准备计划。

（4）施工平面图　施工平面图是施工方案及施工进度计划在空间上的全面安排。它把投入的各种资源、材料、构件、机械、道路、水电供应网络、生产、生活活动场地及各种临时工程设施合理地布置在施工现场，使整个现场能有组织地进行文明施工。

（5）主要技术经济指标　技术经济指标用以衡量组织施工的水平，它是对施工组织设计文件的技术经济效益进行全面评价。

2．施工组织设计的分类及其内容

（1）分类　根据施工组织设计编制的广度、深度和作用的不同，可分为：

1）施工组织总设计；

2）单位工程施工组织设计；

3）分部（分项）工程施工组织设计[或称分部（分项）工程作业设计]。

（2）施工组织总设计的内容　施工组织总设计是以整个建设工程项目为对象[如一个工厂、一个机场、一个道路工程（包括桥梁）、一个居住小区等]而编制的。它是对整个建设工程项目施工的战略部署，是指导全局性施工的技术和经济纲要。施工组织总设计的主要内容如下：

1）建设项目的工程概况；

2）施工部署及其核心工程的施工方案；

3）全场性施工准备工作计划；

4）施工总进度计划；

5）各项资源需求量计划；

6）全场性施工总平面图设计；

7）主要技术经济指标（项目施工工期、劳动生产率、项目施工质量、项目施工成本、项目施工安全、机械化程度、预制化程度、暂设工程等）。

（3）单位工程施工组织设计的内容　单位工程施工组织设计是以单位工程（如一栋楼房、一个烟囱、一段道路、一座桥等）为对象编制的，在施工组织总设计的指导下，由直接组织施工的单位根据施工图设计进行编制，用以直接指导单位工程的施工活动，是施工单位编制分部（分项）工程施工组织设计和季、月、旬施工计划的依据。单位工程施工组织设计根据工程规模和技术复杂程度不同，其编制内容的深度和广度也有所不同。对于简单的工程，一般只编制施工方案，并附以施工进度计划和施工平面图。单位工程施工组织设计的主要内容如下：

1）工程概况及施工特点分析；

2）施工方案的选择；

3）单位工程施工准备工作计划；

4）单位工程施工进度计划；

5）各项资源需求量计划；

6）单位工程施工总平面图设计；

7）技术组织措施、质量保证措施和安全施工措施；

8）主要技术经济指标（工期、资源消耗的均衡性、机械设备的利用程度等）。

（4）分部（分项）工程施工组织设计的内容　分部（分项）工程施工组织设计[也称为分部（分项）工程作业设计，或称分部（分项）工程施工设计]是针对某些特别重要的、技术复杂的，或采用新工艺、新技术施工的分部（分项）工程，如深基础、无黏结预应力混凝土、特大构件的吊装、大量土石方工程、定向爆破工程等为对象编制的，其内容具体、详细，可操作性强，是直接指导分部（分项）工程施工的依据。分部（分项）工程施工组织设计的主要内容如下：

1）工程概况及施工特点分析；

2）施工方法和施工机械的选择；

3）分部（分项）工程的施工准备工作计划；

4）分部（分项）工程的施工进度计划；

5）各项资源需求量计划；

6）技术组织措施、质量保证措施和安全施工措施；

7）作业区施工平面布置图设计。

3．施工组织设计的编制原则

（1）重视工程的组织对施工的作用；

（2）提高施工的工业化程度；

（3）重视管理创新和技术创新；

（4）重视工程施工的目标控制；

（5）积极采用国内外先进的施工技术；

（6）充分利用时间和空间，合理安排施工顺序，提高施工的连续性和均衡性；

（7）合理部署施工现场，实现文明施工。

4．施工组织总设计和单位工程施工组织设计的编制依据

（1）施工组织总设计的编制依据

1）计划文件；

2）设计文件；

3）合同文件；

4）建设地区基础资料；

5）有关的标准、规范和法律；

6）类似建设工程项目的资料和经验。

（2）单位工程施工组织设计的编制依据

1）建设单位的意图和要求，如工期、质量、预算要求等；

2）工程的施工图纸及标准图；

3）施工组织总设计对本单位工程的工期、质量和成本的控制要求；

4）资源配置情况；

5）建筑环境、场地条件及地质、气象资料，如工程地质勘测报告、地形图和测量控制等；

6）有关的标准、规范和法律；

7）有关技术新成果和类似建设工程项目的资料和经验。

5．施工组织总设计的编制程序

（1）收集和熟悉编制施工组织总设计所需的有关资料和图纸，进行项目特点和施工条件的调查研究；

（2）计算主要工种工程的工程量；

（3）确定施工的总体部署；

（4）拟订施工方案；

（5）编制施工总进度计划；

（6）编制资源需求量计划；

（7）编制施工准备工作计划；

（8）施工总平面图设计；

（9）计算主要技术经济指标。

应该指出，以上顺序中有些顺序必须这样，不可逆转，如：

1）拟订施工方案后才可编制施工总进度计划（因为进度的安排取决于施工的方案）。

2）编制施工总进度计划后才可编制资源需求量计划（因为资源需求量计划要反映各种资源在时间上的需求）。

但是在以上顺序中也有些顺序应该根据具体项目而定，如确定施工的总体部署和拟订施工方案，两者有紧密的联系，往往可以交叉进行。

单位工程施工组织设计的编制程序与施工组织总设计的编制程序非常类似，此不赘述。

## （八）组织技术交底

为了将项目管理层的意图落实到作业人员的实际操作中，需要将设计意图、标准规范要求、施工组织设计部署安排在施工前层层交代，这一过程被称为技术交底。施工中技术负责人、安全员、工长、班组长都要组织交底。

项目部负责人在生产作业前对直接生产作业人员进行该作业的安全操作规程和注意事项的培训，并通过书面文件方式予以确认。

建设项目中，分部（分项）工程在施工前，项目部应按批准的施工组织设计或专项技术措施方案，向有关人员进行技术交底。技术交底主要包括两个方面的内容：一是在施工方案的基础上按照施工的要求，对施工方案进行细化和补充；二是要将操作者的安全注意事项讲清楚，保证作业人员的人身安全和工程质量满足设计要求。技术交底工作完毕后，所有参与交底的人员必须履行签字手续，班组、交底人、资料保管员三方各留执一份，并记录存档。技术交底有以下作用：

（1）细化、优化施工方案，从施工技术方案选择上保证施工安全，让施工管理、技术人员从施工方案编制、审核上就将安全放到第一的位置。

（2）让一线作业人员了解和掌握该作业项目的安全技术操作规程和注意事项，减少因违章操作而导致事故的可能。

（3）项目施工中的重要环节，严格意义上讲，不做交底不能开工。施工员应主动承接技术负责人的总体技术交底，并根据分项工程的施工方案，及时做好对工长或班组长的技术交底工作，经常对施工管理人员及操作人员进行质量、安全、工期要求方面的交底工作，使他们人人做到心中有数，避免因质量、安全等问题造成停工返工而影响工期。对工程的特殊过程进行技术交底时，对特殊过程的技术方案要请相关专家进行可行性论证。

技术方案的交底必须符合设计及相关施工验收规范、技术规程、工艺标准等的要求。

## （九）熟悉相关技术标准规范

### 1．技术标准

技术标准是指重复性的技术事项在一定范围内的统一规定。标准能成为自主创新的技术基础，源于标准制定者拥有标准中的技术要素、指标及其衍生的知识产权。它以原创性专利技术为主，通常由一个专利群来支撑，通过对核心技术的控制，很快形成排他性的技术垄断，尤其在市场准入方面，它可采取许可方式排斥竞争对手的进入，达到市场垄断的目的。

技术标准包括基础技术标准、产品标准、工艺标准、检测试验方法标准，及安全、卫生、环保标准等。技术标准有三个方面的特点：

1）各个企业通过向标准组织提供各自的技术和专利，形成一个个产品的技术标准。

2）企业产品的生产按照标准来进行，所有的产品通过统一的标准，设备之间可以互联互通，可以帮助企业更好地销售产品。

3）标准组织内的企业可以以一定的方式共享彼此的专利技术。

2．建筑规范

建筑规范是广大工程建设者必须遵守的准则和规定，在提高工程建设科学管理水平，保证工程质量和安全，降低工程造价，缩短工期，节能、节水、节材、节地，促进技术进步，建设资源友好型社会等方面起到了显著的作用。

建筑规范是由政府授权机构所提出的建筑物安全、质量、功能等方面的最低要求，这些要求以文件的方式存在就形成了建筑规范，如防火规范、建筑空间规范、建筑模数标准等。

在建筑工程方面建立和实现有关的标准、规范、规则等的过程。建筑标准化的目的是合理利用原材料，促进构配件的通用性和互换性，实现建筑工业化，以取得最佳经济效果。

（十）施工测量

测量是按照某种规律，用数据来描述观察到的现象，即对事物做出量化描述。测量是对非量化实物的量化过程。

测量就是以确定量值为目的的一组操作。它包含了三层内涵：

（1）测量是一种"操作"，它既可以是一项复杂的物理实验活动，也可以是一种简单的动作，这种操作可以手动、半自动，也可以自动地进行。

（2）该组操作的目的（即测量的目的）在于确定被测对象量值的大小，这里没有限定测量范围和测量不确定度，也没有规定获得量值大小的方法和途径，所以，它适用于所有可测的量，各种领域和各个方面的测量。

（3）它强调是"一组"操作，说明测量是一个过程。

1．测量学的内容

测量学的内容包括测定和测设两个部分。测定是指使用测量仪器和工具，通过测量和计算，得到一系列测量数据，或把地球表面的地形缩绘成地形图。测设是指把图纸上规划设计好的建筑物、构筑物的位置在地面上标定出来，作为施工的依据。

2．施工测量

施工测量指的是工程开工前及施工中，根据设计图在现场进行恢复道路中线、定出构造物位置等测量放样的作业。

（1）施工测量的目的 施工测量（测设或放样）的目的是将图纸上设计的建筑物的平面位置、形状和高程标定在施工现场的地面上，并在施工过程中指导施工，使工程严格按照设计的要求进行建设。

测图工作是利用控制点测定地面地形特征点，按一定比例尺缩绘到图纸上，而施工测量则与此相反，是根据建筑物的设计尺寸，找出建筑物各部分特征点与控制点之间的几何关系，计算出距离、角度、高程（或高差）等放样数据，然后利用控制点，在实地上定出建筑物的特征点、线，作为施工的依据。施工测量与地形图测绘都是研究和确定地面上点位的相互关系。测图是地面上先有一些点，然后测出它们之间的关系，而放样是先从设计图纸上算得点位之间的距离、方向和高差，再通过测量工作把点位测设到地面上。因此距离测量、角度测量、高程测量同样是施工测量的基本内容。

（2）施工测量的特点 施工测量与地形图测绘比较，除测量过程相反、工作程序不同以外，其测量的精度要求较测图高。

测图的精度取决于测图比例尺大小，而施工测量的精度则与建筑物的大小、结构形式、建筑材料以及放样点的位置有关。

高层建筑测设的精度要求高于低层建筑；钢筋混凝土结构工程的测设精度高于砖混结构工程，钢架结构的测设精度要求更高。再如，建筑物本身的细部点测设精度比建筑物主轴线点的测设精度要求高。这是因为建筑物主轴线测设误差只影响到建筑物的微小偏移，而建筑物各部分之间的位置和尺寸，设计上有严格要求，破坏了相对位置和尺寸就会造成工程事故。

（3）施工测量与施工的关系　施工测量是设计与施工之间的桥梁，贯穿于整个施工过程，是施工的重要组成部分。放样的结果是实地上的标桩，它们是施工的依据，标桩定在哪里，庞大的施工队伍就在哪里进行挖土、浇捣混凝土、吊装构件等一系列工作，如果放样出错并没有及时发现纠正，将会造成极大的损失。当工地上有好几个工作面同时开工时，正确的放样是保证它们衔接成整体的重要条件。施工测量的进度与精度直接影响着施工的进度和施工质量。这就要求施工测量人员在放样前应熟悉建筑物总体布置和各个建筑物的结构设计图，并要检查和校核设计图上轴线间的距离和各部位高程注记。在施工过程中对主要部位的测设一定要进行校核，检查无误后方可施工。多数工程建成后，为便于管理、维修以及续扩建，还必须编绘竣工总平面图。有些高大和特殊建筑物，例如高层楼房、水库大坝等，在施工期间和建成以后还要进行变形观测，以便控制施工进度、积累资料、掌握规律，为工程严格按设计要求施工、维护和使用提供保障。

（4）施工测量的原则　由于施工测量的要求精度较高，施工现场各种建筑物的分布面广，且往往同时开工兴建。所以，为了保证各建筑物测设的平面位置和高程都有相同的精度并且符合设计要求，施工测量和测绘地形图一样，也必须遵循"由整体到局部、先高级后低级、先控制后细部"的原则组织实施。对于大中型工程的施工测量，要先在施工区域内布设施工控制网，而且要求布设成两级，即首级控制网和加密控制网。首级控制点相对固定，布设在施工场地周围不受施工干扰、地质条件良好的地方。加密控制点直接用于测设建筑物的轴线和细部点。不论是平面控制还是高程控制，在测设细部点时要求一站到位，减少误差的累计。

（5）施工测量的精度要求　施工测量的精度随建筑材料、施工方法等因素而改变。按精度要求的高低排列为：钢结构、钢筋混凝土结构、毛石混凝土结构、土石方工程。按施工方法分，预制件装配式的方法较现场浇灌的精度要求高一些，钢结构高强度螺栓连接的比用电焊连接的精度要高。

现在多数建筑工程是以水泥为主要建筑材料。混凝土柱、梁、墙的施工总误差允许约为10～30mm。高层建筑物轴线的倾斜度要求为 1/2000～1/1000。钢结构施工的总误差随施工方法不同，允许误差在 1～8mm。土石方的施工误差允许达 10cm。

测量仪器与方法已发展得相当成熟，一般来说它能提供相当高的精度为建筑施工服务。但测量工作的时间和成本会随精度要求提高而增加。在多数工地上，测量工作的成本很低，所以恰当地规定精度要求的目的不是为了降低测量工作的成本，而是为了提高工作速度。

关于具体工程的具体精度要求，如施工规范中有规定，则参照执行，如果没有规定则由设计、测量、施工以及构件制作几方人员合作，共同协商决定误差分配。

必须指出，各工种虽有分工，但都是为了保证工程最终质量而工作的，因此，必须注意相互支持、相互配合。在保证工程的几何尺寸及位置的精度方面，测量人员能够发挥较大的作用。测量人员应该尽量为施工人员创造顺利的施工条件，并及时提供验收测量的数据，使施工人员及时了解施工误差的大小及其位置，从而有助于他们改进施工方法，提高施工质量。随着其他工种误差的减少，测量工作的允许误差可以适当放宽，或者使整个工程的质量提高些。原则上只要各方面误差的影响不超限就行。

# 第二章

# 施工员的现场管理工作

施工项目现场管理是施工员的重要工作内容之一，管理工作的好坏直接影响到施工，因此，施工员必须有足够的认识。

## 一、施工项目现场管理的概念及内容

### （一）施工项目现场管理的概念

施工项目现场是指从事工程施工活动经批准占用的施工场地。它既包括红线以内占用的建筑用地和施工用地，又包括红线以外现场附近经批准占用的临时施工用地。

施工项目现场管理是指项目经理部施工员按照《施工现场管理规定》和城市建设管理的有关法规，科学合理地安排使用施工现场，协调各专业管理和各项施工活动，控制污染，创造文明安全的施工环境和人、材、物、资金流畅通的施工秩序所进行的一系列管理工作。

### （二）施工项目现场管理的内容

施工项目现场管理的主要内容见表 2-1。

表 2-1　施工项目现场管理的主要内容

| 项目 | 主要内容 |
|---|---|
| 规划及报批施工用地 | ● 根据施工项目及建筑用地的特点科学规划，充分、合理使用施工现场场内占地<br>● 当场内空间不足时，应会同发包人按规定向城市规划部门、公安交通部门申请，经批准后，方可使用场外施工临时用地 |
| 设计施工现场平面图 | ● 根据建筑总平面图、单位工程施工图、拟定的施工方案、现场地理位置和环境及政府部门的管理标准，充分考虑现场布置的科学性、合理性、可行性，设计施工总平面图、单位工程施工平面图<br>● 单位工程施工平面图应根据施工内容和分包单位的变化，设计出阶段性施工平面图，并在阶段性进度目标开始实施前，通过施工协调会议确认后实施 |

| 项目 | 主要内容 |
|---|---|
| 建立施工现场管理组织 | ● 项目经理全面负责施工过程中的现场管理，并建立施工项目现场管理组织体系<br>● 施工项目现场管理组织由主管生产的经、主任工程师、分包人、生产、技术、质量、安全、保卫、消防、材料、环保、卫生等管理人员组成<br>● 建立施工项目现场管理规章制度和管理标准、实施措施、监督办法和奖惩制度<br>● 根据工程规模、技术复杂程度和施工现场的具体情况，遵循"谁生产谁负责"的原则，建立按专业、岗位、区片的施工现场管理责任制，并组织实施<br>● 建立现场管理例会和协调制度，通过调度工作实施的动态管理，做到经常化、制度化 |
| 建立文明施工现场 | ● 遵循国务院及地方建设行政主管部门颁布的施工现场管理法规和规章认真管理施工现场<br>● 按审核批准的施工总平面图布置和管理施工现场，规范场容<br>● 项目经理部应对施工现场场容、文明形象管理做出总体策划和部署，分包人应在项目经理部指导和协调下，按照分区划块原则做好分包施工用地场容、文明形象管理的规划<br>● 经常检查施工项目现场管理的落实情况，听取社会公众、近邻单位的意见，发现问题及时处理，不留隐患，避免再度发生，并实施奖惩<br>● 接受政府建设行政主管部门的考评机构和企业对建设工程施工现场管理的定期抽查、日常检查、考评和指导<br>● 加强施工现场文明建设，展示和宣传企业文化，塑造企业及项目经理部的良好形象 |
| 及时清场转移 | ● 施工结束后，应及时组织清场，向新工地转移<br>● 组织剩余物资退场，拆除临时设施，清除建筑垃圾，按市容管理要求恢复临时占用土地 |

## 二、施工项目现场管理的要求

施工项目现场管理的要求见表 2-2。

### 表 2-2　施工项目现场管理的要求

| 项目 | 要求 |
|---|---|
| 现场标志 | ● 在施工现场门头设置企业名称、标志<br>● 在施工现场主要进出口处醒目位置设置施工现场公示牌和施工总平面图，具体有：<br>① 工程概况（项目名称）牌<br>② 施工总平面图<br>③ 安全无重大事故计数牌<br>④ 安全生产、文明施工牌<br>⑤ 项目主要管理人员名单及项目经理部组织结构图<br>⑥ 防火须知牌及防火标志（设置在施工现场重点防火区域和场所）<br>⑦ 安全纪律牌（设置在相应的施工部位、作业点、高空施工区及主要通道口）<br><br>工程名称：　建筑面积：<br>建设单位：<br>设计单位：<br>施工单位：　工地负责人：<br>开工日期：　竣工日期：<br>工程概况牌内容 |
| 场容管理 | ● 遵守有关规划、市政、供电、供水、交通、市容、安全、消防、绿化、环保、环卫等部门的法规、政策，接受其监督和管理，尽力避免和降低施工作业对环境的污染和对社会生活正常秩序的干扰<br>● 施工总平面图设计应遵循施工现场管理标准，合理可行，充分利用施工场地和空间，降低各工种、作业活动相互干扰，符合安全防火、环保要求，保证高效有序顺利文明施工<br>● 施工现场实行封闭式管理，在现场周边应设置临时维护设施（市区内其高度应不低于 1.8m），维护材料要符合市容要求；在建工程应采用密闭式安全网全封闭<br>● 严格按照已批准的施工总平面图或相关的单位工程施工平面图划定的位置，布置施工项目的主要机械设备、脚手架、模具，施工临时道路及进出口，水、气、电管线，材料制品堆放及仓库，土方及建筑垃圾，变配电间、消防设施、警卫室、现场办公室、生产生活临时设施，加工场地、周转使用场地等，并然有序 |

续表

| 项目 | 要求 |
|---|---|
| 场容管理 | ● 施工物料器具除应按照施工平面图指定位置就位布置外，尚应根据不同特点和性质，规范布置方式和要求，做到位置合理、码放整齐、限宽限高、上架入箱、规格分类、挂牌标志，便于来料验收、清点、保管和出库使用<br><br>● 大型机械和设施位置应布局合理，力争一步到位；需按施工内容和阶段调整现场布置时，应选择调整耗费较小、影响面小或已经完成作业活动的设施；大宗材料应根据使用时间，有计划地分批进场，尽量靠近使用地点，减少二次搬运，以免浪费<br><br>● 施工现场应设置场通道排水沟渠系统，工地地面宜做硬化处理，场地不积水、泥浆，保持道路干燥坚实<br><br>● 施工过程应合理有序，尽量避免前后反复，影响施工；对平面和高度也要进行合理分块分区，尽量避免各分包或各工种交叉作业、互相干扰，维持正常的施工秩序<br><br>● 坚持各项作业工完、料尽、场地清。杜绝废料残渣遍地、好坏材料混杂，改善施工现场脏、乱、差、险的状况<br><br>● 做好原材料、成品、半成品、临时设施的保护工作<br><br>● 明确划分施工区域、办公区、生活区域。生活区内宿舍、食堂、厕所、浴室齐全，符合卫生标准；各区都有专人负责，创造一个整齐、清洁的工作和生活环境 |
| 环境保护 | ● 施工现场泥浆、污水未经处理不得直接排入城市排水设施和河流、湖泊、池塘<br><br>● 除有符合规定的装置外，不得在施工现场熔化沥青或焚烧油毡、油漆，亦不得焚烧其他可产生有毒有害烟尘和恶臭气味的废弃物，禁止将有毒有害废弃物做土方回填<br><br>● 建筑垃圾、渣土应在指定地点堆放，及时运到指定地点清理；高空施工的垃圾和废弃物应采用密闭式串筒或其他措施清理搬运；装载建筑材料、垃圾、渣土等散碎物料的车辆应有严密遮挡措施，防止飞扬、洒漏或流溢；进出施工现场的车辆应经常冲洗，保持清洁<br><br>● 在居民和单位密集区域进行爆破、打桩等施工作业前，项目经理部除按规定报告申请批准外，还应将作业计划、影响范围、程度及有关措施等情况，向有关的居民和单位通报说明，取得协作和配合；对施工机械的噪声与振动扰民，应有相应的措施予以控制<br><br>● 经过施工现场的地下管线，应由发包人在施工前通知承包人，标出位置，加以保护<br><br>● 施工时发现文物、古迹、爆炸物、电缆等，应当停止施工，保护好现场，及时向有关部门报告，按照有关规定处理后方可继续施工<br><br>● 施工中需要停水、停电、封路而影响环境时，必须经有关部门批准，事先告示，并设有标志<br><br>● 温暖季节宜对施工现场进行绿化布置 |
| 防火保安 | ● 应做好施工现场保卫工作，采取必要的防盗措施。现场应设立门卫，根据需要设置警卫。施工现场的主要管理人员应佩戴证明其身份的证卡，应采用现场施工人员标志。有条件时可对进出场人员使用磁卡管理<br><br>● 承包人必须严格按照《中华人民共和国消防条例》的规定，在施工现场建立和执行防火管理制度，现场必须安排消防车出入口和消防道路，设置符合要求的消防设施，保持完好的备用状态。在容易发生火灾的地区或储存、使用易燃、易爆器材时，承包人应当采取特殊的消防安全措施。施工现场严禁吸烟，必要时可设吸烟室<br><br>● 施工现场的通道、消防入口、紧急疏散楼道等，均应有明显标志或指示牌。有高度限制的地点应有限高标志；临街脚手架、高压电缆、起重把杆回转半径伸至街道的，均应设安全隔离棚；在行人、车辆通行的地方施工，应当设置沟、井、坎、穴覆盖物和标志，夜间设置灯光警示标志；危险品库附近应有明显标志及围挡措施，并设专人管理<br><br>● 施工中需要进行爆破作业的，必须经上级主管部门审查批准，并持说明爆破器材的地点、品名、数量、用途、四邻距离的文件和安全操作规程，向所在地县、市公安局申领"爆破物品使用许可证"，由具备爆破资质的专业人员按有关规定进行施工<br><br>● 关键岗位和有危险作业活动的人员必须按有关规定，经培训、考核，持证上岗<br><br>● 承包人应考虑规避施工过程中的一些风险因素，向保险企业投施工保险和第三者责任险 |
| 卫生防疫及其他 | ● 现场应准备必要的医疗保健设施。在办公室内显著地点张贴急救车和有关医院电话号码<br><br>● 施工现场不宜设置职工宿舍，必须设置时应尽量和施工场地分开<br><br>● 现场应设置饮水设施，食堂、厕所要符合卫生要求，根据需要制定防暑降温措施，进行消毒、防毒和注意食品卫生等<br><br>● 现场应进行节能、节水管理，必要时下达使用指标<br><br>● 现场涉及的保密事项应通知有关人员执行<br><br>● 参加施工的各类人员都要保持个人卫生、仪表整洁，同时还应注意精神文明，遵守公民社会道德规范，不打架、赌博、酗酒等 |

## 三、施工项目现场综合考评

### （一）施工现场综合考评概述

施工项目现场管理考评的目的、依据、对象和负责考评的主管单位等概况见表2-3。

**表2-3    施工项目现场管理考评的概况**

| 项目 | 说明 |
|---|---|
| 考评目的 | 加强施工现场管理，提高管理水平，实现文明施工，确保工程质量和施工安全 |
| 考评依据 | 《建设工程施工现场综合考评试行办法》（建监[1995]407号） |
| 考评对象 | ● 每一个建设工程及建设工程施工的全过程<br>● 对工程建设参与各方（业主、施工、设计、材料及设备供应单位等）在施工现场中各种行为的评价<br>● 在建设工程施工现场综合考评中，施工项目经理部的施工现场管理活动和行为占有90%的权重，是最主要的考评对象 |
| 考评管理机构和实施机构 | ● 国务院建设行政主管部门归口负责全国的建设工程施工现场综合考评管理工作<br>● 国务院各有关部门负责所直接实施的建设工程施工现场综合考评管理工作<br>● 县级及以上地方人民政府建设行政主管部门负责本行政区域内的建设工程施工现场综合考评管理工作<br>● 施工现场综合考评实施机构（简称考评机构）可在现有工程质量监督站的基础上加以健全或充实 |

### （二）施工现场综合考评的内容

施工现场综合考评的内容详见表2-4。

**表2-4    施工现场综合考评的内容**

| 考评项目（满分） | 考评内容 | 有下列行为之一，则该考评项目为0分 |
|---|---|---|
| 施工组织管理（20分） | ● 合同的签订及履约情况<br>● 总分包企业及项目经理资质<br>● 关键岗位培训及持证上岗情况<br>● 施工项目管理规划编制实施情况<br>● 分包管理情况 | ● 企业资质或项目经理资质与所承担工程任务不符<br>● 总包人对分包人不进行有效管理和定期考评<br>● 没有施工项目管理规划或施工方案，或未经批准<br>● 关键岗位人员未持证上岗 |
| 工程质量管理（40分） | ● 质量管理体系<br>● 工程质量<br>● 质量保证资料 | ● 当次检查的主要项目质量不合格<br>● 当次检查的主要项目无质量保证资料<br>● 出现结构质量事故或严重质量问题 |
| 施工安全管理（20分） | ● 安全生产保证体系<br>● 施工安全技术、规范、标准实施情况<br>● 消防设施情况 | ● 当次检查不合格<br>● 无专职安全员<br>● 无消防设施或消防设施不能使用<br>● 发生死亡或重伤二人以上（包括二人）事故 |
| 文明施工管理（10分） | ● 场容场貌<br>● 料具管理<br>● 环境保护<br>● 社会治安<br>● 文明施工教育 | ● 用电线路架设、用电设施安装不符合施工项目管理规划，安全没有保证<br>● 临时设施、大宗材料堆放不符合施工总平面图要求，侵占场道，危及安全防护<br>● 现场成品保护存在严重问题<br>● 尘埃及噪声严重超标，造成扰民<br>● 现场人员扰乱社会治安，受到拘留处理 |

续表

| 考评项目<br>（满分） | 考评内容 | 有下列行为之一，则该考评项目为 0 分 |
|---|---|---|
| 业主、施工单位的现场管理（10 分） | ● 有无专人或委托施工管理现场<br>● 有无隐蔽工程验收签认记录<br>● 有无现场检查认可记录<br>● 执行合同情况 | ● 未取得施工许可证而擅自开工<br>● 现场没有专职管理技术人员<br>● 没有隐蔽工程验收签认制度<br>● 无正当理由影响合同履约<br>● 未办理质量监督手续而进行施工 |

### （三）施工现场综合考评办法及奖罚

施工现场综合考评办法及奖罚见表 2-5。

表 2-5　施工现场综合考评办法及奖罚

| 项目 | 主要条款 |
|---|---|
| 考评办法 | ● 考评机构定期检查，每月至少一次；企业主管部门或总包单位对分包单位日常检查，每周一次<br>● 一个施工现场有多个单体工程的，应分别按单体工程进行考评；多个单位工程过小，也可按一个施工现场考评<br>● 全国建设工程质量和施工安全大检查的结果，作为施工现场综合考评的组成部分<br>● 有关单位和群众对在建工程、竣工工程的管理状况及工程质量、安全生产的投诉和评价，经核实后，可作为综合考评得分的增减因素<br>● 考评得分 70 分及以上的施工现场为合格现场；当次考评不足 70 分或有单项得 0 分的施工现场为不合格现场<br>● 建设工程施工现场综合考评的结果应由相应的建设行政主管部门定期上报并在所辖区域内向社会公布 |
| 奖励处罚 | ● 建设工程施工现场综合考评的结果应定期向相应的资质管理部门通报，作为对建筑业企业、项目经理和施工单位资质动态管理的依据<br>● 对于当年无质量伤亡事故、综合考评成绩突出的单位予以表彰和奖励<br>● 对综合考评不合格的施工现场，由主管考评工作的建设行政主管部门根据责任情况，可给予相应的处罚：<br>● 对建筑业企业、施工单位有警告、通报批评、降低一级资质等处罚<br>● 对项目经理和施工工程师有取消资格的处罚<br>● 有责令施工现场停工整顿的处罚<br>● 发生工程建设重大事故的，对责任者可给予行政处分，情节严重构成犯罪的，可由司法机关追究刑事责任 |

## 第二节　施工进度控制工作

## 一、施工项目进度控制概述

### （一）影响施工项目进度的因素

影响施工项目进度的因素大致可分为三类，详见表 2-6。

表 2-6　影响施工项目进度的因素

| 种类 | 影响因素 | 相应对策 |
|---|---|---|
| 项目经理部内部因素 | ● 施工组织不合理，人力、机械设备调配不当，解决问题不及时<br>● 施工技术措施不当或发生事故 | 项目经理部的活动对施工进度起决定性作用，因而要：<br>① 提高项目经理部的组织管理水平、技术水平 |

| 种类 | 影响因素 | 相应对策 |
|---|---|---|
| 项目经理部内部因素 | ● 质量不合格引起返工<br>● 与相关单位关系协调不善等<br>● 项目经理部管理水平低 | ② 提高施工作业层的素质<br>③ 重视与内外关系的协调 |
| 相关单位因素 | ● 设计图纸供应不及时或有误<br>● 业主要求设计变更<br>● 实际工程量增减变化<br>● 材料供应、运输等不及时或质量、数量、规格不符合要求<br>● 水电通讯等部门、分包单位没有认真履行合同或违约<br>● 资金没有按时拨付等 | 相关单位的密切配合与支持，是保证施工项目进度的必要条件，项目经理部应做好：<br>① 与有关单位以合同形式明确双方协作配合要求，严格履行合同，寻求法律保护，减少和避免损失<br>② 编制进度计划时，要充分考虑向主管部门和职能部门进行申报、审批所需的时间，留有余地 |
| 不可预见因素 | ● 施工现场水文地质状况比设计合同文件预计的要复杂得多<br>● 严重自然灾害<br>● 战争、政变等政治因素等 | ● 该类因素一旦发生就会造成较大影响，应做好调查分析和预测<br>● 有些因素可通过参加保险，规避或减少风险 |

## （二）施工项目进度控制的措施

施工项目进度控制的措施主要有组织措施、技术措施、合同措施、经济措施和管理信息措施等，具体见表 2-7。

表 2-7　施工项目进度控制措施

| 措施种类 | 措施内容 |
|---|---|
| 管理信息措施 | ● 建立对施工进度能有效控制的监测、分析、调整、反馈信息系统和信息管理工作制度<br>● 随时监控施工过程的信息流，实现连续、动态的全过程进度目标控制 |
| 组织措施 | ● 建立施工项目进度实施和控制的组织系统<br>● 订立进度控制工作制度：检查时间、方法，召开协调会议时间、人员等<br>● 落实各层次进度控制人员、具体任务和工作职责<br>● 确定施工项目进度目标，建立施工项目进度控制目标体系 |
| 技术措施 | ● 尽可能采用先进施工技术、方法和新材料、新工艺、新技术，保证进度目标实现<br>● 落实施工方案，在发生问题时，能适时调整工作之间的逻辑关系，加快施工进度 |
| 合同措施 | ● 以合同形式保证工期进度的实现，即：<br>① 保持总进度控制目标与合同总工期相一致；<br>② 分包合同的工期与总包合同的工期相一致；<br>③ 供货、供电、运输、构件加工等合同规定的提供服务时间与有关的进度控制目标一致 |
| 经济措施 | ● 落实实现进度目标的保证资金<br>● 签订并实施关于工期和进度的经济承包责任制<br>● 建立并实施关于工期和进度的奖惩制度 |

## （三）施工项目进度控制原理

施工项目进度控制是以现代科学管理原理作为其理论基础，主要有系统原理、动态控制原理、信息反馈原理、弹性原理和封闭循环原理等。

1．系统原理

系统原理就是用系统的概念来剖析和管理施工项目进度控制活动。进行施工项目进度控制，应建立施工项目进度计划系统、施工项目进度组织系统。

（1）施工项目进度计划系统　施工项目进度计划系统是施工项目进度实施和控制的依据。施工项目进度计划包括施工项目总进度计划、单位工程进度计划、分部分项工程进度计划、材料计划、劳动力计划、季度和月（旬）作业计划等。形成了一个进度控制目标按工程系统构成、施工阶段和部位等逐层分解，编制对象从大到小，范围由总体到局部，层次由高到低，内容由粗到细的完整的计划系统。计划的执行则是由下而上，从月（旬）作业计划、分项分部工程进度计划开始，逐级按进度目标控制，最终完成施工项目总进度计划。

（2）施工项目进度组织系统　施工项目进度组织系统是实现施工项目进度计划的组织保证。施工项目的各级负责人，从项目经理、各子项目负责人、计划人员、调度人员、作业队长、班组长以及有关人员组成了施工项目进度组织系统。这个组织系统既要严格执行进度计划要求、落实和完成各自的职责和任务，又要随时检查、分析计划的执行情况，在发现实际进度与计划进度发生偏离时，能及时采取有效措施进行调整、解决。也就是说，施工项目进度组织系统既是施工项目进度的实施组织系统，又是施工项目进度的控制组织系统，既要承担计划实施赋予的生产管理和施工任务，又要承担进度控制目标，对进度控制负责，这样才能保证总进度目标实现。

2．动态控制原理

施工项目进度目标的实现是一个随着项目的施工进展以及相关因素的变化不断进行调整的动态控制过程。施工项目按计划实施，但面对不断变化的客观实际，施工活动的轨迹往往会产生偏差。当发生实际进度与计划进度超前或落后时，控制系统就要做出应有的反应：分析偏差产生的原因，采取相应的措施，调整原来计划，使施工活动在新的起点上按调整后的计划继续运行；当新的干扰影响施工进度时，新一轮调整、纠偏又开始了。施工项目进度控制活动就这样循环往复进行，直至预期计划目标实现。

3．信息反馈原理

反馈是控制系统把信息输送出去，又把其作用结果返送回来，并对信息的再输出施加影响，起到控制作用，以达到预期目的。

施工项目进度控制的过程实质上就是对有关施工活动和进度的信息不断搜集、加工、汇总、反馈的过程。施工项目信息管理中心要对搜集的施工进度和相关影响因素的资料进行加工分析，由领导做出决策后，向下发出指令，指导施工或对原计划做出新的调整、部署；基层作业组织根据计划和指令安排施工活动，并将实际进度和遇到的问题随时上报。每天都有大量的内外部信息、纵横向信息流进流出。因而必须建立健全一个施工项目进度控制的信息网络，使信息准确、及时、畅通，反馈灵敏、有力，以及能正确运用信息对施工活动有效控制，才能确保施工项目的顺利实施和如期完成。

4．弹性原理

施工项目进度控制中应用弹性原理，首先表现在编制施工项目进度计划时，要考虑影响进度的各类因素出现的可能性及其变化的影响程度，进度计划必须保持充分弹性，要有预见性；其次是在施工项目进度控制中具有应变性，当遇到干扰，工期拖延时，能够利用进度计划的弹性，或缩短有关工作的时间，或改变工作之间的逻辑关系，或增减施工内容、工程量，或改进施工工艺、方案等有效措施，对施工项目进度计划做出及时的相应调整，缩短剩余计划工期，最后达到预期的计划目标。

**5．封闭循环原理**

施工项目进度控制是从编制项目施工进度计划开始的，由于影响因素的复杂和不确定性，在计划实施的全过程中，需要连续跟踪检查，不断地将实际进度与计划进度进行比较，如果运行正常可继续执行原计划；如果发生偏差，应在分析其产生的原因后，采取相应的解决措施和办法，对原进度计划进行调整和修订，然后再进入一个新的计划执行过程。这个由计划、实施、检查、比较、分析、纠偏等环节组成的过程就形成了一个封闭循环回路，见图 2-1。而施工项目进度控制的全过程就是在许多这样的封闭循环中得到有效的不断调整、修正与纠偏，最终实现总目标的。

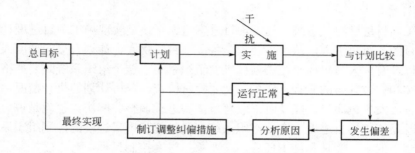

图 2-1 施工项目进度控制的封闭循环

**（四）施工项目进度控制目标体系**

施工项目进度控制总目标是依据施工项目总进度计划确定的。然后对施工项目进度控制总目标进行层层分解，形成实施进度控制、相互制约的目标体系。

施工项目进度目标是从总的方面对项目建设提出的工期要求。但在施工活动中，是通过对最基础的分部分项工程的施工进度控制来保证各单项（位）工程或阶段工程进度控制目标的完成，进而实现施工项目进度控制总目标的。因而需要将总进度目标进行一系列的从总体到细部、从高层次到基础层次的层层分解，一直分解到在施工现场可以直接调度控制的分部分项工程或作业过程的施工为止。在分解中，每一层次的进度控制目标都限定了下一级层次的进度控制目标，而较低层次的进度控制目标又是较高一级层次进度控制目标得以实现的保证，于是就形成了一个自上而下层层约束，由下而上级级保证，上下一致的多层次的进度控制目标体系，如可以按单位工程或分包单位分解为交工分目标，按承包的专业或按施工阶段分解为完工目标，按年、季、月计划期分解为时间目标等，其结构框架如图 2-2 所示。

为了便于对施工进度的控制与协调，可以从不同角度建立与施工进度控制目标体系相联系配套的进度控制目标。

**（五）施工项目进度控制程序**

（1）项目经理部要根据施工合同的要求确定施工进度目标，明确计划开工日期、计划总工期和计划竣工日期，确定项目分期分批的开竣工日期。

（2）编制施工进度计划，具体安排实现计划目标的工艺关系、组织关系、搭接关系、起止时间、劳动力计划、材料计划、机械计划及其他保证性计划。分包人负责根据项目施工进度计划编制分包工程施工进度计划。

（3）向施工工程师提出开工申请报告，按施工工程师开工令确定的日期开工。

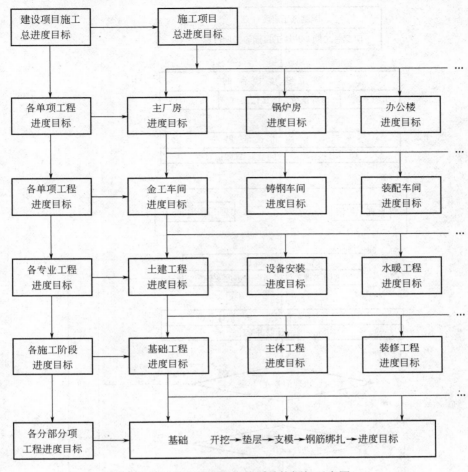

图 2-2　进度控制目标体系结构框架示意图

（4）实施施工进度计划　项目经理应通过施工部署、组织协调、生产调度和指挥、改善施工程序和方法的决策等，应用技术、经济和管理手段实现有效的进度控制。

项目经理部首先要建立进度实施、控制的科学组织系统和严密的工作制度，然后依据施工项目进度控制目标体系，对施工的全过程进行系统控制。

正常情况下，进度实施系统应发挥监测、分析职能并循环运行，即随着施工活动的进行，信息管理系统会不断地将施工实际进度信息，按信息流动程序反馈给进度控制者，经过统计整理、比较分析后，确认进度无偏差，则系统继续运行；一旦发现实际进度与计划进度有偏差，系统将发挥调控职能，分析偏差产生的原因，及对后续施工和总工期的影响。

必要时，可对原计划进度做出相应的调整，提出纠正偏差方案和实施的技术、经济、合同保证措施，以及取得相关单位支持与配合的协调措施，确认切实可行后，将调整后的新进度计划输入到进度实施系统，施工活动继续在新的控制下运行。

当新的偏差出现后，再重复上述过程，直到施工项目全部完成。进度控制系统也可以处理由于合同变更而需要进行的进度调整。

（5）全部任务完成后，进行进度控制总结并编写进度控制报告。施工项目进度控制的程序见图 2-3。

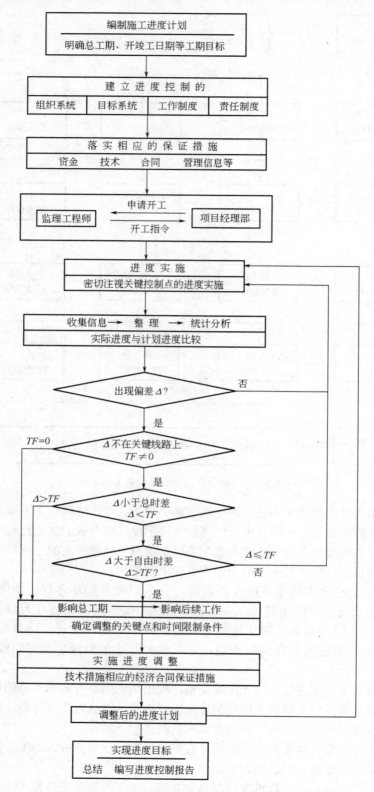

图 2-3    施工项目进度控制过程示意图

## 二、施工项目进度计划的审核、实施与检查

### （一）施工项目进度计划的审核

项目经理应对施工项目进度计划进行审核，主要审核内容有：

（1）项目总目标和所分解的子目标的内在联系是否合理，进度安排能否满足施工合同工期的要求，是否符合其开竣工日期的规定，分期施工是否满足分批交工的需要和配套交工的要求。

（2）施工进度中的内容是否全面，有无遗漏项目，是否能保证施工质量和安全的需要。

（3）施工程序和作业顺序安排是否正确合理。

（4）各类资源供应计划是否能保证施工进度计划的实现，供应是否均衡。

（5）总分包之间和各专业之间，在施工时间和位置的安排上是否合理，有无干扰。

（6）总分包之间的进度计划是否相协调，专业分工与计划的衔接是否明确、合理。

（7）对实施进度计划的风险是否分析清楚，是否有相应的防范对策和应变预案。

（8）各项保证进度计划实现的措施设计得是否周到、可行、有效。

### （二）施工项目进度计划的实施

施工项目进度计划实施的主要内容见表 2-8。

表 2-8　施工项目进度计划实施的内容

| 项目 | 内容 |
|---|---|
| 编制月（旬或周）作业计划 | ● 每月（旬或周）末，项目经理提出下期目标和作业项目，通过工地例会协调后编制<br>● 应根据规定的计划任务，当前施工进度，现场施工环境，劳动力、机械等资源条件编制<br>● 作业计划是施工进度计划的具体化，应具有实施性，使施工任务更加明确具体可行，便于测量、控制、检查<br>● 对总工期跨越一个年度以上的施工项目，应根据不同年度的施工内容编制年度和季度的控制性施工进度计划，确定并控制项目的施工总进度的重要节点任务<br>● 项目经理部应将资源供应进度计划和分包工程施工进度计划纳入项目进度控制范畴 |
| 签发施工任务书 | ● 施工任务书是下达施工任务，实行责任承包，全面管理和原始记录的综合性文件<br>● 施工任务书包括：施工任务单（表 2-9）、限额领料单（表 2-10、表 2-11）、考勤表等，其中：<br>① 施工任务单包括分项工程施工任务、工程量、劳动量、开工及完工日期、工艺、质量和安全要求<br>② 限额领料单根据施工任务单编制，是控制班组领用料的依据，其中列明材料名称、规格、型号、单位和数量、领退料记录等；<br>● 工长根据作业计划按班组编制施工任务书，签发后向班组下达并落实施工任务<br>● 在实施过程中，做好记录，任务完成后回收，作为原始记录和业务核算资料保存 |
| 做好施工进度记录填施工进度统计表 | ● 各级施工进度计划的执行者做好施工记录，如实记载计划执行情况：<br>① 每项工作的开始和完成时间，每日完成数量<br>② 记录现场发生的各种情况、干扰因素的排除情况<br>● 跟踪做好形象进度，工程量，总产值，耗用的人工、材料、机械台班、能源等数量统计与分析<br>● 及时进行统计分析并填表上报，为施工项目进度检查和控制分析提供反馈信息 |
| 做好施工调度工作 | ● 施工调度是掌握计划实施情况，组织施工中各阶段、环节、专业和工种的互相配合，协调各方面关系，采取措施，排除各种干扰、矛盾，加强薄弱环节，发挥生产指挥作用，实现连续均衡顺利施工，以保证完成各项作业计划，实现进度目标。其具体工作：<br>① 执行施工合同中对进度、开工及延期开工、暂停施工、工期延误、工程竣工的承诺<br>② 落实控制进度措施，应具体到执行人、目标、任务、检查方法和考核办法<br>③ 监督检查施工准备工作、作业计划的实施，协调各方面的进度关系<br>④ 督促资源供应单位按计划供应劳动力、施工机具、材料构配件、运输车辆等，并对临时出现的问题采取解决的调配措施<br>⑤ 由于工程变更引起资源需求的数量变更和品种变化时，应及时调整供应计划<br>⑥ 按施工平面图管理施工现场，遇到问题做必要的调整，保证文明施工<br>⑦ 及时了解气候和水、电供应情况，采取相应的防范和调整保证措施 |

续表

| 项目 | 内容 |
|---|---|
| 做好施工调度工作 | ⑧ 及时发现和处理施工中各种事故和意外事件<br>⑨ 协助分包人解决项目进度控制中的相关问题<br>⑩ 定期、及时召开现场调度会议，贯彻项目主管人的决策，发布调度令<br>⑪ 当发包人提供的资源供应进度发生变化不能满足施工进度要求时，应敦促发包人执行原计划，并对造成的工期延误及经济损失进行索赔 |

### 表 2-9 施工任务单

项目名称：　　　　　　　　　编号：　　　　　　　　　开工日期：
部位名称：　　　　　　　　　签发人：　　　　　　　　交 底 人：
施工班组：　　　　　　　　　签发日期：　　　　　　　回收日期：

| 定额编号 | 分项工程名称 | 单位 | 定额工数 | | | 实际完成情况 | | | | 考勤记录 | |
|---|---|---|---|---|---|---|---|---|---|---|---|
| | | | 工程量 | 时间定额<br>定额系数 | 定额工数 | 工程量 | 实需工数 | 实耗工数 | 工效/% | 姓名 | 日　期 |
| | | | | | | | | | | | |
| | | | | | | | | | | | |
| | | | | | | | | | | | |
| | | | | | | | | | | | |
| | | | | | | | | | | | |
| 　　　　小计 | | | | | | | | | | | |

| 材料名称 | 单位 | 单位定额 | 定额数量 | 实需数量 | 实耗数量 | 施工要求及注意事项 | |
|---|---|---|---|---|---|---|---|
| | | | | | | | |
| | | | | | | | |
| | | | | | | | |
| | | | | | 验收内容 | 签证人 | |
| | | | | | 质量分 | | |
| | | | | | 安全分 | | |
| | | | | | 文明施工分 | | 合计 |

计划施工日期：　月　日～　月　日　　　　实际施工日期：　月　日～　月　日　　　　工期超　天，拖　天

### 表 2-10 限额领料单

年　月　日

| 单位工程 | | 施工预算工程量 | | 任务单编号 | |
|---|---|---|---|---|---|
| 分项工程 | | 实际工程量 | | 执行班组 | |

| 材料名称 | 规格 | 单位 | 施工定额 | 计划用量 | 实际用量 | 计划单价 | 金额 | 级配 | 节约 | 超用 |
|---|---|---|---|---|---|---|---|---|---|---|
| | | | | | | | | | | |
| | | | | | | | | | | |
| | | | | | | | | | | |
| | | | | | | | | | | |

表 2-11　限额领料发放记录

| 月 日 | 名称、规格 | 单位 | 数量 | 领用人 | 月 日 | 名称、规格 | 单位 | 数量 | 领用人 |
|---|---|---|---|---|---|---|---|---|---|
| | | | | | | | | | |
| | | | | | | | | | |
| | | | | | | | | | |
| | | | | | | | | | |
| | | | | | | | | | |

## （三）施工项目进度计划的检查

跟踪检查施工实际进度是项目施工进度控制的关键措施，其有关内容见表 2-12。

表 2-12　施工项目进度计划检查

| 项目 | 说明 |
|---|---|
| 检查依据 | 施工进度计划、作业计划及施工进度计划实施记录 |
| 检查目的 | 检查实际施工进度，收集整理有关资料，并与计划对比，为进度分析和计划调整提供信息 |
| 检查时间 | ● 根据施工项目的类型、规模、施工条件和对进度执行要求的程度确定检查时间和间隔时间<br>● 常规性检查可确定为每月、半月、旬或周进行一次<br>● 施工中遇到天气、资源供应等不利因素严重影响时，间隔时间临时可缩短，次数应频繁<br>● 对施工进度有重大影响的关键施工作业可每日检查或派人驻现场督阵 |
| 检查内容 | ● 对日施工作业效率，周、旬作业进度及月作业进度分别进行检查，对完成情况做出记录<br>● 检查期内实际完成和累计完成工程量<br>● 实际参加施工的人力、机械数量和生产效率<br>● 窝工人数、窝工机械台班及其原因分析<br>● 进度偏差情况<br>● 进度管理情况<br>● 影响进度的特殊原因及分析 |
| 检查方法 | ● 建立内部施工进度报表制度<br>● 定期召开进度工作会议，汇报实际进度情况<br>● 进度控制，检查人员经常到现场实地察看 |
| 数据整理比较分析 | ● 将实际收集的进度数据和资料进行整理加工，使之与相应的进度计划具有可比性<br>● 一般采用实物工程量、施工产值、劳动消耗量、累计百分比等和形象进度统计<br>● 将整理后的实际数据、资料与进度计划比较，通常采用的方法有：横道图法、列表比较法、S 形曲线比较法、香蕉形曲线比较法、前锋线比较法等<br>● 得出实际进度与计划进度是否存在偏差的结论：相一致、超前、落后 |
| 检查报告 | ● 由计划负责人或进度管理人员与其他管理人员协作，在检查后即时编写进度控制报告，也可按月、旬、周的间隔时间编写上报，其中：<br>① 向项目经理、企业经理或业务部门以及建设单位上报关于整个施工项目进度执行情况的项目概要级进度报告<br>② 向项目经理、企业业务部门上报关于单位工程或项目分区进度执行情况的项目概要管理级进度报告<br>③ 就某个重点部位或重点问题的检查结果应编制业务管理级进度报告，为项目管理者及各业务部门提供参考<br>施工项目进度控制报告的基本内容有：<br>① 对施工进度执行情况做综合描述：检查期的起止时间、当地气象及晴雨天数统计、计划目标及实际进度、检查期内施工现场主要大事记<br>② 项目实施、管理、进度概况的总说明：施工进度、形象进度及简要说明；施工图纸提供进度；材料、物资、构配件供应进度；劳务记录及预测；日历计划；对建设单位和施工者的工程变更指令、价格调整、索赔及工程款收支情况；停水、停电、事故发生及处理情况；实际进度与计划目标相比较的偏差状况及其原因分析；解决问题措施；计划调整意见等 |

### 三、施工项目进度计划执行情况对比分析

施工项目进度计划执行情况的对比分析是将施工实际进度与计划进度对比，计算出计划的完成程度与存在的差距，也可结合与计划表达方式一致的图表进行图解分析。其对比分析方法有：

#### （一）计算对比法

1. 单一施工过程（一个分项工程）的进度完成情况

（1）匀速施工情况　匀速施工是指每天完成的工程量是相同的。这时施工的时间进度和工程量进度是一致的。检查施工进度计划完成的计算分析公式是：

$$Y(施工进度计划完成程度,\%) = \frac{到检查日止实际施工时间(d)}{到检查日止计划施工时间(d)}$$

$$= \frac{到检查日止累计实际完成工程量}{到检查日止累计计划完成工程量}$$

若上式中的分子–分母（实际–计划）累计完成工程量为 $\Delta Q$；(实际–计划)施工进度时间(d)为 $\Delta t$；则判别关系见表 2-13。

**表 2-13　判别关系（施工进度）**

| 项目 | 未完成计划 | 刚好完成计划 | 超额完成计划 |
|---|---|---|---|
| $Y/\%$ | ＜100 | ＝100 | ＞100 |
| $\Delta Q$ | ＜0 拖欠工程量 | ＝0 按量完成 | ＞0 超额工程量 |
| $\Delta t/d$ | ＜0 拖后时间 | ＝0 按时完成 | ＞0 超前时间 |

（2）变速施工情况　变速施工是指每天的计划施工速度不同，或者是实际施工速度与计划施工速度不同。这时应检查施工以来累计工程量进度完成情况，其计算公式是：

$$Y(累计工程量进度计划完成程度,\%) = \frac{到检查日止实际累计完成工程量}{到检查日止计划累计完成工程量}$$

$$= \frac{到检查日止实际工程量累计完成百分比(\%)}{到检查日止计划工程量累计完成百分比(\%)}$$

若上式中(实际–计划)累计完成工程量为 $\Delta Q$；实际施工时间(d)–完成实际累计完成工程量所需的计划施工时间(d)为 $\Delta t$；则判别关系见表 2-14。

**表 2-14　判别关系（累计工程量）**

| 项目 | 未完成计划 | 刚好完成计划 | 超额完成计划 |
|---|---|---|---|
| $Y/\%$ | ＜100 | ＝100 | ＞100 |
| $\Delta Q$ | ＜0 拖欠工程量 | ＝0 按量完成 | ＞0 超额工程量 |
| $\Delta t/d$ | ＞0 拖后时间 | ＝0 按时完成 | ＜0 超前时间 |

2. 多项施工过程（多工种、多分项分部工程）进度计划的综合完成情况

多项施工过程的工程量性质不同，不能相加，可用施工产值或消耗的劳动时间工日进行综合比较后，其计算公式为：

$Y_1$多项施工过程施工进度(累计产值)计划完成程度(%)

$$= \frac{\sum(\text{到检查日止各项施工实际完成工程量} \times \text{预算} \times \text{单价})}{\sum(\text{到检查日止各项施工计划完成工程量} \times \text{预算} \times \text{单价})}$$

$$= \text{到检查日止用预算单价计算的} \left( \frac{\text{实际完成产值}}{\text{计划完成产值}} \right)$$

$Y_2$多项施工过程施工进度(累计工日)计划完成程度(%)

$$= \frac{\sum(\text{到检查日止各项施工实际完成工程量} \times \text{工日定额})}{\sum(\text{到检查日止各项施工计划完成工程量} \times \text{工日定额})}$$

$$= \text{到检查日止各项施工累计完成的} \left( \frac{\text{实际定额工日数}}{\text{计划定额工日数}} \right)$$

则 $Y_1$、$Y_2$ 判别关系见表 2-15。

表 2-15　$Y_1$、$Y_2$ 判别关系

| $Y_1$ 和 $Y_2$ | 未完成计划 | 刚好完成计划 | 超额完成计划 |
|---|---|---|---|
| $Y_1$/% | <100 | =100 | >100 |
| $Y_2$/% | <100 | =100 | >100 |

此法亦可用于单位工程、单项工程和建设项目的计划完成情况的对比分析。

**（二）图形对比法**

**1. 图形对比法的选择**

图形对比法是在表示计划进度的图形上，标注出实际进度，根据两个进度之间的相对位置差距或形态差异，对进度计划的完成情况做出判断和预测的方法。它具有形象直观的优点。

由于施工过程包含的施工作业工作多样、复杂，因而施工进度的图形表达方式有很多种，主要分为横道图法、垂直进度图法、S 形曲线图法、香蕉形曲线图法、网络图法、模型图法、列表检查法等。一般是根据施工的特点和检查要求来选择适当的方法。详见表 2-16。

表 2-16　施工进度图形对比法的特点及选择

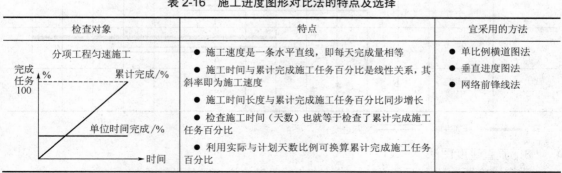

| 检查对象 | 特点 | 宜采用的方法 |
|---|---|---|
| 分项工程匀速施工 | ● 施工速度是一条水平直线，即每天完成量相等<br>● 施工时间与累计完成施工任务百分比是线性关系，其斜率即为施工速度<br>● 施工时间长度与累计完成施工任务百分比同步增长<br>● 检查施工时间（天数）也就等于检查了累计完成施工任务百分比<br>● 利用实际与计划天数比例可换算累计完成施工任务百分比 | ● 单比例横道图法<br>● 垂直进度图法<br>● 网络前锋线法 |

续表

| 检查对象 | 特点 | 宜采用的方法 |
|---|---|---|
| 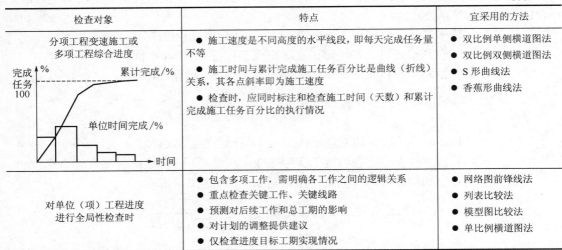 分项工程变速施工或多项工程综合进度 | ● 施工速度是不同高度的水平线段，即每天完成任务量不等<br>● 施工时间与累计完成施工任务百分比是曲线（折线）关系，其各点斜率即为施工速度<br>● 检查时，应同时标注和检查施工时间（天数）和累计完成施工任务百分比的执行情况 | ● 双比例单侧横道图法<br>● 双比例双侧横道图法<br>● S形曲线法<br>● 香蕉形曲线法 |
| 对单位（项）工程进度进行全局性检查时 | ● 包含多项工作，需明确各工作之间的逻辑关系<br>● 重点检查关键工作、关键线路<br>● 预测对后续工作和总工期的影响<br>● 对计划的调整提供建议<br>● 仅检查进度目标工期实现情况 | ● 网络图前锋线法<br>● 列表比较法<br>● 模型图比较法<br>● 单比例横道图法 |

**2. 单比例横道图法**

对分项工程检查时，匀速施工条件下，时间进度与完成工程量进度一致，仅按时间进度标注、检查即可。具体做法是：将检查结果得到的实际进度（施工时间）用另一种颜色（或标记）标注在相应的计划进度横道图上。如果实际施工速度与计划速度不同，则应将实际完成施工任务量按计划速度换算为施工时间（天数）标注。将到检查日止的实际进度线与计划进度线的长度进行比较，二者之差为时间进度差$\Delta t$。$\Delta t = 0$，为按期完成；$\Delta t > 0$，为提前时间；$\Delta t < 0$，为拖期时间。

如表 2-17 所示例中，在第 10 天检查时，A 工程按期完成计划；B 工程进度落后 2d；C 工程因早开工 1d，实际进度提前了 1d。

当进行单位（单项）工程或整个项目的进度计划检查，特别注重的是各组成部分的工期目标（完工或交工时间）是否实现，而不计较具体的施工速度时，也可采用单比例横道图法。

**表 2-17　单比例横道图进度表**

| 工作编号 | 工作时间/d | 施工进度/d | | | | | | | | | | | | |
|---|---|---|---|---|---|---|---|---|---|---|---|---|---|---|
| | | 1 | 2 | 3 | 4 | 5 | 6 | 7 | 8 | 9 | 10 | 11 | 12 | … |
| A | 6 | | | | | | | | | | | | | |
| B | 9 | | | | | | | | | | | | | |
| C | 8 | | | | | | | | | | | | | |
| … | … | | | | | | | | | | | | | |

注：▬▬▬ 计划进度；══ 实际进度。　　　　　检查时间

**3. 垂直进度图法**

垂直进度图法适用于多项匀速施工作业的进度检查。具体做法是：

（1）建立直角坐标系，其横轴 $t$ 表示进度时间，纵轴 $Y$ 表示施工任务的数量完成情况。施工数量进度可用实物工程量、施工产值、消耗的劳动时间（工日）等指标表示，但最常用的指标是由前述几个指标计算的完成任务百分比，因为它综合性强，便于广泛比较。

（2）在图中绘制出表示每个工程的计划进度时间和相应计划累计完成程度的计划线。计划线与横轴的交点表示计划开始时间，与 100 水平线的交点是计划完工时间，各计划线的斜率表示每个工程的施工速度。

（3）对进度计划执行情况检查，将在检查日已完成的施工任务标注在相应计划线的一侧。然后可按纵横两个坐标方向进行完成数量（进度百分比）和工期进度的比较分析，在图 2-4 示例中，A、B、C、D、E、F 六项工程的总工期 90d，在第 50 天检查时 A、B 工程已完成；D 工程完成了 60%，符合进度按计划要求；C 工程按计划应全部完成，但实际完成了 80%，相当于第 40d 计划任务，故拖期了 10d。

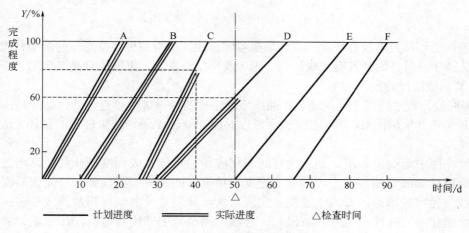

图 2-4　垂直进度图法

运用垂直进度图法检查进度，可在纵坐标上直接查到实际的数量进度，不必用时间进度去换算，在实际施工速度与计划施工速度不同时，尤为方便、快捷。

4．双比例单侧（双侧）横道图法

双比例单侧（双侧）横道图法用于检查变速施工进度或多项施工的综合进度。变速施工或多项施工条件下，单位时间完成的施工任务数量不同，且不能简单相加，时间进度与数量进度不一致，因而，应对时间坐标及计划和实际两个进度的累计完成百分比同时标注检查，才能准确地反映施工进度完成情况。具体做法是：

（1）在计划横道图上方平行绘制出标注有时间及对应的累计计划完成百分比的横坐标。

（2）检查后，用明显标志将自开工日（或上一检查日）起至检查日止的实际施工时间标注在计划横道图的一侧。

（3）在计划横道图下方平行标注出检查结果，即绘制出自开工日起至检查日止的实际累计完成百分比的横坐标，于是就得到了双比例单侧横道图。

（4）如果将每次检查的实际施工时间交替标注在计划横道图的上下两侧，得到的是双比例双侧横道图。双侧标注可以提供各段检查期间的施工进度情况等更多信息。

（5）观察同一时间的计划与实际累计完成百分比的差距，进行进度比较。

如图 2-5 例中，该项施工工期 8 个月。7 月末计划应完成计划的 90%，但实际只完成了计划的 80%，和 6 月末的计划要求相同，故拖延工期 1 个月；进度计划的完成程度为 89%（80%/90%），少完成了 10%（90%−80%）。

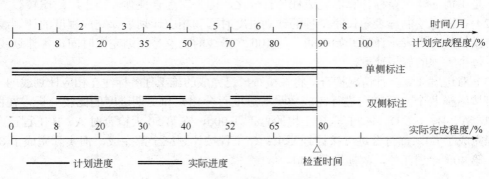

图 2-5　双比例单侧（双侧）横道图法

若该项工程每月末检查一次，其结果按双侧标注，将得到更多信息：前两个月尚能完成计划，从第 3 个月开始都没有完成计划。因而及早检查发现、采取措施是必要的。

5．S 形曲线比较法

S 形曲线比较法适用于变速施工作业或多项工程的综合进度检查。具体做法是：

（1）建立直角坐标系，其横轴 $t$ 表示进度时间，纵轴 $Y$ 表示施工任务的累计完成任务百分比（%）。

（2）在图中绘制出表示计划进度时间和相应计划累计完成程度的计划线。因为是变速施工，所以计划线是曲线形态，若施工速度（单位时间完成工程任务）是先快后慢，计划累计曲线呈抛物线形态；若施工速度是先慢后快，计划累计曲线呈指数曲线形态；若施工速度是快慢相间，曲线呈上升的波浪线；若施工速度是中期快首尾慢，计划累计曲线呈 S 形曲线形态。见表 2-18，其中后者居多，故而得名。计划线上各点切线的斜率表示即时施工速度。

表 2-18　施工速度与累计完成任务量的关系

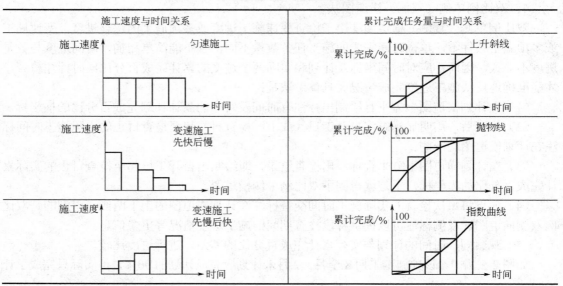

续表

（3）对进度计划执行情况检查，并在图上标注出每次检查的实际进度点，将各点连接成实际进度线。然后可按纵横两个坐标方向进行完成数量（进度百分比）和工期进度的比较分析，具体判别关系如表2-19。

表2-19　S形曲线比较判别关系

| 纵向（数量）比较 | 同一时间内实际完成与计划完成数量（进度百分比）$Q$ 相比较 | | |
|---|---|---|---|
| 实际点位于S线 | 上方 | 重合 | 下方 |
| $\Delta Q$ | >0 | =0 | <0 |
| 进度计划执行情况 | 超额完成 | 刚好完成 | 未完成 |
| 横向（时间）比较 | 完成相同工作（进度百分比）实际所用时间与计划需要时间 $t$ 相比较 | | |
| 实际点位于S线 | 左侧 | 重合 | 右侧 |
| $\Delta t$ | <0 | =0 | >0 |
| 进度计划执行情况 | 工期提前 | 按期完成 | 工期拖延 |

在图2-6示例中，计划工期90d。第40天检查时，实际进度点 $a$ 落在了计划线的上方左侧，从纵向比较看：实际完成进度 30%，与同期计划比 $\Delta Q_a \approx 30\% - 20\% = 10\%$，即多完成10%；从横向看：相当于完成了第50天的计划任务，$\Delta t_a = 40 - 50 = -10$，故工期提前了10d。第 70 天检查时，实际进度点 $b$ 落在了计划线的下方右侧，从纵向比较看：实际完成进度60%，与同期计划比，$\Delta Q_b = 60\% - 80\% = -20\%$，即少完成20%；从横向看：相当于完成了第 60 天的计划任务，$\Delta t_b \approx 70 - 60 = 10$，故工期拖延了 10d。若继续保持当前速度施工（施工进度呈直线），预计总工期有可能拖后 $\Delta t_c = 10$d。

6．香蕉形曲线比较法

（1）香蕉形曲线的特征　香蕉形曲线是两条S形曲线组合成的闭合图形。如前所述，工程项目的计划时间和累计完成任务量之间的关系都可用一条 S 形曲线表示。在工程项目的网络计划中，各项工作一般可分为最早和最迟开始时间，于是根据各项工作的计划最早开始时间安排进度，就可绘制出一条 S 形曲线，称为 ES 曲线；而根据各项工作的计划最迟开始时间安排进度，绘制出的 S 形曲线，称为 LS 曲线。这两条曲线都是起始于计划开始时刻，终止于计划完成之时，因而图形是闭合的。一般情况下，在其余时刻，ES 曲线上各点均应在LS 曲线的左侧，其图形如图 2-7 所示，形似香蕉，因而得名。

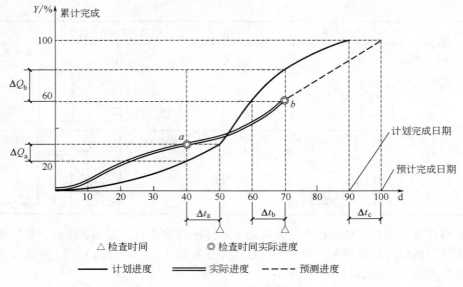

图 2-6　S 形曲线比较法

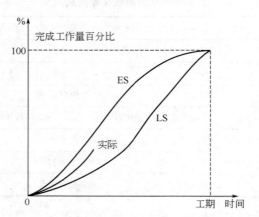

图 2-7　香蕉形曲线比较图

因为在项目的进度控制中，除了开始点和结束点之外，香蕉形曲线的 ES 和 LS 上的点不会重合，即同一时刻两条曲线所对应的计划完成量形成了一个允许实际进度变动的弹性区间，只要实际进度曲线落在这个弹性区间内，就表示项目进度是控制在合理的范围内。在实践中，每次进度检查后，将实际点标注在图上，并连成实际进度线，便可以对工程实际进度与计划进度进行比较分析，对后续工作进度做出预测和相应安排。

（2）香蕉形曲线的绘制

① 以工程项目的网络计划为基础，确定该工程项目的工作数目 $n$ 和计划检查次数 $m$，并计算时间参数 $ES_i$、$LS_i$（$i$=1、2⋯$n$）。

② 确定各项工作在不同时间的计划完成任务量，分为两种情况：按工程项目的最早时标网络计划，确定各工作在各单位时间的计划完成任务量，用 $q_{ij}^{ES}$ 表示，即第 $i$ 项工作按最早开始时间开工，第 $j$ 时间完成的任务量（$1 \leqslant i \leqslant n$；$1 \leqslant j \leqslant m$）；按工程项目的最迟时标网络计划，确定各工作在各单位时间的计划完成任务量，用 $q_{ij}^{LS}$ 表示；即第 $i$ 项工作按最迟开始时间开工，第 $j$ 时间完成的任务量（$1 \leqslant i \leqslant n$；$1 \leqslant j \leqslant m$）。

③ 计算工程项目总任务量 $Q$。工程项目的总任务量可用下式计算：

$$Q = \sum_{i=1}^{n}\sum_{j=1}^{m} q_{ij}^{ES}$$

或

$$Q = \sum_{i=1}^{n}\sum_{j=1}^{m} q_{ij}^{LS}$$

④ 计算到 $j$ 时刻累计完成的总任务量，分为两种情况：

按最早时标网络计划计算完成的总任务量 $Q_j^{ES}$ 为：

$$Q_j^{ES} = \sum_{i=1}^{n}\sum_{j=1}^{j} q_{ij}^{ES} \quad (1 \leqslant i \leqslant n, \quad 1 \leqslant j \leqslant m)$$

按最迟时标网络计划计算完成的总任务量 $Q_j^{LS}$ 为：

$$Q_j^{LS} = \sum_{i=1}^{n}\sum_{j=1}^{j} q_{ij}^{LS} \quad (1 \leqslant i \leqslant n, \quad 1 \leqslant j \leqslant m)$$

⑤ 计算到 $j$ 时刻累计完成项目总任务量百分比，分为两种情况：

按最早时标网络计划计算完成的总任务量百分比 $\mu_j^{ES}$ 为：

$$\mu_j^{ES} = \frac{Q_j^{ES}}{Q} \times 100\%$$

按最迟时标网络计划计算完成的总任务量百分比 $\mu_j^{LS}$ 为：

$$\mu_j^{LS} = \frac{Q_j^{LS}}{Q} \times 100\%$$

⑥ 绘制香蕉形曲线。按 $\mu_j^{ES}$，$j\,(j=1、2\cdots m)$ 描绘各点，并连接各点得 ES 曲线；按 $\mu_j^{LS}$，$(j=1、2\cdots m)$ 描绘各点，并连接各点得 LS 曲线，由 ES 曲线和 LS 曲线组成香蕉形曲线。在项目实施过程中，按同样的方法，将每次检查的各项工作实际完成的任务量，代入上述各相应公式，计算出不同时间实际完成任务量的百分比，并在香蕉形曲线的平面内绘出实际进度曲线，便可以进行实际进度与计划进度的比较。

【例】　已知某工程项目网络计划如图 2-8 所示，有关网络计划时间参数见表 2-20，完成任务量以劳动量消耗数量表示，见表 2-21，试绘制香蕉形曲线。

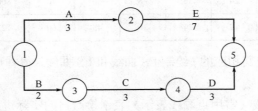

图 2-8　某施工项目网络计划

表 2-20　网络计划时间参数表

| $t$ | 工作编号 | 工作名称 | $D_i/d$ | $ES_i$ | $LS_i$ |
|---|---|---|---|---|---|
| 1 | 1-2 | A | 3 | 0 | 0 |
| 2 | 1-3 | B | 2 | 0 | 2 |
| 3 | 3-4 | C | 3 | 2 | 4 |
| 4 | 4-5 | D | 3 | 5 | 7 |
| 5 | 2-5 | E | 7 | 3 | 3 |

表 2-21　劳动量消耗数量表

| $q_{ij}$/工日　$i$　$j/d$ | $q_{ij}^{ES}$ | | | | | | | | | | $q_{ij}^{LS}$ | | | | | | | | | |
|---|---|---|---|---|---|---|---|---|---|---|---|---|---|---|---|---|---|---|---|---|
| | 1 | 2 | 3 | 4 | 5 | 6 | 7 | 8 | 9 | 10 | 1 | 2 | 3 | 4 | 5 | 6 | 7 | 8 | 9 | 10 |
| 1 | 3 | 3 | 3 | | | | | | | | | | 3 | 3 | 3 | | | | | |
| 2 | | | | | | | | | | | | | | 3 | 3 | | | | | |
| 3 | | | | 3 | 3 | 3 | | | | | | | | | | | 3 | 3 | 3 | |
| 4 | | | | | 2 | 2 | 1 | | | | | | | | | | | 2 | 2 | 1 |
| 5 | | | | 3 | 3 | 3 | 3 | 3 | 3 | 3 | | | | 3 | 3 | 3 | 3 | 3 | 3 | 3 |

【解】　施工项目工作数 $n=5$，计划每天检查次数 $m=10$。

1）计算工程项目的总劳动消耗量 $Q$；

$$Q = \sum_{i=1}^{5}\sum_{j=1}^{10} q_{ij}^{ES} = 50$$

2）计算到 $j$ 时刻累计完成的总任务量 $Q_j^{ES}$ 和 $Q_j^{LS}$，见表 2-22；

3）计算到 $j$ 时刻累计完成的总任务量百分比 $\mu_j^{ES}$、$\mu_j^{LS}$ 见表 2-22。

表 2-22　完成的总任务量及其百分比表

| $j/d$ | 1 | 2 | 3 | 4 | 5 | 6 | 7 | 8 | 9 | 10 |
|---|---|---|---|---|---|---|---|---|---|---|
| $Q_j^{ES}$/工日 | 6 | 12 | 18 | 24 | 30 | 35 | 40 | 44 | 47 | 50 |
| $Q_j^{LS}$/工日 | 3 | 6 | 12 | 18 | 24 | 30 | 36 | 41 | 46 | 50 |
| $\mu_j^{ES}$/% | 12 | 24 | 36 | 48 | 60 | 70 | 80 | 88 | 94 | 100 |
| $\mu_j^{LS}$/% | 6 | 12 | 24 | 36 | 48 | 60 | 72 | 82 | 92 | 100 |

4）根据 $\mu_j^{ES}$、$\mu_j^{LS}$ 及其相应的 $j$ 绘制 ES 曲线和 LS 曲线，得香蕉形曲线，如图 2-9 所示。

7. 网络图切割线法

在网络图上作切割线（常用点画线表示）表示检查日的实际进度，并标注出检查日之后完成各项工作尚需要的施工天数，再与计划相比较。如图 2-10 例中，在第 14 天检查时，A

工作已完成，D 工作尚需 2d 才能完成，而按计划还有 2d（16—14）可以施工，不致影响进度，B 工作还有 3d 的任务量，但作业时间仅剩 2d，而且 B 工作是关键工作，其拖延 1d 工期将对总工期造成影响。

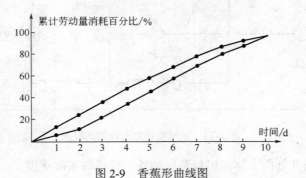

图 2-9　香蕉形曲线图

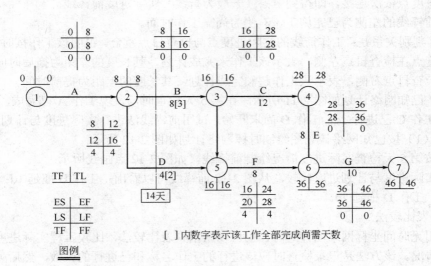

[　] 内数字表示该工作全部完成尚需天数

图 2-10　网络图切割线检查进度

### 8．网络图前锋线法

网络图前锋线法是利用时标网络计划图检查和判定工程进度实施情况的方法。其具体做法是：

（1）将一般网络计划图变换为时标网络计划图，并在图的上下方绘制出时间坐标，使各工作箭线长度与所需工作时间一致，即将图 2-11 形式变换为图 2-12 形式。

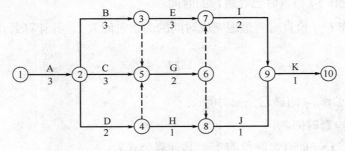

图 2-11　某网络计划图

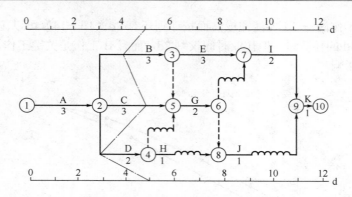

图 2-12  某网络计划前锋线比较图

（2）在时标网络计划图上标注出检查日的各工作箭线实际进度点，并将上下方的检查日点与实际进度点依次连接，即得到一条（一般为折线）实际进度前锋线。

（3）前锋线的左侧为已完施工，右侧为尚需工作时间。

（4）其判别关系是：工作箭线的实际进度点与检查日点重合，说明该工作按时完成计划；若实际进度点在检查日点左侧，表示该工作未完成计划，其长度的差距为拖后时间；若实际进度点在检查日点右侧，表示该工作超额完成计划，其长度的差距为提前时间。

【例】 已知网络计划如图 2-11 所示，在第 5 天检查时，发现工作 A 已完成，工作 B 已进行 1d，工作 C 已进行 2d，工作 D 尚未开始。试用前锋线法进行实际进度与计划进度比较。

【解】（1）按已知网络计划图绘制时标网络计划如图 2-12 所示；

（2）按第 5 天检查实际进度情况绘制前锋线，如图 2-12 点画线所示；

（3）实际进度与计划进度比较。从图 2-12 前锋线可以看出：工作 B 拖延 1d；工作 C 与计划一致；工作 D 拖延 2d。

9. 列表比较法

当采用无时间坐标网络图计划时，也可以采用列表比较法，比较工程实际进度与计划进度的偏差情况。该方法是记录检查时应该进行的工作名称和已进行的天数，然后列表计算有关时间参数，根据原有总时差和尚有总时差判断实际进度与计划进度的比较方法。列表比较法步骤如下：

（1）计算检查时应该进行的工作 $i \cdot j$ 尚需作业时间 $T_{i \cdot j}^{②}$，其计算公式为：

$$T_{i \cdot j}^{②} = D_{i \cdot j} - T_{i \cdot j}^{①}$$

式中 　$D_{i \cdot j}$——工作 $i\text{-}j$ 的计划持续时间；

　　　$T_{i \cdot j}^{①}$——工作 $i\text{-}j$ 检查时已经进行的时间。

（2）计算工作 $i \cdot j$ 检查时至最迟完成时间的尚余时间 $T_{i \cdot j}^{③}$，其计算公式为：

$$T_{i \cdot j}^{③} = LF_{i \cdot j} - T_2$$

式中 　$LF_{i \cdot j}$——工作 $i\text{-}j$ 的最迟完成时间；

　　　$T_2$——检查时间。

（3）计算工作 $i \cdot j$ 尚有总时差 $TF_{i \cdot j}^{①}$，其计算公式为：

$$TF_{i\cdot j}^{①} = T_{i\cdot j}^{③} - T_{i\cdot j}^{②}$$

（4）填表分析工作实际进度与计划进度的偏差。可能有以下几种情况：

若工作尚有总时差与原有总时差相等，则说明该工作的实际进度与计划进度一致；

若工作尚有总时差小于原有总时差，但仍为正值，则说明该工作的实际进度比计划进度拖后，产生的偏差值为二者之差，但不影响总工期；

若尚有总时差为负值，则说明对总工期有影响。

【例】已知网络计划如图 2-11 所示，在第 5 天检查时，发现工作 A 已完成，工作 B 已进行 1d，工作 C 已进行 2d，工作 D 尚未开始。试用列表比较法进行实际进度与计划进度比较。

【解】（1）计算检查时计划应进行工作尚需作业时间 $T_{i\cdot j}^{②}$。如工作 B：

$$T_{2\cdot 3}^{②} = D_{2\cdot 3} - T_{2\cdot 3}^{①} = 3 - 1 = 2(d)$$

（2）计算工作检查时至最迟完成时间的尚余时间 $T_{i\cdot j}^{③}$。如工作 B：

$$T_{2\cdot 3}^{③} = LF_{2\cdot 3} - T_2 = 6 - 5 = 1(d)$$

（3）计算工作尚有总时差 $TF_{i\cdot j}^{①}$。如工作 B：

$$TF_{2\cdot 3}^{①} = T_{2\cdot 3}^{③} - T_{2\cdot 3}^{②} = 1 - 2 = -1(d)$$

其余有关工作 C 和 D 的时间数据计算方法相同，见表 2-23。

（4）从表上分析工作实际进度与计划进度的偏差。将有关数据填入表格的相应栏目内，并进行情况判断，见表 2-23。

表 2-23　工程进度检查比较表

| 工作代号 | 工作名称 | 检查计划时尚需作业天数 $T_{i\cdot j}^{②}$ | 到计划最迟完成时尚余天数 $T_{i\cdot j}^{③}$ | 原有总时差 $TF_{i\cdot j}$ | 尚有总时差 $TF_{i\cdot j}^{①}$ | 情况判断 |
|---|---|---|---|---|---|---|
| 2-3 | B | 2 | 1 | 0 | −1 | 影响工期 1d |
| 2-5 | C | 1 | 2 | 1 | 1 | 正常 |
| 2-4 | D | 2 | 2 | 2 | 0 | 拖后 |

### 10. 模型图检查法

模型图检查法常用于监测高层建筑的施工进度。图 2-13 为一高层建筑施工进度模型检查示意图，竖向表示由基础到楼顶的各层施工作业面，横向依次表示各作业面上的施工过程，当施工内容大致相同时，应按最多的施工过程列项，某层没有该内容时，可越过不填；当施工内容相差很大时，可以分段（如基础、地上一层、标准层、设备层、屋面等）标注。表示进度的要素依施工进度控制的要求而定，一般包括计划和实际的开始时间、结束时间和工作持续时间。在整个施工过程中，按施工流向从左至右、由下而上依次标注出施工进度的完成情况，并将提前完成、按期完成和拖期完成部分用不同颜色区别开来。这是一种用施工的形象进度结合时间要素综合反映施工进度的方法，形象直观，逻辑关系表达清楚，便于检查、比较、分析，便于不同专业工种或分包单位施工的协调。

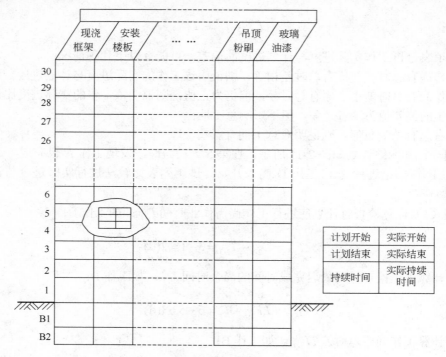

图 2-13    模型图检查法

## 四、施工进度计划的调整

施工进度计划的调整应依据施工进度计划检查结果，在进度计划执行发生偏离的时候，通过对施工内容、工程量、起止时间、资源供应的调整，或通过局部改变施工顺序，重新确认作业过程相互协作方式等工作关系进行的调整，更充分利用施工的时间和空间进行合理交叉衔接，并编制调整后的施工进度计划，以保证施工总目标的实现。

### （一）施工进度检查结果的处理意见

通过检查发现施工进度发生偏差Δ后，可利用网络图分析偏差Δ所处的位置及其与总时差 *TF*、自由时差 *FF* 的对比关系，判断Δ对总工期和后续工作的影响，并依据施工工期要求提出处理意见，在必要时做出调整。每次检查之后都要及时调整，力争将偏差在最短期间内，在所发生的施工阶段内自行消化、平衡，以免造成太大影响。对施工进度检查结果的处理意见见表 2-24。

表 2-24    施工进度检查结果的处理意见

| 工期要求 | 进度偏差（Δ）分析 | | 序号 | 处理意见 |
|---|---|---|---|---|
| 按期完工 总工期：*T* | Δ=0 | | ① | 执行原计划 |
| | *TF*>0 | Δ<0 | ② | 不需调整 |
| | | 0<Δ≤*FF* | ③ | |
| | | *FF*<Δ≤*TF* | ④ | 按后续工作机动时间，确定允许拖延时间 局部调整后续工作：移动工作起止时间，压缩后续工作持续时间 |

续表

| 工期要求 | 进度偏差（Δ）分析 | | 序号 | 处理意见 |
|---|---|---|---|---|
| 按期完工<br>总工期：$T$ | $TF>0$ | $\Delta>TF$ | ⑤ | 非关键线路上，后续工作压缩工期，同④<br>关键线路上，后续工作压缩工期$\Delta$-$TF$ |
| | $TF=0$ | $\Delta<0$ | ⑥ | 将提前的$\Delta$分配给耗资大的后续关键工作，以降低成本 |
| | | $\Delta>0$ | ⑦ | 后续关键工作压缩$\Delta$ |
| 允许工期延长$\Delta'$ | $TF=0$ | $\Delta>\Delta'>0$ | ⑧ | 新工期 $T+\Delta$后续关键工作压缩 $\Delta-\Delta'$ |
| | | $\Delta'>\Delta>0$ | ⑨ | 新工期 $T+\Delta$后续关键工作不必压缩工期、不必改变工作关系，只需按实际进度数据修改原网络计划的时间参数 |
| 工期提前$\Delta'$<br>新工期 $T-\lvert\Delta'\rvert$ | $TF=0$ | $\Delta=0$ | ⑩ | 后续关键工作压缩工期$\lvert\Delta'\rvert$ |
| | | $\Delta>0$ | ⑪ | 后续关键工作压缩工期$\lvert\Delta'\rvert+\Delta$ |
| | | $0>\Delta>\Delta'$ | ⑫ | 后续关键工作压缩工期$\lvert\Delta'\rvert-\lvert\Delta\rvert$ |
| | | $0>\Delta=\Delta'$ | ⑬ | 同⑨ |

注：表中$\Delta$为工期偏差，工期提前$\Delta<0$；工期拖后$\Delta>0$。$\Delta=$实际进度工期－计划进度工期。

### （二）施工进度计划的调整

**1．压缩后续工作持续时间**

在原网络计划的基础上，不改变工作间的逻辑关系，而是采取必要的组织措施、技术措施和经济措施，压缩后续工作的持续时间，以弥补前面工作产生的负时差。一般是根据工期-费用优化的原理进行调整。具体做法是：

（1）研究后续各工作持续时间压缩的可能性，及其极限工作持续时间。

（2）确定由于计划调整、采取必要措施而引起的各工作的费用变化率。

（3）选择直接引起拖期的工作及紧后工作优先压缩，以免拖期的影响扩大。

（4）选择费用变化率最小的工作优先压缩，以求花费最小代价，满足既定工期要求。

（5）综合考虑（3）、（4），确定新的调整计划。具体调整示例见图2-14。

图2-14中，第20天检查时，A工作已完成，B工作进度在正常范围内，C工作尚有3d才能完成，拖期3d，将影响总工期。若保持总工期75d不变，需在后续关键工作中压缩工期3d，可有多种方案供选择，考虑到若在D工作尽量压缩工期，以减少D工作拖期造成的损失，最后选择的压缩途径是：

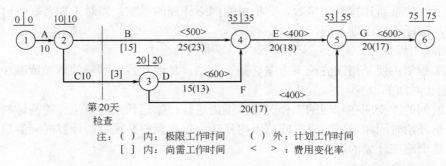

注：（　）内：极限工作时间　　　　（　）外：计划工作时间<br>　　[　]内：尚需工作时间　　　　<　>：费用变化率

图2-14　计划进度调整示例（一）

D：缩短2d；E缩短1d。调整工期所多花费用为：$600\times2+400\times1=1600$（元）

**2．改变施工活动的逻辑关系及搭接关系**

缩短工期的另一个途径是通过改变关键线路上各工作间的逻辑关系、搭接关系和平行流水途径来实现，而施工活动持续时间并不改变，如图 2-15 示例。对于大型群体工程项目，单位工程间的相互制约相对较小，可调幅度较大；对于单位工程内部，由于施工顺序和逻辑关系约束较大，可调幅度较小。

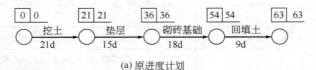

(a) 原进度计划

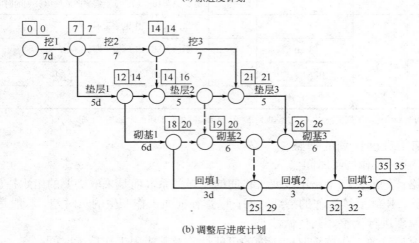

(b) 调整后进度计划

图 2-15　计划进度调整示例（二）

在施工进度拖期太长，某一种方式的可调幅度都不能满足工期目标要求时，可以同时采用上述两种方法进行进度计划调整。

**3．资源供应的调整**

对于因资源供应发生异常而引起进度计划执行问题，应采用资源优化方法对计划进行调整，或采取应急措施，使其对工期影响最小。

**4．增减施工内容**

增减施工内容应做到不打乱原计划的逻辑关系，只对局部逻辑关系进行调整。在增减施工内容以后，应重新计算时间参数，分析对原网络计划的影响。当对工期有影响时，应采取调整措施，保证计划工期不变。

**5．增减工程量**

增减工程量主要是指改变施工方案、施工方法，从而导致工程量的增加或减少。

**6．起止时间的改变**

起止时间的改变应在相应的工作时差范围内进行：如延长或缩短工作的持续时间，或将工作在最早开始时间和最迟完成时间范围内移动。每次调整必须重新计算时间参数，观察该项调整对整个施工计划的影响。

**（三）施工进度控制总结**

项目经理部应在施工进度计划完成后，及时进行施工进度控制总结，为进度控制提供反馈信息。总结依据的资料有：

（1）施工进度计划。

（2）施工进度计划执行的实际记录。

（3）施工进度计划检查结果。

（4）施工进度计划的调整资料。

总结的主要内容有：

（1）合同工期目标和计划工期目标完成情况。

（2）施工进度控制经验。

（3）施工进度控制中存在的问题。

（4）科学的施工进度计划方法的应用情况。

（5）施工进度控制的改进意见。

## 第三节　施工员日常管理工作

### 一、施工项目管理规划

#### （一）施工项目管理规划的概念和类型

**1．施工项目管理规划的概念**

施工项目管理规划是指由企业管理层或项目经理主持编制的，用来作为编制投标书的依据或指导施工项目管理的规划文件。

**2．施工项目管理规划的类型**

施工项目管理规划包括两种：一种是施工项目管理规划大纲，是由企业管理层在投标之前编制的，旨在作为投标依据，满足投标文件要求及签订合同要求的管理规划文件。另一种是施工项目管理实施规划，是由项目经理在开工之前主持编制的，旨在指导施工项目实施阶段管理的计划文件。

两种施工项目管理规划的比较见表 2-25。

表 2-25　施工项目管理规划大纲与实施规划的比较

| 种类 | 作用 | 编制时间 | 编制者 | 性质 | 主要目标 |
| --- | --- | --- | --- | --- | --- |
| 规划大纲 | 编制投标书、签订合同、编制控制目标计划的依据 | 投标前 | 企业管理层 | 规划性 | 追求经济效益 |
| 实施规划 | 指导施工项目实施过程的管理依据 | 开工前 | 项目经理 | 实施性 | 追求良好的管理效率和效果 |

#### （二）施工项目管理规划大纲

**1．施工项目管理规划大纲的编制依据**

（1）招标文件及发包人对招标文件的解释。

（2）企业对招标文件的分析研究结果。

（3）工程现场情况。

（4）发包人提供的工程信息和资料。

（5）有关竞争对手、市场资源的信息。

（6）企业决策层的投标决策意见。

2．施工项目管理规划大纲的内容

（1）项目概况描述。包括：根据投标文件提供对项目产品的构成、工程特征、使用功能、建设规模、投资规模、建设意义的综合描述。

（2）项目实施条件分析。包括：发包人条件、相关市场、自然和社会条件、现场条件的分析。

（3）管理目标描述。包括：施工合同要求的目标、承包人自己对项目的规划目标。

（4）拟定的项目组织结构。其中包括：拟选派的项目经理、拟建立的项目经理部部门设置及主要成员等。

（5）质量目标规划和施工方案。其中包括：招标文件（或发包人）要求的质量目标及其分解，保证质量目标实现的主要技术组织措施、工程施工程序、重点单位工程或重点分部工程的施工方案，拟采用的施工方法、新技术和新工艺及拟选用的主要施工机械。

（6）工期目标规划和施工总进度计划。其中包括：招标文件（或发包人）的总工期目标及其分解、主要的里程碑事件及主要施工活动的进度计划安排、施工进度计划表、保证进度目标实现的措施。

（7）成本目标规划。其中包括：总成本目标和总造价目标、主要成本项目及成本目标分解、人工及主要材料用量、保证成本目标实现的技术措施。

（8）安全目标规划。其中包括：安全责任目标、施工过程中不安全因素分析、安全技术组织措施。专业性较强的施工项目，应当编制安全施工组织设计及采取的安全技术措施。

（9）项目风险管理规划。其中包括：根据工程实际情况对施工项目的主要风险因素做出预测，采取相应对策措施，风险管理的主要原则。

（10）项目现场管理规划和施工平面图。其中包括：施工现场情况描述、施工现场平面特点、施工现场平面布置的原则、施工现场管理目标和管理原则、施工现场管理的主要技术组织措施、施工平面图及其说明。

（11）投标及签订施工合同规划。其中包括：投标和签订合同的总体策略、工作原则、投标小组组成、签订合同谈判组的成员、谈判安排、投标和签订合同的总体计划安排。

（12）文明施工及环境保护规划。

**（三）施工项目管理实施规划**

1．施工项目管理实施规划的编制依据

（1）施工项目管理规划大纲。

（2）《施工项目管理目标责任书》。

（3）施工合同及相关文件。

（4）施工项目经理部的管理水平。

（5）施工项目经理部掌握的有关信息。

2．施工项目管理实施规划的内容

（1）工程概况描述，应包括工程特点、建设地点特征、施工条件、项目管理特点及总体要求。

（2）施工部署，应包括该项目的质量、进度、成本及安全总目标；拟定投入的最高人数和平均人数；分包规划、劳动力规划、材料供应规划、机械设备供应规划；施工程序；项目管理总体安排，包括：组织、制度、控制、协调、总结分析与考核。

（3）施工方案。应包括施工流向和施工顺序、施工段划分、施工方法和施工项目机械选择、安全施工设计。

（4）施工进度计划。如果是建设项目施工，应编制施工总进度计划；如果是单项工程或单位工程施工，应编制单位工程施工进度计划。它们的内容均按有关规定确定。

（5）资源供应计划，应包括劳动力供应计划、主要材料和周转材料供应计划、机械设备供应计划、预制品订货和供应计划、大型工具和器具供应计划。

（6）施工准备工作计划，应包括施工准备工作组织及时间安排、技术准备、施工现场准备、作业队伍和管理人员的组织准备、物资准备、资金准备。

（7）施工平面图，应包括施工平面图说明，应有设计依据、说明，使用说明；施工平面图，应有拟建工程各种临时设施、施工设施及图例；施工平面图管理规划。

（8）施工技术组织措施计划，应包括保证质量目标的措施、保证进度目标的措施、保证安全目标的措施、保证成本目标的措施、季节施工的措施、保护环境的措施、文明施工措施。

上述各项施工技术组织计划。均包括技术措施、组织措施、经济措施及合同措施。

（9）施工项目风险管理规划。应包括风险因素识别一览表、风险可能出现的概率及损失值估计、风险管理重点、风险防范对策、风险管理责任。

（10）技术经济指标的计算与分析。应包括：

1）技术经济指标；总工期；分部工程及单位工程达到的质量标准、单项工程和建设项目的质量水平；总造价和总成本、单位工程造价和成本、成本降低率；总用工量、平均人数、高峰人数、劳动力不均衡系数、单位面积（产值）的用工；主要材料消耗量及节约量；主要大型机械使用数量、台班量及利用率。

2）对以上指标的水平高低做出分析和评价。

3）针对实施难点提出对策。

**3. 施工项目管理实施规划的管理**

（1）施工项目经理组织编制完成项目管理实施规划文件至签字后报企业主管领导审批签字。

（2）如施工工程师对施工项目管理实施规划持有不同意见，可协商后由项目经理主持修改。

（3）在项目管理实施规划实施前应按专业和各子项目进行交流，并落实执行责任。

（4）在项目管理实施规划执行过程中，应进行检查、协调和调整，保证规划目标的完成。

（5）施工项目管理结束后，必须对项目管理实施规划的编制、执行的经验和问题做出全面总结、分析，连同规划文件一同作为企业档案资料保存。

## 二、工序质量控制

### （一）工序质量控制的概念和内容

工序质量是指施工中人、材料、机械、工艺方法和环境等对产品综合起作用的过程的质量，又称过程质量，它体现为产品质量。

好的产品或工程质量是通过一道一道工序逐渐形成的，要确保工程项目施工质量，就必须对每道工序的质量进行控制，这是施工过程中质量控制的重点。

工序质量控制就是对工序活动条件即工序活动投入的质量和工序活动效果的质量即分项工程质量的控制。在进行工序质量控制时要着重于以下几方面的工作：

（1）确定工序质量控制工作计划。一方面要求对不同的工序活动制定专门的保证质量的技术措施，做出物料投入及活动顺序的专门规定；另一方面须规定质量控制工作流程、质量检验制度等。

（2）主动控制工序活动条件的质量。工序活动条件主要指影响质量的五大因素，即人、材料、机械设备、方法和环境等。

（3）及时检验工序活动效果的质量。主要是实行班组自检、互检、上下道工序交接检，特别是对隐蔽工程和分项（部）工程的质量检验。

（4）设置工序质量控制点（工序管理点），实行重点控制。工序质量控制点是针对影响质量的关键部位或薄弱环节而确定的重点控制对象。正确设置控制点并严格实施是进行工序质量控制的重点。

**（二）工序质量控制点的设置和管理**

**1. 工序质量控制点的设置原则**

（1）重要的和关键性的施工环节和部位。

（2）质量不稳定、施工质量没有把握的施工工序和环节。

（3）施工技术难度大的、施工条件困难的部位或环节。

（4）质量标准或质量精度要求高的施工内容和项目。

（5）对后续施工或后续工序质量或安全有重要影响的施工工序或部位。

（6）采用新技术、新工艺、新材料施工的部位或环节。

**2. 工序质量控制点的管理**

（1）质量控制措施的设计　选择了控制点，就要针对每个控制点进行控制措施设计。主要步骤和内容如下：

① 列出质量控制点明细表。

② 设计控制点施工流程图。

③ 进行工序分析，找出主导因素。

④ 制定工序质量控制表，对各影响质量特性的主导因素规定出明确的控制范围和控制要求。

⑤ 编制保证质量的作业指导书。

⑥ 编制计量网络图，明确标出各控制因素采用什么计量仪器、编号、精度等，以便进行精确计量。

⑦ 质量控制点审核。可由设计者的上一级领导进行审核。

（2）质量控制点的实施

① 交底。将控制点的"控制措施设计"向操作班组进行认真交底，必须使工人真正了解操作要点。

② 质量控制人员在现场进行重点指导、检查、验收。

③ 工人按作业指导书认真进行操作，保证每个环节的操作质量。

④ 按规定做好检查并认真做好记录，取得第一手数据。

⑤ 运用数据统计方法，不断进行分析与改进，直至质量控制点验收合格。

⑥ 质量控制点实施中应明确工人、质量控制人员的职责。

**3. 工序质量控制点设置实例**

（1）工序质量控制点设置一览表（表 2-26）

表 2-26　工序质量控制点设置

| 编号 | 名称 | 编号 | 名称 |
|------|------|------|------|
| 基-1 | 防止深基础塌方 | 基-4 | 独立基础钢筋绑扎 |
| 基-2 | 钢筋混凝土桩垂直度控制 | 结-1 | 高层建筑垂直度控制 |
| 基-3 | 砂垫层密实度 | 结-2 | 楼面标高控制 |

续表

| 编号 | 名称 | 编号 | 名称 |
|------|------|------|------|
| 结-3 | 大模板施工 | 装-1 | 阳台地坪 |
| 结-4 | 墙体混凝土浇捣 | 装-2 | 屋面油毡 |
| 结-5 | 砖墙黏结率 | 装-3 | 门窗装修 |
| 结-6 | 混合结构内外墙同步砌筑 | 装-4 | 细石混凝土地坪 |
| 结-7 | 预应力张拉 | 装-5 | 木制品油漆 |
| 结-8 | 混凝土砂浆试块强度 | 装-6 | 水泥砂浆粉刷 |
| 结-9 | 试块标准养护 | | |

（2）工序质量控制点的内容、要求表 2-27～表 2-29

表 2-27　独立基础钢筋绑扎质量控制点的内容、要求

| 工序控制点名称 | 工作内容 | 执行人员 | 标准 | 检查工具 | 检查频次 |
|------|------|------|------|------|------|
| 独立基础钢筋绑扎 | 防止插筋偏位，使保护层达到规范要求 | 施工员 质量员 技术员 | 钢筋位置位移控制在±5mm，箍筋间距±10mm，搭接长度不少于 35d，有垫块确保保护层 20mm 厚，混凝土浇捣时不能一次卸料 | 钢尺 线锤 目测 | 逐个检查 |

技术要求：

（1）在垫层上先弹线，经技术员复核验收后，才能绑扎钢筋。

（2）先扎底板及基础梁钢筋，最后扎柱头插铁钢筋。

（3）插筋露面处，固定环箍不少于 3 个。

（4）基础面与柱交接处，应固定牢中心线并位置正确，控制钢筋位置垂直以及保护层和中距位置。

（5）木工施工员、技术员要验收位置及标高。

（6）浇混凝土时，振捣要注意插筋位置，不得将振捣棒振偏钢筋，看模工注意钢筋位置。

（7）插筋露面、环箍大小、钢筋翻样要严格按图进行，不能任意改动。

（8）钢筋与基础相连部位，必要时用电焊固定。

表 2-28　砖墙黏结质量控制点的内容要求

| 工序控制点名称 | 工作内容 | 执行人员 | 标准 | 检查工具 | 检查频次 |
|------|------|------|------|------|------|
| 砖墙黏结率 | 砖墙砌筑黏结率达 80％以上 | 质量员 施工员 | 按部颁标准，砖墙砌筑要求，执行每组 3 块砖，平均不低于 80％ | 百格网目测 | 每操作台班抽检 2 组 |

技术要求：

（1）严格执行规范，砖砌体砌筑砂浆稠度必须控制在 7～10cm。

（2）砂浆保水性良好（分层度不大于 2cm）。

（3）各种原料（砂、石灰膏、电石膏、粉煤灰等）精确度应控制在±5％误差内。有机塑化剂，如氯化盐早强剂等，精确度控制在±1％误差内，所有材料均需过磅计量。

（4）砂浆拌和时间不应少于 1.5min，使用时间不宜超过 2～3h。

（5）砖块要浇水湿润，含水率宜为 10％～15％（冬季施工另行考虑）。

（6）采用铺浆砌筑，铺浆长度不得超过 50cm。

（7）砌墙操作宜采用皮头缝，加泥刀压砖办法，增加砂浆与砖块黏结率。

表 2-29　阳台地坪施工质量控制点的内容要求

| 工序控制点名称 | 工作内容 | 执行人员 | 标准 | 检查工具 | 检查频次 |
|---|---|---|---|---|---|
| 阳台地坪施工 | 防止阳台地坪倒泛水及落水斗渗漏 | 施工员<br>技术员<br>质量员 | 优良工程质量评定标准 | 水平尺<br>托线板<br>目测 | 阳台逐个检查 |

技术要求：

（1）阳台板吊装前应先检查板的搁置点，墙身处的标高是否平整。

（2）阳台板不论现浇或预制，在安装后要检查，是否有倒泛水现象。

（3）预制阳台板底必须要坐灰，严禁生摆，坐灰时适当提高，没有落水斗一侧的板面提高（5mm）。

（4）阳台找平泛水时，用水平尺控制泛水坡度，并在墙身及栏板上弹好线，确保泛水基本正确。

（5）埋设落水斗前，必须先清理预留孔洞，预留孔表面过于光滑要凿毛。

（6）埋设时，要洒水湿润，四周用 1：2 水泥砂浆嵌密实。

（7）严禁粉阳台地坪与窝落水斗两道工序并作一次施工。

（8）阳台粉面完毕后，用水平尺检查其泛水，不符合要求时需要凿去返工重粉。

**（三）工程质量预控**

**1．工程质量预控的概念**

工程质量预控就是针对所设置的质量控制点或分项、分部工程，事先分析在施工中可能发生的质量问题和隐患，分析可能的原因，提出相应的预防措施和对策，实现对工程质量的主动控制。

**2．质量预控的表达形式及示例**

质量预控的表达形式有：文字表达、用表格形式表达、用解析图形式表达。

（1）钢筋电焊焊接质量的预控

① 可能产生的质量问题：焊接接头偏心弯折；焊条型号或规格不符合要求；焊缝的长、宽、厚度不符合要求；凹陷、焊瘤、裂纹、烧伤、咬边、气孔、夹渣等缺陷。

② 质量预控措施：检查焊接人员有无上岗合格证明，禁止无证上岗；焊工正式施焊前，必须按规定进行焊接工艺试验；每批钢筋焊完后，施工单位自检并按规定取样进行力学性能试验，然后专业施工人员抽查焊接质量，必要时需抽样复查其力学性能；在检查焊接质量时，应同时抽检焊条的型号。

（2）混凝土灌注桩质量预控　用简表形式分析其在施工中可能发生的主要质量问题和隐患，并针对各种可能发生的质量问题，提出相应的预控措施，如表 2-30 所示。

表 2-30　混凝土灌注桩质量预控表

| 可能发生的质量问题 | 质量预控措施 |
|---|---|
| 孔斜 | 督促施工单位在钻孔前对钻机认真整平 |
| 混凝土强度达不到要求 | 随时抽查原料质量；试配混凝土配合比经施工工程师审批确认；评定混凝土强度；按月向施工报送评定结果 |

续表

| 可能发生的质量问题 | 质量预控措施 |
|---|---|
| 缩颈、堵管 | 督促施工单位每桩测定混凝土坍落度 2 次，每 30～50cm 测定一次混凝土浇筑高度，随时处理 |
| 断桩 | 准备足够数量的混凝土供应机械（拌合机等），保证连续不断地浇筑桩体 |
| 钢筋笼上浮 | 掌握泥浆密度和灌注速度，灌注前做好钢筋笼固定 |

（3）土方回填工程质量预控及对策、混凝土工程质量预控及对策、预制构件吊装工程预控及对策，见图 2-16～图 2-23，都是用解析图的形式表达的。

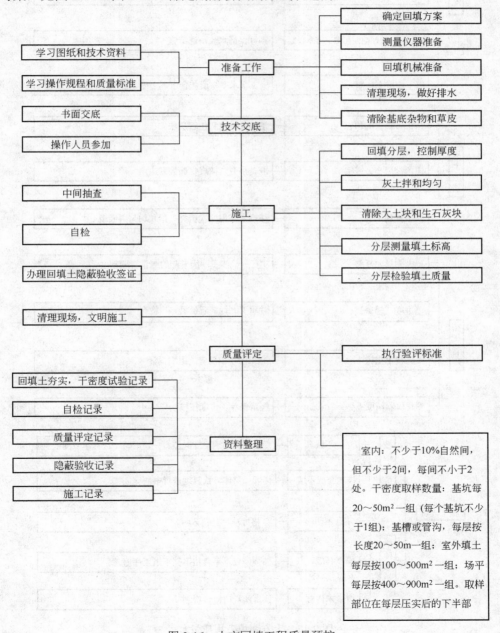

图 2-16　土方回填工程质量预控

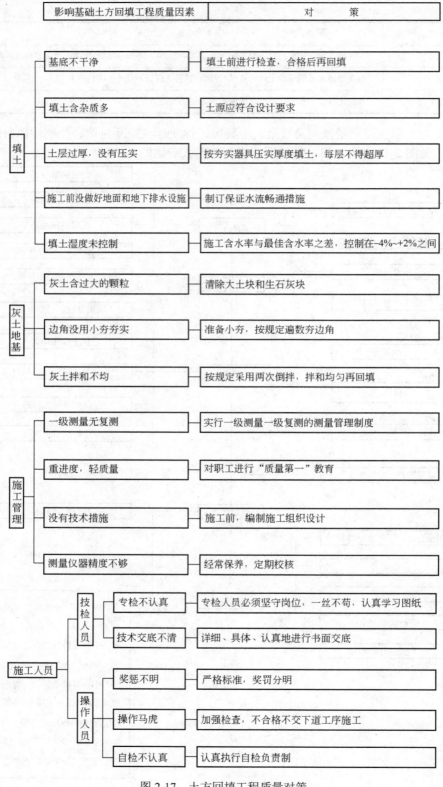

| 影响基础土方回填工程质量因素 | 对　　策 |
|---|---|
| 基底不干净 | 填土前进行检查，合格后再回填 |
| 填土含杂质多 | 土源应符合设计要求 |
| 土层过厚，没有压实 | 按夯实器具压实厚度填土，每层不得超厚 |
| 施工前没做好地面和地下排水设施 | 制订保证水流畅通措施 |
| 填土湿度未控制 | 施工含水率与最佳含水率之差，控制在-4%~+2%之间 |
| 灰土含过大的颗粒 | 清除大土块和生石灰块 |
| 边角没用小夯夯实 | 准备小夯，按规定遍数夯边角 |
| 灰土拌和不均 | 按规定采用两次倒拌，拌和均匀再回填 |
| 一级测量无复测 | 实行一级测量一级复测的测量管理制度 |
| 重进度，轻质量 | 对职工进行"质量第一"教育 |
| 没有技术措施 | 施工前，编制施工组织设计 |
| 测量仪器精度不够 | 经常保养，定期校核 |
| 专检不认真 | 专检人员必须坚守岗位，一丝不苟，认真学习图纸 |
| 技术交底不清 | 详细、具体、认真地进行书面交底 |
| 奖惩不明 | 严格标准，奖罚分明 |
| 操作马虎 | 加强检查，不合格不交下道工序施工 |
| 自检不认真 | 认真执行自检负责制 |

填土
灰土地基
施工管理
施工人员
技检人员
操作人员

图 2-17　土方回填工程质量对策

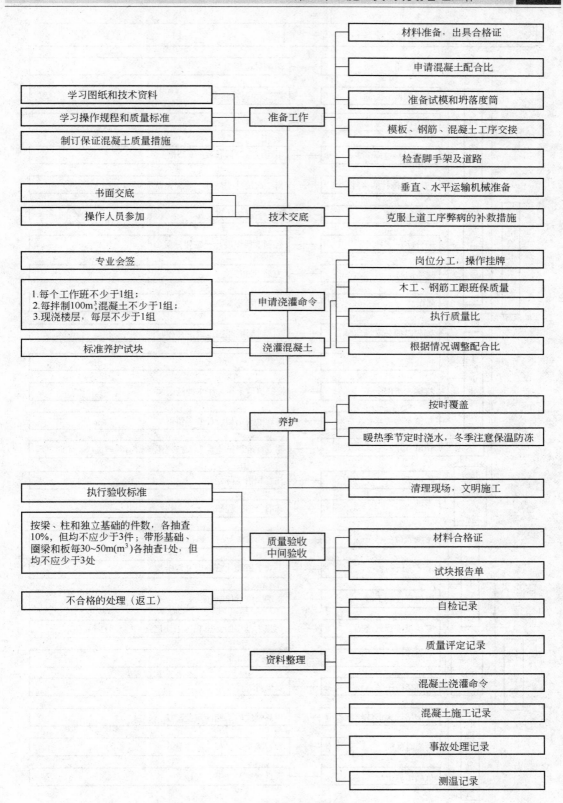

图 2-18　混凝土工程质量预控

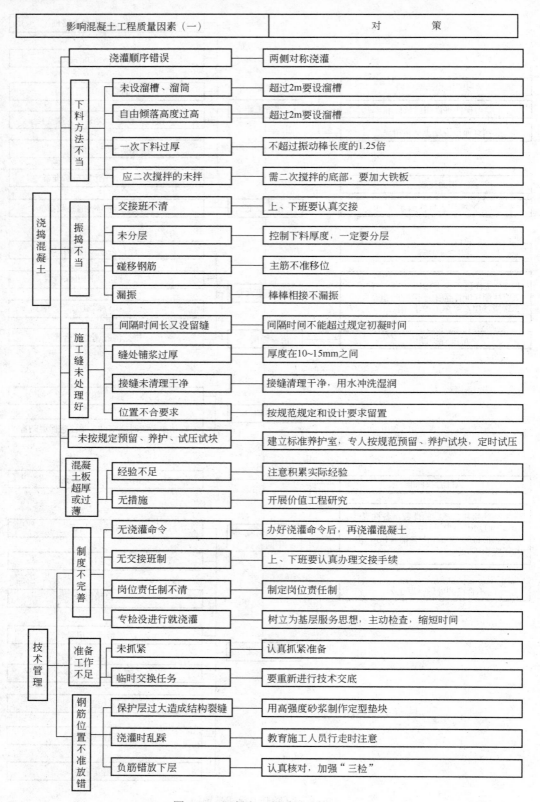

图 2-19　混凝土工程质量对策（一）

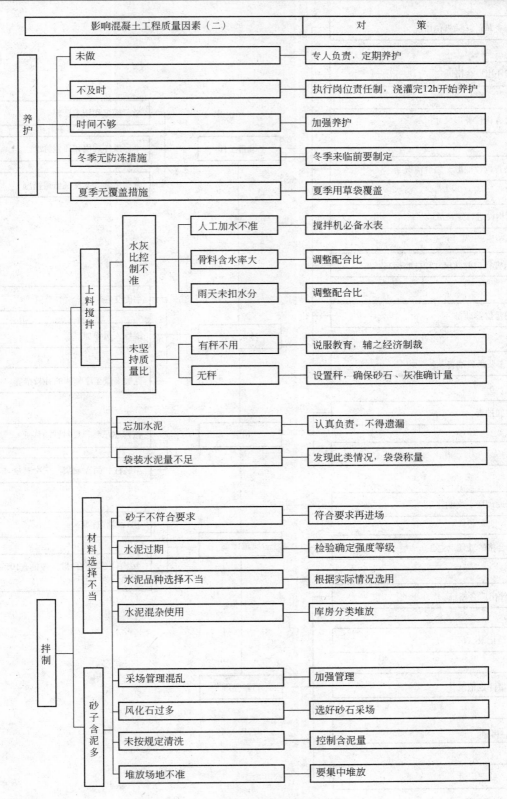

图 2-20　混凝土工程质量对策（二）

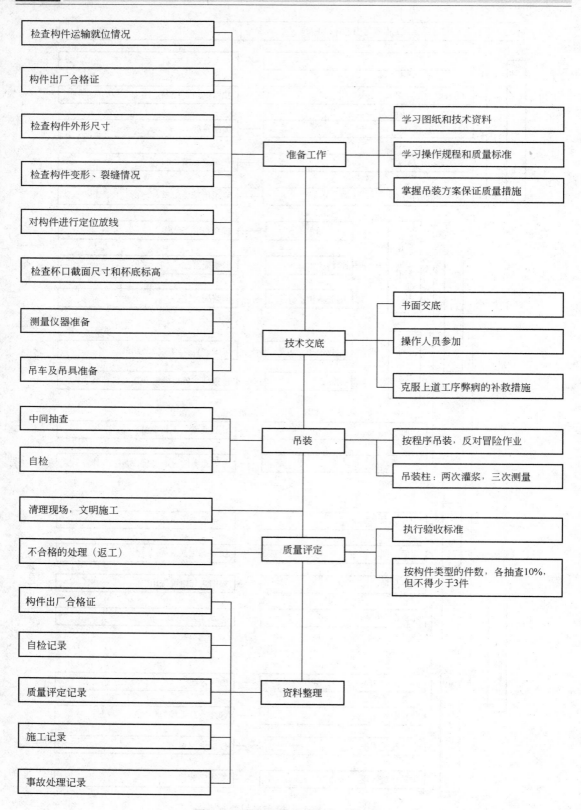

图 2-21　预制构件吊装工程质量预控

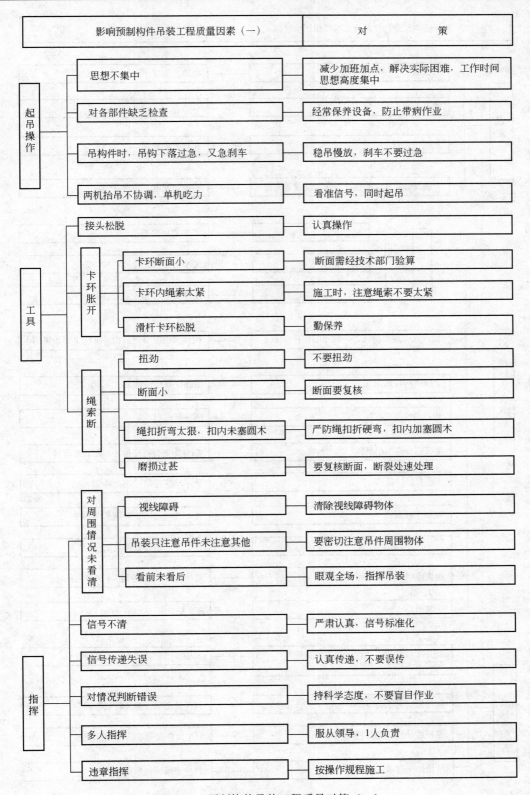

| 影响预制构件吊装工程质量因素（一） | 对　　策 |
| --- | --- |

起吊操作
- 思想不集中 → 减少加班加点，解决实际困难，工作时间思想高度集中
- 对各部件缺乏检查 → 经常保养设备，防止带病作业
- 吊构件时，吊钩下落过急，又急刹车 → 稳吊慢放，刹车不要过急
- 两机抬吊不协调，单机吃力 → 看准信号，同时起吊

工具
- 接头松脱 → 认真操作
- 卡环胀开
  - 卡环断面小 → 断面需经技术部门验算
  - 卡环内绳索太紧 → 施工时，注意绳索不要太紧
  - 滑杆卡环松脱 → 勤保养
- 绳索断
  - 扭劲 → 不要扭劲
  - 断面小 → 断面要复核
  - 绳扣折弯太狠，扣内未塞圆木 → 严防绳扣折硬弯，扣内加塞圆木
  - 磨损过甚 → 要复核断面，断裂处速处理

指挥
- 对周围情况未看清
  - 视线障碍 → 清除视线障碍物体
  - 吊装只注意吊件未注意其他 → 要密切注意吊件周围物体
  - 看前未看后 → 眼观全场，指挥吊装
- 信号不清 → 严肃认真，信号标准化
- 信号传递失误 → 认真传递，不要误传
- 对情况判断错误 → 持科学态度，不要盲目作业
- 多人指挥 → 服从领导，1人负责
- 违章指挥 → 按操作规程施工

图 2-22　预制构件吊装工程质量对策（一）

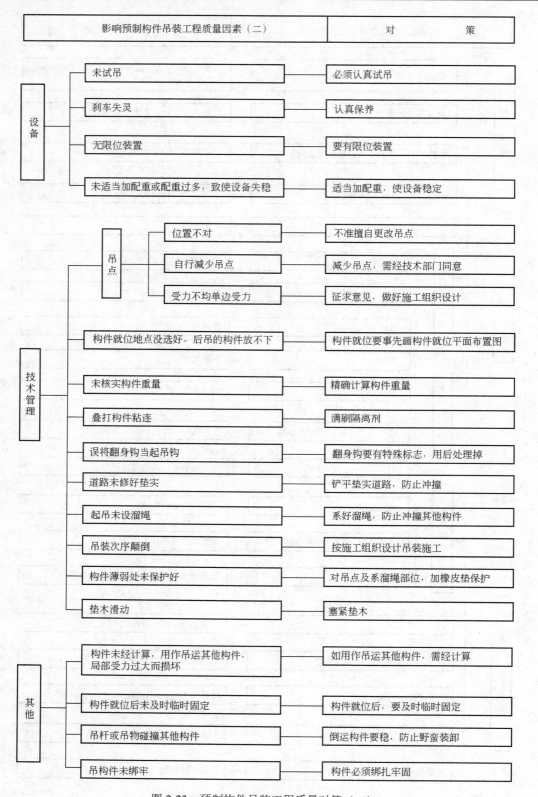

| 影响预制构件吊装工程质量因素（二） | 对　　策 |
|---|---|
| **设备** | |
| 未试吊 | 必须认真试吊 |
| 刹车失灵 | 认真保养 |
| 无限位装置 | 要有限位装置 |
| 未适当加配重或配重过多，致使设备失稳 | 适当加配重，使设备稳定 |
| **技术管理** — **吊点** | |
| 位置不对 | 不准擅自更改吊点 |
| 自行减少吊点 | 减少吊点，需经技术部门同意 |
| 受力不均单边受力 | 征求意见，做好施工组织设计 |
| 构件就位地点没选好，后吊的构件放不下 | 构件就位要事先画构件就位平面布置图 |
| 未核实构件重量 | 精确计算构件重量 |
| 叠打构件粘连 | 满刷隔离剂 |
| 误将翻身钩当起吊钩 | 翻身钩要有特殊标志，用后处理掉 |
| 道路未修好垫实 | 铲平垫实道路，防止冲撞 |
| 起吊未设溜绳 | 系好溜绳，防止冲撞其他构件 |
| 吊装次序颠倒 | 按施工组织设计吊装施工 |
| 构件薄弱处未保护好 | 对吊点及系溜绳部位，加橡皮垫保护 |
| 垫木滑动 | 塞紧垫木 |
| **其他** | |
| 构件未经计算，用作吊运其他构件，局部受力过大而损坏 | 如用作吊运其他构件，需经计算 |
| 构件就位后未及时临时固定 | 构件就位后，要及时临时固定 |
| 吊杆或吊物碰撞其他构件 | 倒运构件要稳，防止野蛮装卸 |
| 吊构件未绑牢 | 构件必须绑扎牢固 |

图 2-23　预制构件吊装工程质量对策（二）

### （四）成品保护

成品保护一般是指在施工过程中，某些分项工程已经完成，而其他一些分项工程尚在施工；或者是在其分项工程施工过程中，某些部位已完成，而其他部位正在施工。在这种情况下，施工单位必须负责对已完成部分采取妥善措施予以保护，以免因成品缺乏保护或保护不善而造成损伤或污染，影响工程整体质量。

根据建筑产品特点的不同，可以分别对成品采取防护、包裹、覆盖、封闭等保护措施，以及合理安排施工顺序等来达到保护成品的目的。

#### 1．防护

就是针对被保护对象的特点采取各种防护的措施。例如，对清水楼梯踏步，可以采取护棱角铁上下连接固定；对于进出口台阶，可垫砖或方木搭脚手板供人通过的方法来保护台阶；对于门口易碰部位，可以钉上防护条或槽型盖铁保护；门扇安装后可加楔固定等。

#### 2．包裹

就是将被保护物包裹起来，以防损伤或污染。例如，对镶面大理石柱可用立板包裹捆扎保护，铝合金门窗可用塑料布包扎保护等。

#### 3．覆盖

就是用表面覆盖的办法防止堵塞或损伤。例如，对地漏、落水口排水管等安装后可加以覆盖，以防止异物落入而被堵塞；预制水磨石或大理石楼梯可用木板覆盖加以保护；地面可用锯末、苦布等覆盖以防止喷浆等污染；其他需要防晒、防冻、保温养护等项目也应采取适当的防护措施。

#### 4．封闭

就是采取局部封闭的办法进行保护。例如，垃圾道完成后，可将其进口封闭起来，以防止建筑垃圾堵塞通道；房间水泥地面或地面砖完成后，可将该房间局部封闭，防止人们随意进入而损害地面；房内装修完成后，应加锁封闭，防止人们随意进入而受到损伤等。

#### 5．合理安排施工顺序

主要是通过合理安排不同工作间的施工顺序先后以防止后道工序损坏或污染前道工序。例如，采取房间内先喷浆或喷涂而后安装灯具的施工顺序可防止喷浆污染、损害灯具；先做顶棚、装修而后做地坪，也可避免顶棚及装修施工污染、损害地坪。

## 三、施工安全控制工作

施工员是施工一线的指挥员，必须时刻关注施工现场安全，配合安全员做好施工现场安全控制工作。

### （一）对危险源的识别

施工员必须能充分识别危险源，只有识别了危险源，才有可能确保自身施工安全，并保证他人施工安全。

危险源是指可能造成人员伤害、疾病、财产损失、作业环境破坏或其他损失的根源或状态（潜在的不安全因素）。从这个意义上讲，危险源可以是一次事故、一种环境、一种状态的载体，也可以是可能产生不期望后果的人或物。液化石油气在生产、储存、运输和使用过程中，可能发生泄漏，引起中毒、火灾或爆炸事故，因此充装了液化石油气的储罐是危险源；原油储罐的呼吸阀已经损坏，当储罐储存了原油后，有可能因呼吸阀损坏而发生事故，因此损坏的原油储罐呼吸阀是危险源。

1．重大危险源的分类

施工生活用危险化学品及压力容器是第一类危险源；人的不安全行为、料机工艺的不安全状态和不良环境条件为第二类危险源。建筑工地绝大部分危险和有害因素属第二类危险源。

建筑工地重大危险源按场所的不同初步可分为：施工现场重大危险源与临建设施重大危险源两类。对危险和有害因素的辨识应从人、料、机、工艺、环境等角度入手，动态分析识别评价可能存在的危险有害因素的种类和危险程度，从而找到整改措施来加以治理。

2．施工现场重大危险源的识别

（1）存在于人的重大危险源主要是人的不安全行为即"三违"：违章指挥、违章作业、违反劳动纪律，集中表现在那些施工现场经验不丰富、素质较低的人员当中。事故原因统计分析表明，70%以上事故是由"三违"造成的，因此应严禁"三违"。

（2）存在于分部、分项工艺过程、施工机械运行过程和物料的重大危险源：

① 脚手架、模板和支撑、起重塔吊、物料提升机、施工电梯安装与运行，人工挖孔桩、基坑施工等局部结构工程失稳，造成机械设备倾覆、结构坍塌、人亡等意外。

② 施工高层建筑或高度大于2m的作业面（包括高空、四口、五临边作业），因安全防护不到位或安全兜网内积存建筑垃圾、人员未配系安全带等原因造成人员踏空、滑倒等高处坠落摔伤或坠落物体打击下方人员等意外。

③ 焊接、金属切割、冲击钻孔、凿岩等施工，临时电漏电遇地下室积水及各种施工电器设备的安全保护（如：漏电、绝缘、接地保护、一机一闸）不符合要求，造成人员触电、局部火灾等意外。

④ 工程材料、构件及设备的堆放与频繁吊运、搬运等过程中因各种原因易发生堆放散落、高空坠落、撞击人员等意外。

（3）存在于施工自然环境中的重大危险源

① 人工挖孔桩、隧道掘进、地下市政工程接口、室内装修、挖掘机作业时损坏地下燃气管道等因通风排气不畅造成人员窒息或中毒意外。

② 深基坑、隧道、地铁、竖井、大型管沟的施工，因为支护、支撑等设施失稳、坍塌，不但造成施工场所破坏、人员伤亡，往往还引起地面、周边建筑设施的倾斜、塌陷、坍塌、爆炸与火灾等意外。基坑开挖、人工挖孔桩等施工降水，造成周围建筑物因地基不均匀沉降而倾斜、开裂、倒塌等意外。

③ 海上施工作业，由于受自然气象条件如台风、汛、雷电、风暴潮等侵袭易发生翻船人亡且群死群伤意外。

3．临建设施重大危险源的识别

（1）临建设施重大危险源是指存在重大施工危险的临时设施工程中，主要包括：

1）施工现场开挖深度超过5m（含5m）或地下室三层以上（含三层），或深度虽未超过5m（含5m），但地质条件和周围环境及地下管线极其复杂的基坑、沟（槽）工程。

2）地下暗挖工程。

3）水平混凝土构件模板支撑系统高度超过8m，或跨度超过18m，施工总荷载大于10kN/m$^2$，或集中线荷载大于15kN/m的高大模板工程以及各类工具式模板工程，包括滑模、爬模、大模板等。

4）30m及以上高空作业。

5）其他专业性强、危险性大、交叉等易发生重大事故的施工部位及作业活动。

6）对工地周边设施和居民安全可能造成影响的分部分项工程。

（2）施工总承包单位和分包单位应根据工程特点和施工范围，在基础、结构、装饰阶段施工前，对施工过程进行安全分析，对可能出现的危险因素进行识别，列出重大危险源，制定有关安全监控措施，按有关程序审批后方可实施。

（3）厨房与临建宿舍安全间距不符合要求，施工用易燃易爆危险化学品临时存放或使用不符合要求、防护不到位，造成火灾或人员窒息中毒意外；工地饮食因卫生不符合卫生标准，造成集体中毒或疾病意外。

（4）临时简易帐篷搭设不符合安全间距要求，易发生火烧连营的意外。

（5）电线私拉乱接，直接与金属结构或钢管接触，易发生触电及火灾等意外。

（6）临建设施撤除时房顶发生整体坍塌，作业人员踏空、踩虚造成伤亡意外。

4．建筑工地重大危险源的识别方法

（1）选择评价单位，成立危害辨识小组

1）项目开工作业前，项目部组织进行一次全面的总体危害源辨识和风险评价，找出危险源、事故隐患，分析其分布和特点，并根据组织规模划分危险评价单元:如有固定工作场所的按工作场所划分，无固定工作场所的按施工工序划分。

2）项目在施工阶段，项目部按照"三级辨识、四级控制"的方式组织开展危险源辨识工作。成立"三级"危险源小组：项目部级危险源辨识小组、施工队级危险源辨识小组、工段级危险源辨识小组。各级危险源辨识小组根据所辖区域或活动进行危害辨识和风险评价。

（2）危害辨识技能培训

1）对危险源辨识小组成员要进行系统的危害辨识、风险评价原理及专业知识的培训，使其具备危害辨识和风险评价的能力。

2）对危险性高、辨识专业性较强的特殊评价区域，要对辨识人员进行具有针对性的专项培训。

（3）危害辨识

1）项目部级危险源辨识小组根据项目部三级进度计划所涉及的作业活动、人员、设备变动情况、材料采购进场情况及环境情况并结合项目部已有的辨识成果，每季度进行一次全面的危害辨识、危险评价，找出项目部级的危险源（B级以上）、事故隐患，分析其分布和特点，辨识出的危险源（B级以上风险）由项目总工程师负责组织制定专项安全管理方案，安全部负责落实、跟踪执行情况。

2）施工队级危险源辨识小组根据项目部辨识成果和日计划，每月进行一次全面的危害辨识、危险评价，找出施工队级的危险源（C级以上风险）、事故隐患，分析其分布和特点，并根据危险源级别编制专项安全方案或组织专项安全技术交底，每月更新辨识清单并上报安全部门，安全部人员、施工队领导及安全员落实、跟踪执行情况。

3）工段级危险源辨识小组根据周计划进行一次危害辨识、危险评价，找出工段级的危险源（D级以上风险），编制每周危险源辨识清单，利用班前会告知，确保一线作业人员熟悉了解。班组利用每日班前会进行班前会安全交底，进行每日危险源辨识。

4）危害辨识中应充分考虑过去、现在、将来已出现或可能出现的情况，并参照同类生产过程、工程活动已发生的事故情况。

5）对于日常发生的专项和特殊施工项目进行的危害辨识、风险评估，由施工单位自己完成；如不能单独完成的，由安全部门组织相关部门和人员共同完成。

6）对于重大施工项目、重点危险控制项目、可预见高危险项目的危害辨识、风险评价，安全部门负责组织危害辨识和风险评价，相关部门和施工队参与。

7）施工中进行安全技术交底的项目，安全技术交底文件后应附上危害辨识、危险评价与危险控制的相关内容。

8）在辨识危险源时可按以下单元或业务活动，辨识危险源：

① 工程项目/厂房内（外）的地理位置；

② 生产过程或所提供服务的阶段；

③ 计划的和被动性的工作；

④ 确定的任务；

⑤ 不经常发生的任务。

（4）建筑工程危险源辨识范围　危险源辨识应全面、系统、多角度、不漏项，重点放在能量主体、危险物质及其控制和影响因素上。危险源辨识应考虑以下范围：

1）常规活动（如正常的生产生活）和非常规活动（如临时抢修等）。

2）所有进入作业场所的人员（含员工、合同方人员和访问者）。

3）生产作业设施，如建筑物、设备、设施等（含单位所有或租赁使用的）。

（5）建筑工程危险源辨识的一般方法

危险源辨识方法可采用询问与交流、现场观察、查阅有关记录、获取外部信息、工作任务分析、安全检查表法、作业条件的危险性评价、事件树、故障树等。

1）危险源的识别范围

① 企业承建房屋建筑工程、公路及市政工程的活动、产品或服务全过程。

② 相关方（供货方、分包方、合同方等）提供活动、产品或服务过程中可标志的危险源。

2）识别原则

① 考虑三种时态，即过去、现在、将来可能出现的对职业健康安全造成影响的因素，依据房屋建筑工程和公路及市政工程施工的特点，重点识别现在时态的危险源。

② 考虑三种状态，即正常、异常以及紧急情况（如火灾、爆炸等）。

③ 重点从以下方面的控制进行识别：高处坠落、物体打击、车辆伤害、机械伤害、触电、火灾与爆炸、坍塌、中毒与窒息、起重伤害、中暑、职业病。

对危险源识别时，考虑所有进入工作场所和施工现场的人员（其中包括员工、相关方以及来访者），还考虑工作场所和施工现场内所有设施（其中包括使用的、相关方提供和使用的设施）。

3）危险源的识别结果形成危险源清单。

4）对危险源的识别结果实施动态管理，不断更新。

**（二）施工安全管理工作**

**1. 落实安全生产责任制**

（1）建立安全领导小组　以项目经理为组长，各有关职能部门负责人、各专业项目部经理为组员的工程安全生产领导小组，负责工程安全生产的重大决策。

安全领导小组每月应召开一次安全专题会议，定期研究、部署、协调处理施工中的重大安全问题，决议须形成纪要下发，使安全工作有计划、有布置、有检查、有落实，真正做到常抓不懈。

（2）建立安全监督检查站　以项目部专职安全管理人员为站长、各专业项目部专（兼）职安全员为成员的工程安全监督检查站，负责工程安全文明施工生产的日常监督、检查、考核、奖惩等管理工作。安全监督站执法人员应统一着装。集中办公。安全监督检查站每周应召开一次安全例会，总结一周安全情况，分析工程安全形势，研究部署对策防范措施，提出下周工作重点要求，使管理工作做到日清、周结，得到全面开展。

（3）建立并落实安全管理制度

1）对新进场人员的安全教育制度　新工人入场必须由工程承包人领队，先到经理部报到，携带工人名单、身份证复印件、三张一寸照片，并逐一查对身份证是否与本人相符，禁止冒名顶替。工人名单由经理部汇总后发有关部门。

特殊工种工人必须参加主管部门的培训班，经考试合格后持证上岗。严禁无证上岗作业。

在工作及中途不得随意更换人员。如需换人，须经项目经理部同意，新进场人员到经理部报到进行安全教育。

施工员对全体新工人必须进行入场安全教育。安全教育主要内容包括：贯彻党和国家关于施工安全的方针、政策、法令的规定；安全管理规定；机电及各工种的技术操作规程；施工生产中的危险区域在安全工作中的经验教训及预防措施；尘毒危害的防护；执行入伍教育、现场教育、岗位教育，三级安全教育制度。经安全、职能考试合格后方能录用。

2）生产过程中安全教育

① 经过质安部进行安全入场教育的工人，由质安部将名单交工长查对核实，工长才接收安排工作。工长交待工作任务的同时，必须交待安全，有针对性地再次提高安全生产知识和防范能力。工长在交待安全生产的时候，亦应签到点名，必须人人参加。

② 工长交待安全生产时间为每周星期一早晨上班前。交待本周工作任务的同时交待安全生产注意事项和遵守的规定。内容由工长口头宣讲、书面交待、班组长签字。工人必须全部参加听讲，工长要查对有否更换人员。

③ 工长随时检查现场安全防护情况。如发现不安全因素，应及时采取措施，把不安全隐患消灭在事故发生之前。

④ 班组长每天对本组组员交待任务的同时，亦必须交待安全。着重交待当天任务范围内所涉及的安全工作注意事项。不属本工种工作范围内的事，切忌出手搭、拆或操作，并做好安全交待记录。

3）项目经理部安全生产工作

① 宣传、贯彻执行国家有关安全生产方针、政策、法令及上级和本企业的各种安全生产规章制度，严禁"三违"行为。

② 每月交待工作任务的同时，必须交待安全生产。总结上月安全生产经验和教训，布置下月安全生产计划。由质安部督促贯彻执行。

③ 每月初组织有关部门、工种参加一次安全生产检查，并召开全体职工大会进行教育和宣传。督促贯彻有关安全生产的规章制度，把安全生产的有关规定落实在各级责任人上，层层负责抓好这一项工作，以提高安全管理水平和安全责任感。要结合安全合同，每年进行一次安全技术知识理论考核，并建立考核成绩档案。

④ 负责对全现场的安全生产动态向总经理汇报，提出意见和建议以及解决安全生产上存在的问题，讲述安全生产的好人好事。

（4）安全检查制度

1）贯彻"安全第一、预防为主"的方针，安全生产实行专管及群管相结合的方针。

2）检查的内容是查"两标贯彻"，查思想教育，查组织，查纪律严明，查制度完整，查措施落实，查隐患排除。安全检查应做好记录。对查出的问题要有文字记载并及时解决有危及人身安全的紧急险情。

3）执行安全工作与经济责任制挂钩的奖罚制度，使人人都重视安全工作，堵塞漏洞，防患未然。

4）机械方面除执行上述外，还要坚持"十字作业法"即调整、紧固、润滑、防腐、管理，并执行安全技术操作规程。

5）安全教育要做到：听、查、议、评，肯定成绩，找出问题，共同学习，互相交流，不断提高管理水平。

6）班组长每天必须对本组组员施工的工作面进行一次安全检查；工长每周组织班组进行一次安全检查并进行讲评；项目经理部每月组织有关部门对工地进行一次安全大检查，检查结果进行通报，对各部门的安全工作做出评议。

（5）安全技术措施制度　编制安全技术措施计划，应根据国家公布的劳动保护立法和各项安全技术标准为依据，根据企业年度施工生产的任务、各项工程施工的特点确定安全技术措施项目，针对安全生产检查中发现的隐患、未能及时解决的问题以及对新工艺、新技术、新设备等所应采取的措施，做到不断改善劳动条件，防止工伤事故的发生。

安全技术措施项目由企业安全科在工程开工时依据工程、企业实际情况制定，经企业经理批准后由相关部门执行。

安全技术措施的重大项目由企业组织实施，一般项目均由基层各部门负责实施，安全科负责定期检查实施情况。安全技术措施项目的费用和使用材料，都应切实保证。劳动保护安全技术措施计划的范围包括：

1）起重机械上的各种防护装置及保险装置（如安全卡、安全钩、安全门，过速限制器，门电锁、安全手柄、安全制动器等），为了安全而进行的改装。

2）各种运转机械上的安全启动和迅速停车设备。

3）为安全而重新布置或改装机械和设备。

4）电气设备安装防止触漏电的设施（包括标准配电箱）。

5）为安全而安设低电压照明设备。

6）在原有设备简陋、全部操作过程不能机械化的情况下，对个别繁重费力或危险的起重、搬运工作所采取的辅助机械化设备。

7）在生产区域内危险处所装置的标志、信号和防护设施。

8）在工人可能到达的洞、坑、沟、升降口、漏斗等处安设的防护装置。

9）在生产区域内工人经常过往的地点，为安全而设置的通道及便桥。

10）消除尘及各种有害物质而设置的吸尘设备及防尘设施。

11）为减轻或消除工作中的噪声及震动的设施。

12）机械、电气设备等传动部的防护装置。

13）为保持空气清洁或使温湿度合乎劳动保护安全而安设的通气换气装置。

14）工作场所的休息室、用膳室及食物加热设备。

15）购置或编印安全技术、劳动保护的参考书、刊物、宣传画、标语等。

16）建立与贯彻有关安全生产规程、制度的措施。

17）安全技术劳动保护所需的工具、仪器。

18）女工卫生室及其设备。

（6）安全技术交底制度

1）工程开工前，应随同施工组织设计，向参加施工的职工认真进行安全技术措施的交底，使广大职工都知道在什么时候、什么作业应当采取哪些措施，并说明其重要性。

2）每个单位工程开始前，必须重复交代单位工程的安全技术措施，坚决纠正只有编制者知道，施工者不知道的现象。

3）实行逐级安全技术交底制，开工前由技术负责人向全体职工进行交底，两个以上施工队或工种配合施工时，要按工程进度交叉作业的交底，班组长每天要向工人进行施工要求、作业环境的安全交底。在下达施工任务时，必须填写安全技术交底卡。

（7）安全用电制度

1）在建工程与高压线路的水平距离不少于 10m，施工现场机动车道与高压线路的垂直距离不少于 7m。

2）开关、配电箱应有漏电保护门、锁及防雨设施，电箱进出线、电源开关、保险装置要符合要求，老化破皮不合要求的电线不许使用。线路必须架设在绝缘材料上。

3）新工地的用电线路设计、安装必须经有关技术人员审定验收合格后方能使用。

4）电器和机械设备必须有接零接地和防雷设施。

5）电工、机械工必须持证上岗。

（8）班组安全活动制度

1）组织班组成员学习并贯彻执行企业、项目工程的安全生产规章制度和安全技术操作规程，制止违章行为。

2）组织并参加安全活动，坚持班前讲安全，班中检查安全，班后总结安全。

3）对新工人（包括实习、代培、临时用工）进行岗位安全教育。

4）由班组长负责班组安全检查，发现不安全因素及时组织力量消除，并报告上级；发生事故立即报告，并组织抢救，保护现场，做好详细记录。

5）搞好生产设备、安全装备、消防设施和爆破物品等检查维护工作，使其经常保持完好和正常运行。

（9）门卫值班和治安保卫制度

1）成立保卫工作领导小组，以项目负责人为组长，安全负责人为副组长，其他成员若干人。

2）定期对职工进行保卫教育，提高思想认识，一旦发生灾害事故，做到召之即来。

3）工地设门卫值班室，由 3 人昼夜轮流值班，白天对外来人和进出车辆及所有物资进行登记，夜间值班巡逻护场，交接班时应填写交接班记录（见表 2-31）。

表 2-31　施工现场门卫交接班记录

| 交接时间 | |
|---|---|
| 值<br>班<br>情<br>况 | |
| 交接班人 | 交班人：　　　　　　　　　　　　　接班人： |
| 交接时间 | |
| 值<br>班<br>情<br>况 | |
| 交接班人 | 交班人：　　　　　　　　　　　　　接班人： |

续表

| 交接时间 | |
|---|---|
| 值班情况 | |
| 交接班人 | 交班人：                            接班人： |

4）加强对外来人员的管理，非施工人员不得住在施工现场，特殊情况要登记（表 2-31），经保卫工作负责人批准。

5）每月对职工进行一次治安教育，每季度召开一次治保会，定期组织保卫检查。

6）更衣室、职工宿舍等易发案部位要指定专人管理，制定防范措施，防止发生偷盗案件。严禁赌博、酗酒和打架斗殴。

7）外来人员联系业务或找人，警卫必须先验明证件，进行登记后方可进入工地（见表 2-32）。

8）门卫值班人员不得随意离开岗位，如被发现进行批评教育，并给予罚款。

9）外运材料必须有单位工程负责人签字，警卫人员方可放行。

10）做好成品保卫工作，制定具体措施；严防被盗、破坏和治安灾害事故发生。

11）施工现场发生各类案件和灾害事故，要立即报告并保护好现场，配合公安机关侦破。

表 2-32　外来人员登记簿

| 姓名 | 工作单位 | 寻访何人 | 进入时间 | 离开时间 | 接待人 |
|---|---|---|---|---|---|
| | | | | | |
| | | | | | |
| | | | | | |
| | | | | | |
| | | | | | |
| | | | | | |
| | | | | | |
| | | | | | |
| | | | | | |

2. 填报安全表格

安全员应按照企业安全基础业务归档立卷的有关规定，分类建立相应的管理台账，并于每月 25 日向企业填报《现场安全员（　　）月工作情况反馈表》（表 2-33）、《伤亡事故月报表》（表 2-34）等相关资料。

表 2-33 现场安全员（ ）月工作情况反馈表

项目经理部名称：

| 检查执法情况 | 新开工项目 | /个 | 编制安措方案 | /份 |
| --- | --- | --- | --- | --- |
| | 查出隐患 | /项 | 落实整改 | /项 |
| | 制止违章 | /(人/次) | 违章处罚 | /元 |
| 本月工作小结 | | | | |
| 下月工作安排 | | | | |

填报人：      时间：      项目经理：

注：1. 此表是各级现场安全员日常工作凭证，须按月填报企业项目管理部备案，并作为各项目经理部安全生产基础管理考核内容之一。

2. 表中安全执法情况一栏须按实填写，并将原始凭证（安措方案、隐患整改通知单、停工令、罚款单等）附后备查。

表 2-34 施工现场职工伤亡事故月报表

填表工地：          年 月

| 事故类型 | 合计 | 物体打击 | 触电 | 机械伤害 | 起重伤害 | 高处坠落 | 中毒和窒息 | 水灾和爆炸 | 坍塌 | 车辆伤害 | 其他伤害 | | |
| --- | --- | --- | --- | --- | --- | --- | --- | --- | --- | --- | --- | --- | --- |
| 序号 | 1 | 2 | 3 | 4 | 5 | 6 | 7 | 8 | 9 | 10 | 11 | 12 | 13 |
| 死亡 | | | | | | | | | | | | | |
| 重伤 | | | | | | | | | | | | | |
| 轻伤 | | | | | | | | | | | | | |

补充资料：

1. 本工地本月全部职工人数 人，负伤者全月歇工总工日 工日，负伤频率 ‰。

2. 本月事故造成经济损失 元。

3. 企业职工以外来人员：

① 死亡 人，重伤 人，

② 其他人员死亡 人，重伤 人。

4. 自年初累计：死亡 人，重伤 人，轻伤 人，歇工总工日 工日，负伤频率 ‰，经济损失 元。

工地负责人：      制表人：      实际报出日期： 年 月 日

## （三）安全目标管理

目标管理是贯彻落实安全生产责任制量化考核指标和利用经济手段实现安全生产的重要保证。主要内容包括：

1. 安全管理、安全设施达标

政府及企业根据《施工企业安全生产评价标准》（JGJ/T 77—2010）对项目部的施工企业安全生产条件、安全生产业绩进行检查、评分。

2. 文明施工创优

主要是按要求进行文明工地建设。

3. 伤亡事故指标控制

① 死亡率；

② 重伤率；

③ 千人负伤率；

④ 经济损失。

### （四）安全技术管理

1. 确定重大危险源

项目部在工程开工前应根据工程具体情况，结合企业程序文件的要求对危险源进行辨识、评价，确定重大危险源，并填写《危险源辨识与风险评价表》（表 2-35）及《重大危险源清单》（表 2-36）。

**表 2-35　危险源辨识与风险评价表**

| 序号 | 作业活动 | 危险因素 | 可能导致的事故 | 作业条件危险性评价 | | | | 危险等级 | 现有控制措施 |
|---|---|---|---|---|---|---|---|---|---|
| | | | | L | E | C | D | | |
| | | | | | | | | | |
| | | | | | | | | | |
| | | | | | | | | | |
| | | | | | | | | | |
| | | | | | | | | | |
| | | | | | | | | | |
| | | | | | | | | | |
| | | | | | | | | | |
| | | | | | | | | | |
| | | | | | | | | | |
| | | | | | | | | | |
| | | | | | | | | | |

编制人：　　　　　　　　　　　日期：　　　　　　　　　　　批准人：

**表 2-36　重大危险源清单**

| 序号 | 作业活动 | 危险因素 | 可能导致的事故 | 评价 | | 控制方式 | | | 责任部门 | 备注 |
|---|---|---|---|---|---|---|---|---|---|---|
| | | | | 等级 | D 值 | 管理方案 | 运行控制 | 应急预案 | | |
| | | | | | | | | | | |
| | | | | | | | | | | |

续表

| 序号 | 作业活动 | 危险因素 | 可能导致的事故 | 评 价 | | 控制方式 | | | 责任部门 | 备注 |
|------|----------|----------|----------------|--------|-------|----------|----------|----------|----------|------|
| | | | | 等级 | D值 | 管理方案 | 运行控制 | 应急预案 | | |
| | | | | | | | | | | |
| | | | | | | | | | | |
| | | | | | | | | | | |
| | | | | | | | | | | |
| | | | | | | | | | | |
| | | | | | | | | | | |
| | | | | | | | | | | |

编制人： 日期： 批准人： 日期：

### 2．制订应急预案

对重大危险源制定有针对性及可操作性的应急预案，具体如下：高处坠落、物体打击、坍塌、触电、中毒中暑以及火灾爆炸、危化品泄漏等群体伤害事故。

### 3．制定安全技术措施

在编制单位工程施工组织设计时应根据工程的危险源、劳动组织、作业环境等因素考虑保障职业健康、安全文明施工的技术措施，制定相应的安全技术措施方案。

### 4．编制安全技术方案

对专业性较强、危险性较大的分部分项工程以及关键特殊工序，都必须编制专项安全技术措施方案，方案应针对该项目的施工规范、安全技术操作规程、施工现场作业环境、劳动力的组织、国家强制性法律法规及应设置的各项安全防护设施等，并按要求如实填写企业《工程安全技术措施作业方案表》（见表2-37）。如：基坑支护与降水工程、人工挖孔桩工程、脚手架工程、模板工程、施工用电、起重吊装工程、塔吊及物料提升机安装拆除工程、拆除爆破工程等。

表 2-37　单位（分部、分项）、专项工程安全技术措施作业方案表

工程编号：_____　　工程名称：_____　　计划工期：_____　　施工单位：_____

年 月 日

工程概况：

工程危险源分析：

安全技术措施方案：

续表

| 编制人 | | 审批人 | |
|---|---|---|---|
| 审核部门及人员 | | | |

方案运行情况评价:

安全负责人:

### （五）安全技术交底

**1. 分级管理**

安全技术交底实行分级管理，分别由技术、施工部门负责实施，纵向延伸到作业班组。

**2. 突出重点**

安全技术交底应针对工程特点、环境、危险程度，预计可能出现的危险因素，突出新技术、新设备、新工艺、新材料的使用，告知被交底人如何掌握正确的操作工艺，采取防止事故发生的有关措施要领等。

**3. 标准明确**

安全技术交底应对搭设安全保护设施有全面明确的技术质量标准和明确的几何尺寸要求。

**4. 格式统一**

所有安全技术交底，应使用企业统一印制的《安全技术措施交底表》进行书面交底，交底双方都必须签字，并各持一份书面交底，书面交底记录应在技术、工程、安全等部门备案。

### （六）安全检查

（1）安全员每天在施工现场督促检查，发现问题及时纠正。

（2）班组长每天必须对本组组员施工的工作面进行一次安全检查。

（3）工长每周组织班组进行一次安全检查并进行讲评。

（4）项目经理部每月组织有关部门对工地进行一次安全大检查，检查结果进行通报，对各部门的安全工作做出评议。

### （七）班前安全活动

班前安全活动是督促作业人员遵章守纪的重要关口，是消除违章冒险作业的关键，因此必须长期坚持执行，班组长应根据每天作业任务的内容，根据作业环境和工作特点向作业人员交待安全注意事项，班前活动应填写企业统一印制的《安全活动记录本》（表 2-38）并履行签字手续。

表 2-38 《安全活动记录本》表样

| 活动地点 | | 主持人 | | 时间 | 年 月 日 |
|---|---|---|---|---|---|
| 记录人 | | 参加人 | | 缺席人 | |

主要内容：

## （八）特种作业人员持证上岗

凡从事对操作者本人，尤其对他人和周围环境安全有重大危害因素的作业，必须经专业的安全技术培训合格后，方能持证上岗作业。施工现场的特种作业人员都必须由用人单位登记建档（见表 2-39），报项目部安全监督检查站备案。如建筑工地的电工、焊工、架子工、司炉工、爆破工、机械运转工、起重工、打桩机和各种机动车辆的司机等均属特种作业。

表 2-39 项目部特种作业人员花名册

工程名称：　　　　　　　　　　　　　　　　　　　　　　　　　　　　　　　　年　月　日

| 序号 | 姓名 | 性别 | 年龄 | 文化程度 | 工种（职务） | 证件编号 | 发证机关 | 发证时间 | 复审时间 | 从事本工种起始时间 |
|---|---|---|---|---|---|---|---|---|---|---|
| | | | | | | | | | | |
| | | | | | | | | | | |
| | | | | | | | | | | |
| | | | | | | | | | | |
| | | | | | | | | | | |
| | | | | | | | | | | |
| | | | | | | | | | | |
| | | | | | | | | | | |

工程项目负责人：　　　　　　　　　　　　　　　　　　　　　　　　　　　制表人：

## （九）工伤事故处理

工伤事故是指职工在施工生产过程中发生的人身伤害、急性中毒等事故。

1．事故分类

工伤事故按严重程度，一般可分为轻伤事故、重伤事故、死亡事故、重大死亡事故四类。

2．事故应急救援预案

项目经理部应在工程开工前按照企业管理标准《生产安全事故应急救援预案》及一体化程序文件的要求编制相应的事故应急救援预案，成立由安全、工程、技术、物资设备、办公室和保卫人员组成的生产安全事故应急救援小组，明确成员职责分工。

3．应急救援人员

要求各专业项目部配备义务救援人员不得少于 5 人。

4．救援装备

配备足量的救援装备，基本装备有：安全帽、安全带、安全网、护目镜、防尘口罩、架梯、木板床、担架、急救箱等；专用装备有：应急灯、电工工具、铁锹、撬杠、钢丝绳、卡环、千斤顶、吊车、自备小车、对讲机、电话、灭火器等，填写《应急设备清单》。

5．应急处置记录

重大事故发生时，应由项目经理部立即启动《应急救援预案》，最大限度降低事故损失，同时按规定报告填写《应急情况（事故）处理记录》。

6．事故报告

（1）施工现场无论发生大小工伤事故，事故单位都必须在 15min 内口头或电话报告项目经理部安全监督检查站。

（2）安全监督检查站对重伤以上事故应立即组织抢救和保护好事故现场，同时须在 4h 内将事故发生的时间、地点、人员伤亡情况及简要经过电话报告企业安全处，在 24h 内报告当地政府主管部门。并于当月 25 日前按规定要求如实填写《伤亡事故月报表》向企业安全处书面报告。

7．事故调查

（1）轻伤事故由事故单位组成事故调查组对事故进行调查。

（2）重伤事故由项目经理部安全监督检查站和二级企业安全主管部门共同组成事故调查组对事故进行调查。

（3）死亡事故必须由企业安全处及相关部门组成事故调查组对事故进行调查。

8．事故处理

必须严格按照"四不放过"的原则，即：

（1）事故原因不查清不放过。

（2）事故责任者和群众没有受到教育不放过。

（3）事故责任者（含单位领导）未受到处理不放过。

（4）没有制订出预防同类重复事故发生的措施不放过。

**（十）安全标志**

安全标志是建筑工地提醒作业人员对不安全因素（危险源、点）引起高度注意的重要预防措施之一，安全标志主要由安全色、几何图形等符号构成，用以表示特定的安全信息。安全色有以下四种：

（1）红色，用于紧急停止和禁止标志。

（2）黄色，用于警告或警戒标志。

（3）蓝色，用于指令或必须遵守规定的标准颜色。

（4）绿色，用于提示安全的标志。

因此，项目部应根据工程进度的不同时期，对施工现场存在的危险源、点责成施工单位悬挂有针对性的安全警示标牌或由项目部统一采购，对危险源、点加以控制。

**（十一）外协施工队安全管理**

用工单位在按规定与其办理完相应的用工手续后，还应严格审查其《安全资质证书》，同时与其签订《安全施工协议书》，明确双方责任，并报工程安全监督检查站登记备案。对无安全资质的施工队不得使用，对使用后不服从安全监督管理或因自身管理原因发生重大伤害事故的施工队应予以辞退。

**（十二）文明施工组织**

**1. 文明施工现场建设**

是展示企业两个文明建设成果的窗口，是衡量项目综合管理实力的最终体现，是实现安全生产的前提条件。项目部各级领导要高度重视，必须在工程开工前研究制定创优规划，对施工现场的整体布局进行统筹协调，努力营造一种宽松的氛围，并以建设部《建筑施工安全检查标准》（JGJ 59—2011）中有关文明施工的标准为指导，切实制定出具体措施，把现场文明施工创优达标工作抓紧抓落实。

**2. 现场围挡**

在市区主要路段工地施工，四周要设置 2.5m 高的围挡；一般路段工地施工，四周要设置 1.8m 高的围挡。围挡必须沿工地四周连续设置。围挡的材料要坚固，围挡要整洁、稳定美观。若在大中以上城市城区施工，围挡还应做到：上方加盖装饰帽、布置灯饰，外墙上必须绘制山水画或书写公益性标语。

**3. 封闭管理**

施工现场要设置门楼、安装出入口大门（宽 5m），大门要稳固、开关方便，并设置企业标志。施工现场要有值班室，制定门卫制度，并配备认真负责的值班人员，未配戴工作卡的职工不许进入施工现场。施工现场的正面（临街面）必须用硬质材料和安全网双层封闭，其他方位均应用密目式安全网封闭。

**4. 施工现场**

施工现场道路必须硬化，道口用混凝土实行硬覆盖，宽度不小于大门宽，向外与市政道路连通。施工现场内道路必须畅通无阻，现场无积水，门口要设置冲洗槽、沉淀池，备有冲洗设备，出门车辆必须经冲洗，保证不带泥上路。施工现场内排水管网要畅通，要结合实际采取措施，防止泥浆、污水、废水外流或堵塞下水道。施工现场要设置休息场所、吸烟室，作业人员不得随地吸烟，乱扔烟头。温暖季节要在现场适当位置种植花草。

**5. 材料堆放**

各种机具、设备及建筑材料应按照总平面布置图合理摆放，场内仓库各种器材堆放整齐，且标志清楚、正确、齐全，不得混合堆放，易燃易爆及危险品要按规定分类入库管理。施工现场要保持整洁，应做到工完料尽，清理现场建筑垃圾要按指定区域归堆存放，及时清除，并有标志。

**6. 现场住宿**

施工现场在建的建筑物不得兼作职工宿舍、项目部办公室，生活区必须与施工作业区分开，职工宿舍应有保暖、防煤气中毒、消暑和防蚊虫叮咬的办法与措施。施工现场要落实到责任人管理宿舍，宿舍内严禁乱接电源线和使用大功率电器及自制电器，做到一室一灯。职工宿舍内床铺应统一，生活用品应摆放整齐，宿舍周围应经常清扫，不留残渣，保持卫生。

**7．现场防火**

施工现场应制定防火制度，落实防火责任人，贯彻"以防为主、防消结合"的消防方针，配足必要的灭火器材，保证消防水源满足要求。施工现场严禁动火的区域，需动火时必须报有关部门审批，办理动火证，并指定专人实施动火监护。

**8．治安综合治理**

施工现场的生活区必须设置职工学习和娱乐场所，做到施工时专心、休息时开心。施工现场要制定治安、保卫制度和措施，落实责任人，确保无职工打架斗殴、无盗窃现象发生，让职工在安定的环境中工作与生活。

**9．施工现场标志牌**

施工现场必须挂置工程概况牌、管理人员名单及监督电话牌、消防保卫牌、文明施工牌、安全生产牌五牌和施工总平面图，其内容要齐全。标牌要统一尺寸，达到规范，搭设要整齐、稳固，并经常张贴安全宣传标语，举办宣传栏、公告栏、黑板报等宣传安全生产的重要性，做到警钟长鸣。

**10．生活设施**

施工现场的食堂与厕所、垃圾箱要保持一定距离（间距不小于 30m），食堂应有纱门、纱窗、纱罩；厕所应有冲洗水管和积粪坑，有专人管理，保持清洁卫生，无异味；场内设置带盖的垃圾桶，生活垃圾与建筑垃圾应分开堆放。施工现场必须制定卫生责任制，配备保洁员，经常清除现场垃圾，并教育职工养成良好卫生习惯，保持场内卫生，对随地大小便者有处罚措施，同时要保证供应卫生的饮用水，有封闭完全的职工淋浴室。

**11．保健急救**

施工现场必须配备经过培训的医务人员，经常性地开展卫生、防病宣传教育工作，制定急救方案，落实急救措施，备足急救器材、疗伤和保健药品，确保职工的安全和健康。

**12．社区服务**

施工现场要制定生产不扰民措施，制定防粉尘、防噪声措施，禁止在现场焚烧有毒有害物质，尽量不要在夜间加班加点施工，如有特殊情况，必须报有关部门批准，方能施工。

# 四、塔吊安装与拆除

## （一）塔吊安装

**1．塔吊平面位置的确定**

选用 QT80 型塔式起重机，在安装过程中必须严格按照起重机使用说明及现行各施工、设计规范执行。按照满足施工要求及便于安拆的原则，并结合工程实际情况，将塔吊布置在基坑外边，同时应注意以下几点：

（1）垂直于塔吊卸臂方向，塔吊基础中心线离建筑物装饰外轮廓线不少于 2.8m（已考虑脚手架宽度为 1.2m）。

（2）沿塔吊卸臂方向，塔吊基础中心线离建筑物边线不少于臂长。

**2．塔吊安装**

塔吊的安装必须严格遵守有关安全操作规程的规定。

（1）塔机组装顺序为：安装标准节→吊装套架→安装回转支承总成→安装回转塔身总成→安装塔顶→安装平衡臂拉杆→安装司机室→安装起重臂总成→安装起重臂拉杆→配装平衡重。

（2）塔吊安装时，可直接采用 25t 汽车吊在地面上进行组装。

（3）塔吊基础混凝土浇筑前做好塔吊基础标准节预埋。

（4）在安装起重臂前必须先在平衡臂安装一块 2.32t 的平衡重放在臂断，但严禁超此重量。

（5）塔机在施工现场的安装位置，必须保证塔机的最大旋转部分，如吊臂、吊钩等离输电线 5m 以上的安全距离。

（6）建筑上的用于支撑杆的预埋件，可预埋在柱子上或现浇混凝土墙板里，预埋钢板应紧靠楼板，其距离以不大于 200mm 为宜。

（7）安装和固定附着杆时，必须用经纬仪对塔身结构的垂直进行检查，垂直偏差不大于 3‰，如发现塔身偏斜时，应通过调节附着杆的长度进行调直，附着杆必须安装牢靠。

（8）在塔式起重机使用过程中，应经常对锚固装置各个部位及连接进行仔细检查。

3．塔吊顶升加节

（1）准备工作

1）检查液压泵的性能，按要求给油箱加油。

2）顶升前的准备：

① 清理好各个标准节，在标准节连接处涂上黄油，将标准节在顶升位置时的起重臂排成一行。

② 放松电缆长度略大于总的顶升高度，并紧固好电缆。

③ 将起重臂旋转至顶升套架前方。

④ 在引进平台上准备好引进滚轮。

3）塔机的配平

① 先将塔机运行到配平参考位置，用四倍率吊起一节标准节。

② 除下支座 4 个支腿和标准节的连接螺栓。

③ 将液压顶升系统操纵杆推至顶升方向，使套架顶升至下支座支腿刚刚脱离塔身的主弦杆位置。

④ 略微调整小车的配平位置，使下支座支腿与塔身主弦杆在一条垂直线上，同时套架 8 个导轮和塔身主弦杆间隙基本相同。

⑤ 操作液压系统使套架下降，连接好下支座和标准节间的连接螺栓。

⑥ 在载重小车的配平位置做上明显的标志。

（2）顶升作业

1）将一节标准节吊至套架引进横梁的正方，在标准节下端装上 4 只引进滚轮，缓慢落下吊钩，使装在标准节上的引进滚轮正好落在引进横梁上，然后摘下吊钩。

2）再吊另一节标准节，将载重小车开至顶升平衡位置。

3）使用回转制动器，在塔机上部处于制动状态。

4）卸下塔身顶部与下支座连接的 8 个高强度螺栓。

5）顶升塔机上部结构，分两次顶升，顶升至塔身上方恰好能引入一个标准节，将套架引进横梁上的标准节引至塔身正上方，稍微收回油缸，将新引进的标准节落在塔身顶部，卸下引进滚轮，用 8 件 M36 高强度螺栓将上下标准节连接件连接牢靠，预紧力矩 2400kN·m。

6）再次缩回油缸，将下支座落在新的塔身顶部上，用 8 件 M36 高强度螺栓将下支座与塔身连接牢靠。

7）重复上述步骤至加完所需标准节。

8）塔机加节达到所需工作高度后，旋转起重臂至不同的角度，主弦杆位于平衡臂正下方时，把这根杆从下至上的所有螺母拧紧。

4．塔吊试运转及试验

当整机按步骤安装完毕后，在无风状态下，检查塔身轴心线对支承面的侧向垂直度，允许偏差为4/1000，再按电路图的要求接通所有电路的电源，试开动各机构进行运转，检查各机构运转是否正常，同时检查各处钢丝绳是否处于正常工作状态，是否与结构件有摩擦，所有不正常情况均应予以排除。塔机组装后，应依次进行下列试验。

（1）空载试验　各机构应分别进行数次运行，然后再做三次综合动作运行，运行过程不得发生任何异常现象，否则应及时排除故障。

（2）负荷试验　如果安装完毕就要使用塔机，则必须按有关要求调整好安全装置。塔机安全装置主要包括：行程限位器和载荷限制器。行程限位器有：起升高度限位器、回转限位器和幅度限位器；载荷限制器有：起重力矩限制器、起重量限制器，此外还包括风速仪。

5．立塔后检查项目（表2-40）

表2-40　塔吊安装后的检查

| 检查项目 | 检查内容 |
| --- | --- |
| 底架 | 检查地脚螺栓的紧固情况<br>检查输电线距塔机最大旋转部分的安全距离并检查电缆通过状况，以防损坏 |
| 塔身 | 检查标准节连接螺栓的紧固情况 |
| 套架 | 检查顶升时与标准节接触的支承销轴的连接情况，是否灵活可靠<br>检查走道、栏杆的紧固情况 |
| 上支座<br>下支座<br>司机室 | 检查与回转支承连接的螺栓紧固情况<br>检查电缆的通行状况<br>检查平台、栏杆的紧固情况<br>检查与司机室的连接情况<br>司机室内严禁存放润滑油、油棉纱及其他易燃物品 |
| 塔顶 | 检查起重臂、平衡臂拉杆的安装情况<br>检查扶梯、平台、护栏的安装情况<br>保证起升钢丝绳穿绕正确 |
| 起重臂 | 检查各处连接销轴、垫圈、开口安装的正确性<br>检查载重小车安装运行情况、载入吊栏的紧固情况<br>检查起升、变幅钢丝绳的缠绕及紧固情况 |
| 平衡臂 | 检查平衡臂的固定情况<br>检查平衡臂护栏及走道的安装情况，保证走道上无杂物 |
| 吊具 | 检查自动换倍率装置、吊钩的防脱绳装置是否安全可靠<br>检查吊钩组有无影响使用的缺陷<br>检查起升、变幅钢丝绳的规格、型号应符合要求<br>检查钢丝绳的磨损情况、绳端固定情况 |
| 机构 | 检查各机构的安装、运行情况<br>各机构的制动器间隙调整合适<br>检查牵引机构，当小车分别运行最小和最大幅度处，卷筒钢丝绳上至少应有3圈安全圈<br>检查钢丝绳绳头的压紧有无松动 |
| 安全装置 | 检查各安全保护装置是否按说明书的要求调整合格<br>检查塔机上所有扶梯、栏杆、休息平台的安装紧固情况 |
| 润滑 | 根据使用说明书检查润滑情况，进行润滑工作 |

## （二）塔吊拆除

塔机拆卸与塔机组装顺序相反。当在地面上拆除塔吊时，可直接用 20t 吊车按拆除顺序逐渐拆除各部件。拆除时，一定要使降落塔身与拆除附着杆同步进行。

## （三）安全措施

塔机安装及拆卸时，风速应低于 8m/s 才能进行。施工现场工员要戴安全帽，高空作业系安全带，地面及基坑中均设双重指挥。试吊时观察塔吊基础沉降情况，是否倾斜，塔架垂直情况，有问题及时处理。必须严格执行《塔式起重机操作使用规程》的有关规定，司机与起重工必须持证上岗。严禁司机酒后上机操作。夜间作业，施工现场必须备有充分的照明设施。发现塔机有异常现象时，应停机切断电源，待查清并排除故障后再使用。

# 第三章

# 施工员的内外协调工作

施工项目组织协调

## 一、施工项目组织协调概述

### （一）施工项目组织协调的概念

施工项目组织协调是指以一定的组织形式、手段和方法，对施工项目中产生的关系不畅进行疏通，对产生的干扰和障碍予以排除的活动。

施工项目组织协调是施工项目管理的一项重要职能。项目经理部应该在项目实施的各个阶段，根据其特点和主要矛盾，动态地、有针对性地通过组织协调，及时沟通，排除障碍，化解矛盾，充分调动有关人员的积极性，发挥各方面的能动作用，协同努力，提高项目组织的运转效率，以保证项目施工活动顺利进行，更好地实现项目总目标。

### （二）施工项目组织协调的范围

施工项目组织协调的范围可分为内部关系协调和外部关系协调，外部关系协调又分为近外层关系协调和远外层关系协调，详见图 3-1 和表 3-1。

表 3-1　施工项目组织协调的范围

| 协调范围 | | 协调关系 | 协调对象 |
|---|---|---|---|
| 内部关系 | | 领导与被领导关系<br>业务工作关系<br>与专业企业有合同关系 | ● 项目经理部与企业之间<br>● 项目经理部内部部门之间、人员之间<br>● 项目经理部与作业层之间<br>● 作业层之间 |
| 外部关系 | 近外层 | 直接或间接合同关系<br>或服务关系 | 企业、项目经理部与业主、施工单位、设计单位、供应商、分包单位、贷款人、保险人等 |
| | 远外层 | 多数无合同关系<br>但要受法律、法规和社会公德等约束 | 企业、项目经理部与政府、环保、交通、环卫、环保、绿化、文物、消防、公安等 |

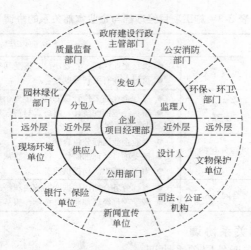

图 3-1 施工项目组织协调范围示意图

## 二、施工项目组织协调的内容

施工项目组织协调的内容主要包括人际关系、组织关系、供求关系、协作配合关系和约束关系等方面的协调。这些协调关系广泛存在于施工项目组织的内部、近外层和远外层之中，分别叙述如下。

### (一) 施工项目内部关系协调

**1. 施工项目经理部内部关系协调**

施工项目经理部内部关系协调的内容与方法见表 3-2。

表 3-2 施工项目经理部内部关系协调

| | 协调关系 | 协调内容与方法 |
|---|---|---|
| 人际关系 | ● 项目经理与下层关系<br>● 职能人员之间的关系<br>● 职能人员与作业人员之间<br>● 作业人员之间 | ● 坚持民主集中制，执行各项规章制度<br>● 以各种形式开展人际间交流、沟通，增强了解、信任和亲和力<br>● 运用激励机制，调动人的积极性，用人所长，奖罚分明<br>● 加强政治思想工作，做好培训教育，提高人员素质<br>● 发生矛盾，重在调节、疏导，缓和利益冲突 |
| 组织关系 | 纵向层次之间、横向部门之间的分工协作和信息沟通关系 | ● 按职能划分，合理设置机构<br>● 以制度形式明确各机构之间的关系和职责权限<br>● 制订工作流程图，建立信息沟通制度<br>● 以协调方法解决问题，缓冲、化解矛盾 |
| 供求关系 | 劳动力、材料、机械设备、资金等供求关系 | ● 通过计划协调生产要求与供应之间的平衡关系<br>● 通过调度体系，开展协调工作，排除干扰<br>● 抓住重点、关键环节，调节供需矛盾 |
| 经济制约关系 | 管理层与作业层之间 | ● 以合同为依据，严格履行合同<br>● 管理层为作业层创造条件，保护其利益<br>● 作业层接受管理层的指导、监督、控制<br>● 定期召开现场会，及时解决施工中存在的问题 |

**2. 施工项目经理部与企业本部关系协调**

施工项目经理部与企业本部关系协调的方法、内容见表 3-3。

表 3-3　施工项目经理部与企业本部关系的协调

| 协调关系及协调对象 | | | 协调内容与方法 |
|---|---|---|---|
| 党政管理 | 与企业有关的主管领导 | 上下级领导关系 | ● 执行企业经理、党委决议，接受其领导<br>● 执行企业有关管理制度 |
| 业务管理 | 与企业相应的职能部、室 | 接受其业务上的监督指导关系 | ● 执行企业的工作管理制度，接受企业的监督、控制<br>● 项目经理部的统计、财务、材料、质量、安全等业务纳入企业相应部门的业务系统管理 |
| | 水、电、运输、安装等专业企业 | 总包与分包的合同关系 | ● 专业企业履行分包合同<br>● 接受项目经理部监督、控制，服从其安排、调配<br>● 为项目施工活动提供服务 |
| | 劳务分包企业 | 劳务合同关系 | ● 履行劳务合同，依据合同解决纠纷、争端<br>● 接受项目经理部监督、控制，服从其安排、调配 |

## （二）施工项目外部关系协调

### 1. 施工项目经理部与近外层关系协调

施工项目经理部与近外层关系协调的内容与方法见表 3-4。

表 3-4　施工项目经理部与近外层关系协调

| 协调关系及协调对象 | | 协调内容与方法 |
|---|---|---|
| 发包人 | 甲乙双方合同关系<br>（项目经理部是工程项目的施工承包人的代理人） | ● 双方洽谈、签订施工项目承包合同<br>● 双方履行施工承包合同约定的责任，保证项目总目标实现<br>● 依据合同及有关法律解决争议纠纷，在经济问题、质量问题、进度问题上达到双方协调一致 |
| 施工工程师 | 施工与被施工关系<br>（施工工程师是项目施工人，与业主有施工合同关系） | ● 按建设工程施工规范的规定，接受监督和相关的管理<br>● 接受业主授权范围内的施工指令<br>● 通过施工工程师与发包人、设计人等关联单位经常协调沟通<br>● 与施工工程师建立融洽的关系 |
| 设计人 | 平等的业务合作配合关系<br>（设计人是工程项目设计承包人，与业主有设计合同关系） | ● 项目经理部按设计图纸及文件制订项目管理实施规划，按图施工<br>● 与设计单位搞好协作关系，处理好设计交底，图纸会审，设计洽商变更，修改，隐蔽工程验收，交工验收等工作 |
| 供应人 | 有供应合同者为合同关系 | 双方履行合同，利用合同的作用进行调节 |
| | 无供应合同者为市场买卖、需求关系 | 充分利用市场竞争机制、价格调节和制约机制、供求机制的作用进行调节 |
| 分包人 | 总包与分包的合同关系 | ● 选择具有相应资质等级和施工能力的分包单位<br>● 分包单位应办理施工许可证，劳务人员有就业证<br>● 双方履行分包合同，按合同处理经济利益、责任，解决纠纷<br>● 分包单位接受项目经理部的监督、控制 |
| 公用部门 | 相互配合、协作关系<br>相应法律、法规约束关系<br>（业主施工前应去公用部门办理相关手续并取得许可证） | ● 项目经理部在业主取得有关公用部门批准文件及许可证后，方可进行相应的施工活动<br>● 遵守各公用部门的有关规定，合理、合法施工：<br>● 项目经理部应根据施工要求向有关公用部门办理各类手续<br>1）到交通管理部门办理通行路线图和通行证<br>2）到市政管理部门办理街道临建审批手续<br>3）到自来水管理部门办理施工用水设计审批手续<br>4）到供电管理部门办理施工用电设计审批手续等<br>● 在施工活动中主动与公用部门密切联系，取得配合与支持，加强计划性，以保证施工质量、进度要求<br>● 充分利用发包人、施工工程师的关系进行协调 |

**2.施工项目经理部与远外层关系协调**

施工项目经理部与远外层关系协调的内容与方法见表 3-5。

表 3-5 施工项目经理部与远外层关系协调

| 关系单位或部门 | 协调内容与方法 |
|---|---|
| 政府建设行政主管部门 | ● 接受政府建设行政主管部门领导、审查，按规定办理好项目施工的一切手续<br>● 在施工活动中，应主动向政府建设行政主管部门请示汇报，取得支持与帮助<br>● 在发生合同纠纷时，政府建设行政主管部门应给予调解或仲裁 |
| 质量监督部门 | ● 及时办理建设工程质量监督通知单等手续<br>● 接受质量监督部门对施工全过程的质量监督、检查，对所提出的质量问题及时改正<br>● 按规定向质量监督部门提供有关工程质量文件和资料 |
| 金融机构 | ● 遵守金融法规，向银行借贷、委托、送审和申请，履行借贷合同<br>● 以建筑工程为标的向保险企业投保 |
| 消防部门 | ● 施工现场有消防平面布置图，符合消防规范，在办理施工现场消防安全资格认可证审批后方可施工<br>● 随时接受消防部门对施工现场的检查，对存在的问题及时改正<br>● 竣工验收后还须将有关文件报消防部门，进行消防验收，若存在问题，立即返修 |
| 公安部门 | ● 进场后应向当地派出所如实汇报工地性质、人员状况，为外来劳务人员办理暂住手续<br>● 主动与公安部门配合，消除不安定因素和治安隐患 |
| 安全监察部门 | ● 按规定办理安全资格认可证、安全施工许可证、项目经理安全生产资格证<br>● 施工中接受安全监察部门的检查、指导，发现安全隐患及时整改、消除 |
| 公证鉴证机构 | 委托合同公证、鉴证机构进行合同的真实性、可靠性的法律审查和鉴定 |
| 司法机构 | 在合同纠纷处理中，在调解无效或对仲裁不服时，可向法院起诉 |
| 现场环境单位 | ● 遵守公共关系准则，注意文明施工，减少环境污染、噪声污染，搞好环卫、环保、场容场貌、安全等工作<br>● 尊重社区居民、环卫环保单位意见，改进工作，取得谅解、配合与支持 |
| 园林绿化部门 | ● 因建设需要砍伐树木时，须提出申请，报市园林主管部门批准<br>● 因建设需要临时占用城市绿地和绿化带，须办理临建审批手续，经城市园林部门、城市规划部门、公安部门同意，并报当地政府批准 |
| 文物保护部门 | ● 在文物较密集地区进行施工，项目经理部应事先与省市文物保护部门联系，进行文物调查或勘探工作，若发现文物要共同商定处理办法<br>● 施工中发现文物，项目经理部有责任和义务妥善保护文物和现场，并报政府文物管理机关及时处理 |

## 第二节 施工平面协调

每个施工现场都需要多工种协同配合，施工时都需要一定的空间位置来安置设备、堆放材料等。由于工种多，就需要协调，只有协调好这些关系，施工才能紧张、有序进行。这些协调工作大多需要施工员协助项目经理完成。

### 一、施工平面图

在施工现场，除拟建建筑物外，还有各种拟建工程所需的各种临时设施，如混凝土搅拌站、材料堆场及仓库、工地临时办公室及食堂等。为了使现场施工科学有序、安全，必须对施工现场进行合理的平面规划和布置。这种在建筑总平面图上布置各种为施工服务的临时设施的现场布置图称为施工平面图。单位工程施工平面图一般按 1：200～1：500 比例绘制。

施工平面图是施工方案在现场空间上的体现，反映已建工程和拟建工程之间，以及各种临时建筑、临时设施之间的合理位置关系。现场布置得好，就可以使现场管理得好，为文明施工创造条件；反之，如果现场施工平面布置得不好，施工现场道路不通畅，材料堆放混乱，就会对施工进度、质量、安全、成本产生不良后果。因此施工平面图设计是施工组织设计中一个很重要的内容。

1. 施工平面图设计原则

（1）在保证施工顺利进行的前提下，现场布置尽量紧凑，节约用地。

（2）合理布置施工现场的运输道路及各种材料堆场、加工厂、仓库位置、各种机具的位置，尽量使得运距最短，从而减少或避免二次搬运。

（3）力争减少临时设施的数量，降低临时设施费用。

（4）临时设施的布置，尽量便利工人的生产和生活，使工人至施工区距离最近，往返时间最少。

（5）符合环保、安全和防火要求。

2. 单位工程施工平面图设计步骤

（1）熟悉、分析有关资料。

（2）决定起重机械位置。

（3）选择砂浆及混凝土搅拌站位置。

（4）确定材料及半成品位置。

（5）确定场内运输道路。

（6）确定各类临时设施位置。

## 二、施工现场平面协调

为了减少各种材料的运距，避免无效劳动，有效地组织现场的平面及立体交叉作业，最大限度利用空间，确保做到文明施工，施工平面管理工作设有专人负责，划片包干管理，未经施工员同意，任何人不得任意改变。

1. 总平面管理

总平面管理是针对整个施工现场而进行的管理，其最终要求是：严格按照施工平面布置图规划和管理，具体表现在：施工平面规划应具有科学性、方便性。施工现场按照文明施工有关规定，在靠大门处围墙上设置工程概况、施工进度计划、施工总平面图、现场管理制度、防火安全保卫制度等标牌。

现场施工道路均要硬地化，必须做好四周排水沟。施工时要加强对排水沟的管理，保持水沟的畅通。不得任意挖沟阻塞交通和排水通道。确实需要损坏这些设施时，要征得现场领导同意，然后集中组织力量，突击施工，并迅速采取措施恢复使用功能，管理人员要经常检查督促，及时解决问题。

供电、给水、排水等系统的设置严格遵循总平面图的布置。

砂石、钢筋、模板及其他材料，应根据施工进度计划安排，分批分期进场，按平面图要求布置，场地要统一规划，严格控制堆放地盘，切实贯彻落实科学管理，严禁随心所欲造成浪费或堵塞交通运输等。

在做好总平面管理工作的同时，应经常检查执行情况，坚持合理的施工顺序，不打乱仗，力求均衡生产。现场文明施工管理实行分区包干制度，成立现场文明施工管理小组，建立健全施工计划管理制度等，确保现场文明施工。

2．重点部位的要求

对现场道路进行全面修整，现场排水系统应保证畅通，以设置素混凝土垫层及侧壁明沟为主。排水以自然排水沟，经沉淀池沉淀后排入市政排水管网。

所有临时设施必须按照施工平面图规划要求、按质量标准办，不能马虎凑合、降低标准，一定要保证运输道路畅通无阻。

3．其他具体措施

（1）办公、生活区周围临时围墙保持整洁。大门两侧围墙上用彩色字体分别注明施工单位和工程名称。

（2）施工现场的水准点和轴线控制桩应有明显的标志，并加以妥善保护，任何人不得损坏。

（3）大门整洁醒目，形象设计有特色，"六牌一图"（文明施工牌、消防保卫牌、管理人员名单及监督电话牌、安全生产牌、工程概况牌、现场主要工作人员及场地平面布置图）齐全完整。

（4）设立现场保洁员制度，设保洁员2人，全面负责施工现场及车辆路过的现场外主要道路的打扫。

（5）现场机械设备整齐停放，做好维修保养。材料分类标志、堆放整齐。料具入库堆码。

（6）加强施工机具安全操作管理、施工现场用电管理，严禁乱拉乱接电线，并派专人对电器设备定期检查，对不符合规范的操作限期整改。

# 第三节　工程验收

## 一、验收的基本规定

1．施工现场质量管理应有相应的施工技术标准、健全的质量管理体系、施工质量检验制度和综合施工质量水平评定考核制度。

施工现场质量管理可按表3-6的要求进行检查记录。

表3-6　施工现场质量管理检查记录

开工日期：

| 工程名称 | | | 施工许可证（开工证） | |
| --- | --- | --- | --- | --- |
| 建设单位 | | | 项目负责人 | |
| 设计单位 | | | 项目负责人 | |
| 施工单位 | | | 总施工工程师 | |
| 施工单位 | | 项目经理 | | 项目技术负责人 |
| 序号 | 项目 | | 内容 | |
| 1 | 现场质量管理制度 | | | |
| 2 | 质量责任制 | | | |
| 3 | 主要专业工种操作上岗证书 | | | |

续表

| 序号 | 项目 | 内容 |
|---|---|---|
| 4 | 分包方资质与对分包单位的管理制度 | |
| 5 | 施工图审查情况 | |
| 6 | 地质勘察资料 | |
| 7 | 施工组织设计、施工方案及审批 | |
| 8 | 施工技术标准 | |
| 9 | 工程质量检验制度 | |
| 10 | 搅拌站及计量设置 | |
| 11 | 现场材料、设备存放与管理 | |
| 12 | | |

检查结论：

总施工工程师

（建设单位项目负责人）　　年　　月　　日

2．建筑工程应按下列规定进行施工质量控制：

（1）建筑工程采用的主要材料、半成品、成品、建筑构配件、器具和设备应进行现场验收。凡涉及安全、功能的有关产品，应按各专业工程质量验收规范的规定进行复检，并应经施工工程师（建设单位技术负责人）检查认可。

（2）各工序应按施工技术标准进行质量控制，每道工序完成后应进行检查。

（3）相关各专业工种之间应进行交接检验，并形成记录。未经施工工程师（建设单位技术负责人）检查认可，不得进行下道工序施工。

3．建筑工程施工质量应按下列要求进行验收：

（1）建筑工程施工质量应符合建筑工程施工质量验收统一标准和相关专业验收规范的规定。

（2）建筑工程施工质量应符合工程勘察、设计文件的要求。

（3）参加工程施工质量验收的各方人员应具备规定的资格。

（4）工程质量的验收均应在施工单位自行检查评定的基础上进行。

（5）隐蔽工程在隐蔽前应由施工单位通知有关单位进行验收，并应形成验收文件。

（6）涉及结构安全的试块、试件以及有关材料，应按规定进行见证取样检测。

（7）检验批的质量应按主控项目和一般项目验收。

（8）对涉及结构安全和使用功能的重要分部工程应进行抽样检测。

（9）承担见证取样检测及有关结构安全检测的单位应具有相应资质。

（10）工程的观感质量应由验收人员通过现场检查，并应共同确认。

4．检验批的质量检验，应根据检验项目的特点在下列抽样方案中进行选择：

（1）计量、计数或计量-计数等抽样方案。

（2）一次、二次或多次抽样方案。

（3）根据生产连续性和生产控制稳定性情况，尚可采用调整型抽样方案。

（4）对重要的检验项目当可采用简易快速的检验方法时，可选用全数检验方案。

（5）经实践检验有效的抽样方案。

5. 在制定检验批的抽样方案时，对生产方风险（或错判概率$\alpha$）和使用方风险（或漏判概率$\beta$）可按下列规定采取：

（1）主控项目：对应于合格质量水平的$\alpha$和$\beta$均不宜超过 5%。

（2）一般项目：对应于合格质量水平的$\alpha$不宜超过 5%，$\beta$不宜超过 10%。

## 二、建筑工程质量验收的划分

建筑工程质量验收应划分为单位（子单位）工程、分部（子分部）工程、分项工程和检验批的质量验收。

1. 单位工程的划分

（1）具备独立施工条件并能形成独立使用功能的建筑物及构筑物为一个单位工程。

（2）建筑规模较大的单位工程，可将其能形成独立使用功能的部分划分为一个子单位工程。

2. 分部工程的划分

（1）分部工程的划分应按专业性质、建筑部位确定。如建筑工程可划分为九个分部工程：地基与基础、主体结构、建筑装饰装修、建筑屋面、建筑给排水及采暖、建筑电气、智能建筑、通风与空调和电梯等分部工程。

（2）当分部工程规模较大或较复杂时，可按材料种类、施工特点、施工顺序、专业系统及类别等划分为若干个子分部工程。如地基与基础分部工程可分为：无支护土方、有支护土方、地基及基础处理、桩基、地下防水、混凝土基础、砌体基础、劲钢（管）混凝土和钢结构等子分部工程。

3. 分项工程的划分

分项工程应按主要工种、材料、施工工艺、设备类别等进行划分。如无支护土方子分部工程可分为土方开挖和土方回填等分项工程。

建筑工程分部（子分部）、分项工程如表 3-7 所列。

表 3-7　建筑工程分部、分项工程划分

| 序号 | 分部工程 | 子分部工程 | 分项工程 |
|---|---|---|---|
| 1 | 地基与基础 | 无支护土方 | 土方开挖、土方回填 |
| | | 有支护土方 | 排桩、降水、排水、地下连续墙、锚杆、土钉墙、水泥土桩、沉井与沉箱、钢及混凝土支撑 |
| | | 地基及基础处理 | 灰土地基、砂和砂石地基、碎砖三合土地基、土工合成材料地基，粉煤灰地基、重锤夯实地基、强夯地基、振冲地基、砂桩地基、预压地基、高压喷射注浆地基、土和灰土挤密桩地基、注浆地基、水泥粉煤灰碎石桩地基、夯实水泥土桩地基 |
| | | 桩基 | 锚杆静压桩及静力压桩、预应力离心管桩、钢筋混凝土预制桩、钢桩、混凝土灌注桩（成孔、钢筋笼、清孔、水下混凝土灌注） |
| | | 地下防水 | 防水混凝土，水泥砂浆防水层、卷材防水层、涂料防水层、金属板防水层、塑料板防水层、细部构造、喷锚支护、复合式衬砌、地下连续墙、盾构法隧道；渗排水、盲沟排水、隧道、坑道排水；预注浆、后注浆、衬砌裂缝注浆 |

续表

| 序号 | 分部工程 | 子分部工程 | 分项工程 |
|---|---|---|---|
| 1 | 地基与基础 | 混凝土基础 | 模板、钢筋、混凝土，后浇带混凝土，混凝土结构缝处理 |
| | | 砌体基础 | 砖砌体，混凝土砌块砌体，配筋砌体，石砌体 |
| | | 劲钢（管）混凝土 | 劲钢（管）焊接，劲钢（管）与钢筋的连接，混凝土 |
| | | 钢结构 | 焊接钢结构、栓接钢结构、钢结构制作，钢结构安装，钢结构涂装 |
| 2 | 主体结构 | 混凝土结构 | 模板，钢筋，混凝土，预应力、现浇结构，装配式结构 |
| | | 劲钢（管）混凝土结构 | 劲钢（管）焊接、螺栓连接、劲钢（管）与钢筋的连接，劲钢（管）制作、安装，混凝土 |
| | | 砌体结构 | 砖砌体，混凝土小型空心砌块砌体，石砌体，填充墙砌体，配筋砌砖体 |
| | | 钢结构 | 钢结构焊接，紧固件连接，钢零部件加工，单层钢结构安装，多层及高层钢结构安装，钢结构涂装，钢构件组装，钢构件预拼装，钢网架结构安装，压型金属板 |
| | | 木结构 | 方木和原木结构、胶合木结构、轻型木结构，木构件防护 |
| | | 网架和索膜结构 | 网架制作、网架安装、索膜安装、网架防火、防腐涂料 |
| 3 | 建筑装饰装修 | 地面 | 整体面层：基层、水泥混凝土面层、水泥砂浆面层、水磨石面层、防油渗面层、水泥钢（铁）屑面层、不发火（防爆的）面层；板块面层：基层、砖面层（陶瓷锦砖、缸砖、陶瓷地砖和水泥花砖面层）、大理石面层和花岗岩面层，预制板块面层（预制水泥混凝土、水磨石板块面层）、料石面层（条石、块石面层）、塑料板面层、活动地板面层、地毯面层；木竹面层：基层、实木地板面层（条材、块材面层）、实木复合地板面层（条材、块材面层）、中密度（强化）复合地板面层（条材面层）、竹地板面层 |
| | | 抹灰 | 一般抹灰，装饰抹灰，清水砌体勾缝 |
| | | 门窗 | 木门窗制作与安装、金属门窗安装、塑料门窗安装、特种门安装、门窗玻璃安装 |
| | | 吊顶 | 暗龙骨吊顶、明龙骨吊顶 |
| | | 轻质隔墙 | 板材隔墙、骨架隔墙、活动隔墙、玻璃隔墙 |
| | | 饰面板（砖） | 饰面板安装、饰面砖粘贴 |
| | | 幕墙 | 玻璃幕墙、金属幕墙、石材幕墙 |
| | | 涂饰 | 水性涂料涂饰、溶剂型涂料涂饰、美术涂饰 |
| | | 裱糊与软包 | 裱糊、软包 |
| | | 细部 | 橱柜制作与安装，窗帘盒、窗台板和暖气罩制作与安装，门窗套制作与安装，护栏和扶手制作与安装，花饰制作与安装 |
| 4 | 建筑屋面 | 卷材防水屋面 | 保温层，找平层，卷材防水层，细部构造 |
| | | 涂膜防水屋面 | 保温层，找平层，涂膜防水层，细部构造 |
| | | 刚性防水屋面 | 细石混凝土防水层，密封材料嵌缝，细部构造 |
| | | 瓦屋面 | 平瓦屋面，油毡瓦屋面，金属板屋面，细部构造 |
| | | 隔热屋面 | 架空屋面，蓄水屋面，种植屋面 |
| 5 | 建筑给水、排水及采暖 | 室内给水系统 | 给水管道及配件安装、室内消火栓系统安装、给水设备安装、管道防腐、绝热 |

续表

| 序号 | 分部工程 | 子分部工程 | 分项工程 |
|---|---|---|---|
| 5 | 建筑给水、排水及采暖 | 室内排水系统 | 排水管道及配件安装、雨水管道及配件安装 |
| | | 室内热水供应系统 | 管道及配件安装、辅助设备安装、防腐、绝热 |
| | | 卫生器具安装 | 卫生器具安装、卫生器具给水配件安装、卫生器具排水管道安装 |
| | | 室内采暖系统 | 管道及配件安装、辅助设备及散热器安装、金属辐射板安装、低温热水地板辐射采暖系统安装、系统水压试验及调试、防腐、绝热 |
| | | 室外给水管网 | 给水管道安装、消防水泵接合器及室外消火栓安装、管沟及井室 |
| | | 室外排水管网 | 排水管道安装、排水管沟与井池 |
| | | 室外供热管网 | 管道及配件安装、系统水压试验及调试、防腐、绝热 |
| | | 建筑中水系统及游泳池系统 | 建筑中水系统管道及辅助设备安装、游泳池水系统安装 |
| | | 供热锅炉及辅助设备安装 | 锅炉安装、辅助设备及管道安装、安全附件安装、烘炉、煮炉和试运行、换热站安装、防腐、绝热 |
| 6 | 建筑电气 | 室外电气 | 架空线路及杆上电气设备安装，变压器、箱式变电所安装，成套配电柜、控制柜（屏、台）和动力、照明配电箱（盘）及控制箱安装，电线、电缆导管和线槽敷设，电线、电缆穿管和线槽敷设，电缆头制作、导线连接和线路电气试验，建筑物外部装饰灯具、航空障碍标志灯和庭院路灯安装，建筑照明通电试运行，接地装置安装 |
| | | 变配电室 | 变压器、箱式变电所安装，成套配电柜、控制柜（屏、台）和动力、照明配电箱（盘）安装，裸母线、封闭母线、插接式母线安装，电缆沟内和电缆竖井内电缆敷设，电缆头制作、导线连接和线路电气试验，接地装置安装，避雷引下线和变配电室接地干线敷设 |
| | | 供电干线 | 裸母线、封闭母线、插接式母线安装，桥架安装和桥架内电缆敷设，电缆沟内和电缆竖井内电缆敷设，电线、电缆导管和线槽敷设，电线、电缆穿管和线槽敷线，电缆头制作、导线连接和线路电气试验 |
| | | 电气动力 | 成套配电柜、控制柜（屏、台）和动力、照明配电箱（盘）及安装，低压电动机、电加热器及电动执行机构检查、接线，低压电气动力设备检测、试验和空载试运行，桥架安装和桥架内电缆敷设，电线、电缆导管和线槽敷设，电线、电缆穿管和线槽敷线，电缆头制作、导线连接和线路电气试验，插座、开关、风扇安装 |
| | | 电气照明安装 | 成套配电柜、控制柜（屏、台）和动力、照明配电箱（盘）安装，电线、电缆导管和线槽敷设，电线、电缆导管和线槽敷线，槽板配线，钢索配线，电缆头制作、导线连接和线路电气试验，普通灯具安装，专用灯具安装，插座、开关、风扇安装，建筑照明通电试运行 |
| | | 备用和不间断电源安装 | 成套配电柜、控制柜（屏、台）和动力、照明配电箱（盘）安装，柴油发电机组安装，不间断电源的其他功能单元安装，裸母线、封闭母线、插接式母线安装，电线、电缆导管和线槽敷设，电线、电缆导管和线槽敷线，电缆头制作、导线连接和线路电气试验，接地装置安装 |
| | | 防雷及接地安装 | 接地装置安装，避雷引下线和变配电室接地干线敷设，建筑物等电位连接，接闪器安装 |
| 7 | 智能建筑 | 通信网络系统 | 通信系统、卫星及有线电视系统、公共广播系统 |
| | | 办公自动化系统 | 计算机网络系统、信息平台及办公自动化应用软件、网络安全系统 |

续表

| 序号 | 分部工程 | 子分部工程 | 分项工程 |
|---|---|---|---|
| 7 | 智能建筑 | 建筑设备监控系统 | 空调与通风系统、变配电系统、照明系统、给排水系统、热源和热交换系统、冷冻和冷却系统、电梯和自动扶梯系统、中央管理工作站与操作分站、子系统通信接口 |
| | | 火灾报警及消防联动系统 | 火灾和可燃气体探测系统、火灾报警控制系统、消防联动系统 |
| | | 安全防范系统 | 电视监控系统、入侵报警系统、巡更系统、出入口控制（门禁）系统、停车管理系统 |
| | | 综合布线系统 | 缆线敷设和终接、机柜、机架、配线架的安装、信息插座和光缆芯线终端的安装 |
| | | 智能化集成系统 | 集成系统网络、实时数据库、信息安全、功能接口 |
| | | 电源与接地 | 智能建筑电源、防雷及接地 |
| | | 环境 | 空间环境、室内空调环境、视觉照明环境、电磁环境 |
| | | 住宅（小区）智能化系统 | 火灾自动报警及消防联动系统、安全防范系统（含电视监控系统、入侵报警系统、巡更系统、门禁系统、楼宇对讲系统、住户对讲呼救系统、停车管理系统）、物业管理系统（多表现场计量及与远程传输系统、建筑设备监控系统、公共广播系统、小区网络及信息服务系统、物业办公自动化系统）、智能家庭信息平台 |
| 8 | 通风与空调 | 送排风系统 | 风管与配件制作；部件制作；风管系统安装；空气处理设备安装；消声设备制作与安装，风管与设备防腐；风机安装；系统调试 |
| | | 防排烟系统 | 风管与配件制作；部件制作；风管系统安装；防排烟风口、常闭正压风口与设备安装；风管与设备防腐，风机安装；系统调试 |
| | | 除尘系统 | 风管与配件制作；部件制作；风管系统安装；除尘器与排污设备安装；风管与设备防腐，风机安装；系统调试 |
| | | 空调风系统 | 风管与配件制作；部件制作；风管系统安装；空气处理设备安装；消声设备制作与安装，风管与设备防腐；风机安装；风管与设备绝热；系统调试 |
| | | 净化空调系统 | 风管与配件制作；部件制作；风管系统安装；空气处理设备安装；消声设备制作与安装，风管与设备防腐；风机安装；风管与设备绝热；高效过滤器安装；系统调试 |
| | | 制冷设备系统 | 制冷机组安装；制冷剂管道及配件安装；制冷附属设备安装；管道及设备的防腐与绝热；系统调试 |
| | | 空调水系统 | 管道冷热（煤）水系统安装；冷却水系统安装；冷凝水系统安装；阀门及部件安装；冷却塔安装；水泵及附属设备安装；管道与设备的防腐与绝热；系统调试 |
| 9 | 电梯 | 电力驱动的曳引式或强制式电梯安装工程 | 设备进场验收，土建交接检验，驱动主机，导轨，门系统，轿厢，对重（平衡重），安全部件，悬挂装置，随行电缆，补偿装置，电气装置，整机安装验收 |
| | | 液压电梯安装工程 | 设备进场验收，土建交接检验，液压系统，导轨，门系统，轿厢，平衡重，安全部件，悬挂装置，随行电缆，电气装置，整机安装验收 |
| | | 自动扶梯、自动人行道安装工程 | 设备进场验收，土建交接检验，整机安装验收 |

## 4. 检验批的划分

所谓检验批，是指按同一生产条件或按规定的方式汇总起来的供检验用的、由一定数量样本组成的检验体。检验批由于其质量基本均匀一致，因此可以作为检验的基础单位。

分项工程可由一个或若干个检验批组成，检验批可根据施工及质量控制和专业验收需要按楼层、施工段、变形缝等进行划分。分项工程划分成检验批进行验收，有助于及时纠正施工中出现的质量问题，确保工程质量，也符合施工的实际需要。检验批的划分原则是：

（1）多层及高层建筑工程中主体部分的分项工程可按楼层或施工段划分检验批，单层建筑工程中的分项工程可按变形缝等划分检验批；

（2）地基基础分部工程中的分项工程一般划分为一个检验批，有地下层的基础工程可按不同地下层划分检验批；

（3）屋面分部工程的分项工程中的不同楼层屋面可划分为不同的检验批；

（4）其他分部工程中的分项工程，一般按楼层划分检验批；

（5）对于工程量较少的分项工程可统一划分为一个检验批；

（6）安装工程一般按一个设计系统或设备组别划分为一个检验批；

（7）室外工程统一划分为一个检验批；

（8）散水、台阶、明沟等含在地面检验批中。

5．室外工程可根据专业类别和工程规模划分单位（子单位）工程。

室外单位（子单位）工程、分部工程见表 3-8 所列。

表 3-8　室外单位工程划分

| 单位工程 | 子单位工程 | 分部（子分部）工程 |
| --- | --- | --- |
| 室外建筑环境 | 附属建筑 | 车棚、围墙、大门、挡土墙、垃圾收集站 |
| | 室外环境 | 建筑小品、道路、亭台、连廊、花坛、场坪绿化 |
| 室外安装 | 给排水与采暖 | 室外给水系统、室外排水系统、室外供热系统 |
| | 电气 | 室外供电系统、室外照明系统 |

## 三、建筑工程质量验收标准

### （一）检验批质量合格规定

1．主控项目和一般项目的质量经抽样检验合格。

2．具有完整的施工操作依据、质量检查记录。

所谓主控项目，是指建筑工程中的对安全、卫生、环境保护和公众利益起决定性作用的检验项目。主控项目是对检验批的基本质量起决定性影响的检验项目，其不允许有不符合要求的检验结果，即这种项目的检查具有否决权。因此，主控项目必须全部符合有关专业工程验收规范的规定。

所谓一般项目，是指除主控项目以外的检验项目。

质量控制资料反映了检验批从原材料到最终验收的各施工工序的操作依据、检查情况，以及保证质量所必需的管理制度等。对其完整性的检查，实际是对过程控制的确认，这是检验批合格的前提。

### （二）分项工程质量验收合格规定

（1）分项工程所含的检验批均应符合合格质量的规定。

（2）分项工程所含的检验批的质量记录应完整。

分项工程的验收是在检验批的基础上进行的。一般情况下，两者具有相同或相近的性质，只是批量的大小不同而已。

### （三）分部（子分部）工程质量验收合格规定

（1）分部（子分部）工程所含分项工程的质量均应验收合格。

（2）质量控制资料应完整。

（3）地基与基础、主体结构和设备安装等分部工程有关安全及功能的检验和抽样检测结果应符合有关规定。

（4）观感质量验收应符合要求。

### （四）单位（子单位）工程质量验收合格规定

（1）单位（子单位）工程所含分部（子分部）工程的质量均应验收合格。

（2）质量控制资料应完整。

（3）单位（子单位）工程所含分部工程有关安全和功能的检测资料应完整。

（4）主要功能项目的抽查结果应符合相关专业质量验收规范的规定。

（5）观感质量验收应符合要求。

单位工程质量验收也称质量竣工验收，是施工项目投入使用前的最后一次验收，也是最重要的一次验收。

### （五）建筑工程质量验收记录的规定

检验批、分项工程、分部（子分部）工程和单位（子单位）工程竣工的质量验收记录如表 3-9～表 3-12 所示。

**表 3-9　检验批质量验收记录**

| 工程名称 | | | 分项工程名称 | | | 验收部位 | | |
|---|---|---|---|---|---|---|---|---|
| 施工单位 | | | | | 专业工长 | | 项目经理 | |
| 施工执行标准名称及编号 | | | | | | | | |
| 分包单位 | | | | | 分包项目经理 | | 施工班组长 | |
| | | 质量验收规范的规定 | | 施工单位检查评定记录 | | | 施工（建设）单位验收记录 | |
| 主控项目 | 1 | | | | | | | |
| | 2 | | | | | | | |
| | 3 | | | | | | | |
| | 4 | | | | | | | |
| | 5 | | | | | | | |
| | 6 | | | | | | | |
| | 7 | | | | | | | |
| | 8 | | | | | | | |
| | 9 | | | | | | | |
| 一般项目 | 1 | | | | | | | |
| | 2 | | | | | | | |
| | 3 | | | | | | | |
| | 4 | | | | | | | |
| 施工单位检查结果评定 | | | | | | | | |
| | | 项目专业质量检查员 | | | | | 年　月　日 | |
| 施工（建设）单位验收结论 | | 施工工程师<br>（建设单位项目专业技术负责人） | | | | | 年　月　日 | |

表 3-10 _____分项工程质量验收记录

| 工程名称 | | 结构类型 | | 检验批数 | |
|---|---|---|---|---|---|
| 施工单位 | | 项目经理 | | 项目技术负责人 | |
| 分包单位 | | 分包单位负责人 | | 分包项目经理 | |

| 序号 | 检验批部位、区段 | 施工单位检查评定结果 | 施工（建设）单位验收结论 |
|---|---|---|---|
| 1 | | | |
| 2 | | | |
| 3 | | | |
| 4 | | | |
| 5 | | | |
| 6 | | | |
| 7 | | | |
| 8 | | | |
| 9 | | | |
| 10 | | | |
| 11 | | | |
| 12 | | | |
| 13 | | | |
| 14 | | | |
| 15 | | | |
| 16 | | | |
| 17 | | | |
| | | | |
| | | | |

| 检查结论 | 项目专业技术负责人：<br><br>年 月 日 | 验收结论 | 施工工程师：<br>（建设单位项目专业技术负责人）<br><br>年 月 日 |
|---|---|---|---|

表 3-11 _____分部（子分部）工程验收记录

| 工程名称 | | 结构类型 | | 层数 | |
|---|---|---|---|---|---|
| 施工单位 | | 技术部门负责人 | | 质量部门负责人 | |
| 分包单位 | | 分包单位负责人 | | 分包技术负责人 | |

| 序号 | 分项工程名称 | 检验批数 | 施工单位检查评定 | 验收意见 |
|---|---|---|---|---|
| 1 | | | | |
| 2 | | | | |
| 3 | | | | |
| 4 | | | | |
| 5 | | | | |
| 6 | | | | |
| | | | | |
| | 质量控制资料 | | | |
| | 安全和功能检验（检测）报告 | | | |
| | 观感质量验收 | | | |

| 验收单位 | 分包单位 | 项目经理 | 年　月　日 |
|---|---|---|---|
| | 施工单位 | 项目经理 | 年　月　日 |
| | 勘察单位 | 项目负责人 | 年　月　日 |
| | 设计单位 | 项目负责人 | 年　月　日 |
| | 施工（建设）单位 | 总施工工程师<br>（建设单位项目专业负责人） | 年　月　日 |

表 3-12 单位（子单位）工程质量竣工验收记录

| 工程名称 | | 结构类型 | | 层数/建筑面积 | — |
|---|---|---|---|---|---|
| 施工单位 | | 技术负责人 | | 开工日期 | |
| 项目经理 | | 项目技术负责人 | | 竣工日期 | |

| 1 | 分部工程 | 共分　部，经查　分部符合标准及设计要求 | |
|---|---|---|---|
| 2 | 质量控制资料核查 | 共　项，经审查符合要求　项，经核定符合规范要求　项 | |
| 3 | 安全和主要使用功能核查及抽查结果 | 共核查　项，符合要求　项，共抽查　项，符合要求　项，经返工处理符合要求　项 | |
| 4 | 观感质量验收 | 共抽查　项，符合要求　项，不符合要求　项 | |
| 5 | 综合验收结论 | | |

| 参加验收单位 | 建设单位 | 施工单位 | 施工单位 | 设计单位 |
|---|---|---|---|---|
| | （公章） | （公章） | （公章） | （公章） |
| | 单位（项目）负责人<br>年 月 日 | 总施工工程师<br>年 月 日 | 单位负责人<br>年 月 日 | 单位（项目）负责人<br>年 月 日 |

　　单位（子单位）工程质量控制资料核查记录、单位（子单位）工程安全和功能检验资料核查及主要功能抽查记录、单位（子单位）工程观感质量检查记录应按表 3-13～表 3-15 的要求进行填写。

表 3-13　单位（子单位）工程质量控制资料核查记录

| 工程名称 | | | | 施工单位 | | | |
|---|---|---|---|---|---|---|---|
| 序号 | 项目 | 资料名称 | | | 份数 | 核查意见 | 核查人 |
| 1 | 建筑与结构 | 图纸会审、设计变更、洽商记录 | | | | | |
| 2 | | 工程定位测量、放线记录 | | | | | |
| 3 | | 原材料出厂合格证书及进场检（试）验报告 | | | | | |
| 4 | | 施工试验报告及见证检测报告 | | | | | |
| 5 | | 隐蔽工程验收表 | | | | | |
| 6 | | 施工记录 | | | | | |
| 7 | | 预制构件、预拌混凝土合格证 | | | | | |
| 8 | | 地基、基础、主体结构检验及抽样检测资料 | | | | | |
| 9 | | 分项、分部工程质量验收记录 | | | | | |
| 10 | | 工程质量事故及事故调查处理资料 | | | | | |
| 11 | | 新材料、新工艺施工记录 | | | | | |
| 12 | | | | | | | |
| 1 | 给排水与采暖 | 图纸会审、设计变更、洽商记录 | | | | | |
| 2 | | 材料、配件出厂合格证书及进场检（试）验报告 | | | | | |
| 3 | | 管道、设备强度试验、严密性试验记录 | | | | | |
| 4 | | 隐蔽工程验收表 | | | | | |
| 5 | | 系统清洗、灌水、通水、通球试验记录 | | | | | |
| 6 | | 施工记录 | | | | | |
| 7 | | 分项、分部工程质量验收记录 | | | | | |
| 8 | | | | | | | |
| 1 | 建筑电气 | 图纸会审、设计变更、洽商记录 | | | | | |
| 2 | | 材料、设备出厂合格证书及进场检（试）验报告 | | | | | |
| 3 | | 设备调试记录 | | | | | |
| 4 | | 接地、绝缘电阻测试记录 | | | | | |
| 5 | | 隐蔽工程验收表 | | | | | |
| 6 | | 施工记录 | | | | | |
| 7 | | 分项、分部工程质量验收记录 | | | | | |
| 8 | | | | | | | |

续表

| 序号 | 项目 | 资料名称 | 份数 | 核查意见 | 核查人 |
|---|---|---|---|---|---|
| 1 | 通风与空调 | 图纸会审、设计变更、洽商记录 | | | |
| 2 | | 材料、设备出厂合格证书及进场检（试）验报告 | | | |
| 3 | | 制冷、空调、水管道强度试验、严密性试验记录 | | | |
| 4 | | 隐蔽工程验收表 | | | |
| 5 | | 制冷设备运行调试记录 | | | |
| 6 | | 通风、空调系统调试记录 | | | |
| 7 | | 施工记录 | | | |
| 8 | | 分项、分部工程质量验收记录 | | | |
| 9 | | | | | |
| 1 | 电梯 | 土建布置图纸会审、设计变更、洽商记录 | | | |
| 2 | | 设备出厂合格证书及开箱检验记录 | | | |
| 3 | | 隐蔽工程验收表 | | | |
| 4 | | 施工记录 | | | |
| 5 | | 接地、绝缘电阻测试记录 | | | |
| 6 | | 负荷试验、安全装置检查记录 | | | |
| 7 | | 分项、分部工程质量验收记录 | | | |
| 8 | | | | | |
| 1 | 建筑智能化 | 图纸会审、设计变更、洽商记录、竣工图及设计说明 | | | |
| 2 | | 材料、设备出厂合格证及技术文件及进场检（试）验报告 | | | |
| 3 | | 隐蔽工程验收表 | | | |
| 4 | | 系统功能测定及设备调试记录 | | | |
| 5 | | 系统技术、操作和维护手册 | | | |
| 6 | | 系统管理、操作人员培训记录 | | | |
| 7 | | 系统检测报告 | | | |
| 8 | | 分项、分部工程质量验收报告 | | | |

结论：

总施工工程师
施工单位项目经理　　年　月　日　　　　　　　　（建设单位项目负责人）　年　月　日

表 3-14  单位（子单位）工程安全和功能检验资料核查及主要功能抽查记录

| 工程名称 | | | | 施工单位 | | | |
|---|---|---|---|---|---|---|---|
| 序号 | 项目 | 安全和功能检查项目 | | 份数 | 核查意见 | 抽查结果 | 核查（抽查）人 |
| 1 | 建筑与结构 | 屋面淋水试验记录 | | | | | |
| 2 | | 地下室防水效果检查记录 | | | | | |
| 3 | | 有防水要求的地面蓄水试验记录 | | | | | |
| 4 | | 建筑物垂直度、标高、全高测量记录 | | | | | |
| 5 | | 抽气（风）道检查记录 | | | | | |
| 6 | | 幕墙及外窗气密性、水密性、耐风压检测报告 | | | | | |
| 7 | | 建筑物沉降观测测量记录 | | | | | |
| 8 | | 节能、保温测试记录 | | | | | |
| 9 | | 室内环境检测报告 | | | | | |
| 10 | | | | | | | |
| 1 | 给排水与采暖 | 给水管道通水试验记录 | | | | | |
| 2 | | 暖气管道、散热器压力试验记录 | | | | | |
| 3 | | 卫生器具满水试验记录 | | | | | |
| 4 | | 消防管道、燃气管道压力试验记录 | | | | | |
| 5 | | 排水干管通球试验记录 | | | | | |
| 6 | | | | | | | |
| 1 | 电气 | 照明全负荷试验记录 | | | | | |
| 2 | | 大型灯具牢固性试验记录 | | | | | |
| 3 | | 避雷接地电阻测试记录 | | | | | |
| 4 | | 线路、插座、开关接地检验记录 | | | | | |
| 5 | | | | | | | |
| 1 | 通风与空调 | 通风、空调系统试运行记录 | | | | | |
| 2 | | 风量、温度测试记录 | | | | | |
| 3 | | 洁净室洁净度测试记录 | | | | | |
| 4 | | 制冷机组试运行调试记录 | | | | | |
| 5 | | | | | | | |
| 1 | 电梯 | 电梯运行记录 | | | | | |
| 2 | | 电梯安全装置检测报告 | | | | | |
| 1 | 智能建筑 | 系统试运行记录 | | | | | |
| 2 | | 系统电源及接地检测报告 | | | | | |
| 3 | | | | | | | |

结论：

总施工工程师                                                        年    月    日
施工单位项目经理      年    月    日          （建设单位项目负责人）  年    月    日

注：抽查项目由验收组协商确定。

表 3-15 单位（子单位）工程观感质量检查记录

| 工程名称 | | | | | | | | | | | 施工单位 | | | | | | |
|---|---|---|---|---|---|---|---|---|---|---|---|---|---|---|---|---|---|
| 序号 | | 项目 | | | | 抽查质量状况 | | | | | | | | | 质量评价 | | |
| | | | | | | | | | | | | | | 好 | 一般 | 差 |
| 1 | 建筑与结构 | 室外墙面 | | | | | | | | | | | | | | |
| 2 | | 变形缝 | | | | | | | | | | | | | | |
| 3 | | 水落管，屋面 | | | | | | | | | | | | | | |
| 4 | | 室内墙面 | | | | | | | | | | | | | | |
| 5 | | 室内顶棚 | | | | | | | | | | | | | | |
| 6 | | 室内地面 | | | | | | | | | | | | | | |
| 7 | | 楼梯、踏步、护栏 | | | | | | | | | | | | | | |
| 8 | | 门窗 | | | | | | | | | | | | | | |
| 1 | 给排水与采暖 | 管道接口、坡度、支架 | | | | | | | | | | | | | | |
| 2 | | 卫生器具、支架、阀门 | | | | | | | | | | | | | | |
| 3 | | 检查口、扫除口、地漏 | | | | | | | | | | | | | | |
| 4 | | 散热器、支架 | | | | | | | | | | | | | | |
| 1 | 建筑电气 | 配电箱、盘、板、接线盒 | | | | | | | | | | | | | | |
| 2 | | 设备器具、开关、插座 | | | | | | | | | | | | | | |
| 3 | | 防雷、接地 | | | | | | | | | | | | | | |
| 1 | 通风与空调 | 风管、支架 | | | | | | | | | | | | | | |
| 2 | | 风口、风阀 | | | | | | | | | | | | | | |
| 3 | | 风机、空调设备 | | | | | | | | | | | | | | |
| 4 | | 阀门、支架 | | | | | | | | | | | | | | |
| 5 | | 水泵、冷却塔 | | | | | | | | | | | | | | |
| 6 | | 绝热 | | | | | | | | | | | | | | |
| 1 | 电梯 | 运行、平层、开关门 | | | | | | | | | | | | | | |
| 2 | | 层门、信号系统 | | | | | | | | | | | | | | |
| 3 | | 机房 | | | | | | | | | | | | | | |
| 1 | 智能建筑 | 机房设备安装及布局 | | | | | | | | | | | | | | |
| 2 | | 现场设备安装 | | | | | | | | | | | | | | |
| 3 | | | | | | | | | | | | | | | | |
| 观感质量综合评价 | | | | | | | | | | | | | | | | |
| 检查结论 | | | | | | | | | | | | | | | | |

总施工工程师　　　　　　　　　　　　　　　　　　　　　　　　　　年　　月　　日
施工单位项目经理　　　年　　月　　日　　　　　　（建设单位项目负责人）　　年　　月　　日

注：质量评价为差的项目，应进行返修。

**（六）当建筑工程质量不符合要求时的处理**

（1）经返工重做或更换器具、设备的检验批，应重新进行验收。在检验批验收时，其主控项目不能满足验收规范规定或一般项目超过偏差限值的子项不符合检验规定的要求时，处理后应重新进行检验；一般缺陷通过翻修或更换器具、设备，施工单位应在采取相应措施后重新验收。

（2）经有资质的检测单位检测鉴定能够达到设计要求的检验批，应予以验收。这种情况是指当个别检验批发现如试块强度等质量不满足要求，难以确定是否验收时，应请具有资质的法定检测单位检测。

（3）经有资质的检测单位检测鉴定达不到设计要求，但经原设计单位核算认可能够满足安全和使用功能的检验批，可予以验收。

（4）经返修或加固处理的分项、分部工程，虽然改变外形尺寸但仍能满足安全使用要求，可按技术处理方案和协商文件进行验收。

（5）通过返修或加固处理仍不能满足安全使用要求的分部（子分部）工程、单位（子单位）工程，严禁验收。

## 四、建筑工程质量验收程序和组织

（1）所有检验批和分项工程均应由施工工程师（建设单位项目技术负责人）组织施工单位项目专业质量（技术）负责人等进行验收。验收前，施工单位先填好《检验批和分项工程质量验收记录》，并由项目专业质量检验员和项目专业技术负责人分别在检验批和分项工程质量检验记录中相关栏目签字，然后由施工工程师组织。

（2）分部工程由总施工工程师（建设单位项目负责人）组织施工单位项目负责人和技术、质量负责人等进行验收；地基与基础、主体结构分部工程的勘察、设计单位工程项目负责人和施工单位技术、质量部门负责人也应参加相关分部工程的验收。

（3）单位工程完成后，施工单位首先要依据质量标准、设计图纸等组织有关人员进行自检，并对检查结果进行评定，符合要求后向建设单位提交工程验收报告和完整的质量资料，请建设单位组织验收。

（4）建设单位收到工程验收报告后，应由建设单位（项目）负责人组织施工单位（含分包单位）、设计单位、监理单位等项目负责人进行单位（子单位）工程验收。

（5）单位工程有分包单位施工时，分包单位对所承包的工程项目应按上述的程序进行检查验收，总包单位要派人参加。分包工程完成后，应将工程有关资料交给总包单位。

（6）当参加验收各方对工程质量验收意见不一致时，可请当地建设行政主管部门或工程质量监督机构协调处理。

（7）单位工程质量验收合格后，建设单位应在规定时间内将工程竣工验收报告和有关文件，报建设行政管理部门备案。

## 第四节　施工项目竣工验收及回访保修

## 一、施工项目竣工验收

**（一）施工项目竣工验收条件和标准**

1. 施工项目竣工验收条件

根据《建设工程质量管理条例》第16条的规定，建设工程竣工验收应当具备下列条件：

（1）完成建设工程设计和合同规定的各项内容；

（2）有完整的技术档案和施工管理资料；

（3）有工程使用的主要建筑材料、建筑构配件和设备的进场试验报告；

（4）有勘察、设计、施工等单位分别签署的质量合格文件；

（5）有施工单位签署的工程质量保修书。

2．施工项目竣工验收标准

建筑施工项目的竣工验收标准有三种情况：

（1）生产性或科研性建筑施工项目验收标准　土建工程，水、暖、电气、卫生、通风工程（包括其室外的管线）和属于该建筑物组成部分的控制室、操作室、设备基础、生活间及至烟囱等，均已全部完成，即只有工艺设备尚未安装者，即可视为房屋承包单位的工作达到竣工标准，可进行竣工验收。这种类型建筑工程竣工的基本概念是：一旦工艺设备安装完毕，即可试运转乃至投产使用。

（2）民用建筑（即非生产科研性建筑）和居住建筑施工项目验收标准　土建工程，水、暖、电气、通风工程（包括其室外的管线），均已全部完成，电梯等设备亦已完成，达到水到灯亮，具备使用条件，即达到竣工标准，可以组织竣工验收。这种类型建筑工程竣工的基本概念是：房屋建筑能交付使用，住宅能够住人。

3．视同达标的条件

具备下列条件的建筑工程施工项目，亦可按达到竣工标准处理：房屋室外或小区内管线已经全部完成，但属于市政工程单位承担的干管干线尚未完成，因而造成房屋尚不能使用的建筑工程，房屋承包单位可办理竣工验收手续。房屋工程已经全部完成，只是电梯尚未到货或晚到货而未安装，或虽已安装但不能与房屋同时使用，房屋承包单位亦可办理竣工验收手续。生产性或科研性房屋建筑已经全部完成，只是因为主要工艺设计变更或主要设备未到货，因而剩下设备基础未做的，房屋承包单位亦可办理竣工验收手续。

4．不能视同达标的条件

凡是具有以下情况的建筑工程，一般不能算为竣工，亦不能办理竣工验收手续：房屋建筑工程已经全部完成并完全具备了使用条件，但被施工单位临时占用而未腾出，不能进行竣工验收。整个建筑工程已经全部完成，只是最后一道浆活未做，不能进行竣工验收。房屋建筑工程已经完成，但由于房屋建筑承包单位承担的室外管线并未完成，因而房屋建筑仍不能正常使用，不能进行竣工验收。房屋建筑工程已经完成，但与其直接配套的变电室、锅炉房等尚未完成，因而使房屋建筑仍不能正常使用，不能进行竣工验收。工业或科研性的建筑工程，有下列情况之一者，亦不能进行竣工验收：

① 因安装机器设备或工艺管道而使地面或主要装修尚未完成者；

② 主建筑的附属部分，如生活间、控制室尚未完成者；

③ 烟囱尚未完成。

（二）施工项目竣工验收管理程序和准备

1．竣工验收管理程序

竣工验收准备→编制竣工验收计划→组织现场验收→进行竣工结算→移交竣工资料→办理竣工手续。

2．竣工验收准备

（1）建立竣工收尾工作小组，做到因事设岗，以岗定责，实现收尾的目标。该小组由项目经理、技术负责人、质量人员、计划人员、安全人员组成。

（2）编制一个切实可行、便于检查考核的施工项目竣工收尾计划，该计划可按表 3-16编制。

表 3-16 施工项目竣工收尾计划表

| 序号 | 收尾工程名称 | 施工简要内容 | 收尾完工时间 | 作业班组 | 施工负责人 | 完成验证人 |
|---|---|---|---|---|---|---|
| | | | | | | |
| | | | | | | |
| | | | | | | |

项目经理： 技术负责人： 编制人：

（3）项目经理部要根据施工项目竣工收尾计划，检查其收尾的完成情况，要求管理人员做好验收记录，对重点内容重点检查，不使竣工验收留下隐患和遗憾而造成返工损失。

（4）项目经理部完成各项竣工收尾计划，应向企业报告，提请有关部门进行质量验收，对照标准进行检查。各种记录应齐全、真实、准确。需要施工工程师签署的质量文件，应提交其审核签认。实行总分包的项目，承包人应对工程质量全面负责，分包人应按质量验收标准的规定对承包人负责，并将分包工程验收结果及有关资料交承包人。承包人与分包人对分包工程质量承担连带责任。

（5）承包人经过验收，确认可以竣工时，应向发包人发出竣工验收函件，报告工程竣工准备情况，具体约定交付竣工验收的方式及有关事宜。

**（三）施工项目竣工验收的步骤**

**1．竣工自检（或竣工预检）**

（1）施工单位自检的标准与正式验收一样，主要是：工程是否符合国家（或地方政府主管部门）规定的竣工标准和竣工规定；工程完成情况是否符合施工图纸和设计的使用要求；工程质量是否符合国家和地方政府规定的标准和要求；工程是否达到合同规定的要求和标准等。

（2）参加自检的人员，应由项目经理组织生产、技术、质量、合同、预算以及有关的作业队长（或施工员、工号负责人）等共同参加。

（3）自检的方式，应分层分段、分房间由上述人员按照自己主管的内容逐一进行检查。在检查中要做好记录。对不符合要求的部位和项目，确定修补措施和标准，并指定专人负责，定期修理完毕。

（4）复验。在基层施工单位自我检查的基础上，查出的问题全部修补完毕后，项目经理应提请上级进行复验（按一般习惯，国家重点工程、省市级重点工程，都应提请总企业级的上级单位复验）。通过复验，要解决全部遗留问题，为正式验收做好充分的准备。

**2．正式验收**

在自检的基础上，确认工程全部符合竣工验收的标准，即可由施工单位同建设单位、设计单位共同开始正式验收工作。

（1）发出《工程竣工报告》。施工单位应于正式竣工验收之日前 10 天，向建设单位发送《工程竣工报告》。其表式见表 3-17。

表 3-17　工程竣工报告

| 工程名称 | | 建筑面积 | |
|---|---|---|---|
| 工程地址 | | 结构类型 | |
| 建设单位 | | 开、竣工日期 | |
| 设计单位 | | 合同工期 | |
| 施工单位 | | 造价 | |
| 监理单位 | | 合同编号 | |

| | 项目内容 | 施工单位自查意见 |
|---|---|---|
| 竣工条件自检情况 | 工程设计和合同约定的各项内容完成情况 | |
| | 工程技术档案和施工管理资料 | |
| | 工程所用建筑材料、建筑配件、商品混凝土和设备的进场试验报告 | |
| | 涉及工程结构安全的试块、试件及有关材料的试（检）验报告 | |
| | 地基与基础、主体结构等重要分部（分项）工程质量验收报告签证情况 | |
| | 建设行政主管部门、质量监督机构或其他有关部门责令整改问题的执行情况 | |
| | 单位工程质量自检情况 | |
| | 工程质量保修书 | |
| | 工程款支付情况 | |

经检验，该工程已完成设计和合同约定的各项内容，工程质量符合有关法律、法规和工程建设强制性标准。

项目经理：

企业技术负责人：　　　　　　　　　　　　　　　　　　　　（施工单位公章）

法定代表人：　　　　　　　　　　　　　　　　　　　　　　年　　月　　日

施工单位意见：

　　　　　　　　　　　　　　　　　　　　　　　　　　　　　　　

总施工工程师：　　　　　　　　　　　　　　　　　　　　　（公章）

　　　　　　　　　　　　　　　　　　　　　　　　　　　　年　　月　　日

　　（2）组织验收工作。工程竣工验收工作由建设单位邀请设计单位、施工单位及有关方面参加，同施工单位一起进行检查验收。列为国家重点工程的大型建设项目，往往由国家有关部委邀请有关方面参加，组成工程验收委员会，进行验收。

　　（3）签发《工程竣工验收报告》并办理工程移交。在建设单位验收完毕确认工程竣工标准和合同条款规定要求以后，即应向施工单位签发《工程竣工验收报告》，其格式见表 3-18。

　　（4）办理工程档案资料移交。

　　（5）办理工程移交手续。

表 3-18 工程竣工验收报告

| 工程概况 | 工程名称 | | 建筑面积 | m² |
|---|---|---|---|---|
| | 工程地址 | | 结构类型 | |
| | 层数 | 地上 层，地下 层 | 总高 | m |
| | 电梯 | 台 | 自动扶梯 | 台 |
| | 开工日期 | | 竣工验收日期 | |
| | 建设单位 | | 施工单位 | |
| | 勘察单位 | | 监理单位 | |
| | 设计单位 | | 质量监督单位 | |
| | 工程完成设计与合同所约定内容情况 | | 建筑面积 | |
| 验收组织形式 | | | | |
| 验收组组成情况 | 专业<br>建筑工程<br>采暖卫生和燃气工程<br>建筑电气安装工程<br>通风与空调工程<br>电梯安装工程<br>工程竣工资料审查 | | | |
| 竣工验收程序 | | | | |
| 工程竣工验收意见 | 建设单位执行基本建设程序情况：<br><br>对工程勘察、设计、施工等方面的评价： | | | |

项目负责人　　　　　　　　　　　　　　　　　　　　　　　　　　（公章）

　　　　　　　　　　　　建设单位　　　　年　月　日

勘察负责人　　　　　　　　　　　　　　　　　　　　　　　　　　（公章）

　　　　　　　　　　　　勘察单位　　　　年　月　日

设计负责人　　　　　　　　　　　　　　　　　　　　　　　　　　（公章）

　　　　　　　　　　　　设计单位　　　　年　月　日

项目经理
企业技术负责人　　　　　施工单位　　　　　　　　　　　　　　　（公章）

　　　　　　　　　　　　　　　　　　　　　年　月　日

总施工工程师　　　　　　　　　　　　　　　　　　　　　　　　　（公章）

　　　　　　　　　　　　监理单位　　　　年　月　日

工程质量综合验收附件：
（1）勘察单位对工程勘察文件的质量检查报告；
（2）设计单位对工程设计文件的质量检查报告；
（3）施工单位对工程施工质量的检查报告，包括：单位工程、分部工程质量自检记录，工程竣工资料目录自查表，建筑材料、建筑构配件、商品混凝土、设备的出厂合格证和进场试验报告的汇总表，涉及工程结构安全的试块、试件及有关材料的试（检）验报告汇总表和强度合格评定表，工程开、竣工报告；
（4）施工单位对工程质量的评估报告；
（5）地基与基础、主体结构分部工程以及单位工程质量验收记录；
（6）工程有关质量检测和功能性试验资料；
（7）建设行政主管部门、质量监督机构责令整改问题的整改结果；
（8）验收人员签署的竣工验收原始文件；
（9）竣工验收遗留问题的处理结果；
（10）施工单位签署的工程质量保修书；
（11）法律、规章规定必须提供的其他文件在对工程检查验收完毕后，施工单位要向建设单位逐项办理移交手续和其他固定资产移交手续，并应签认交接验收证书。还要办理工程结算手续。工程结算由施工单位提出，送建设单位审查无误后，由双方共同办理结算签认手续。工程结算手续一旦办理完毕，合同双方除施工单位承担工程保修工作以外，建设单位同施工单位双方的经济关系和法律责任即予解除。

**（四）施工项目竣工资料（见表 3-19）**

表 3-19  竣工资料表

| 资料项目 | | 内容 |
|---|---|---|
| 工程技术档案资料 | | （1）开工报告、竣工报告；<br>（2）项目经理技术人员聘任文件；<br>（3）施工组织设计；<br>（4）图纸会审记录；<br>（5）技术交底记录；<br>（6）设计变更通知；<br>（7）技术核定单；<br>（8）地质勘察报告；<br>（9）定位测量记录；<br>（10）基础处理记录；<br>（11）沉降观测记录；<br>（12）防水工程抗渗试验记录；<br>（13）混凝土浇灌令；<br>（14）商品混凝土供应记录；<br>（15）工程复核记录；<br>（16）质量事故处理记录；<br>（17）施工日志；<br>（18）建设工程施工合同、补充协议；<br>（19）工程质量保修书；<br>（20）工程预（结）算书；<br>（21）竣工项目一览表；<br>（22）施工项目总结算 |
| 工程质量保证资料 | 土建工程主要质量保证资料 | （1）钢出厂合格证、试验报告；<br>（2）焊接试（检）验报告、焊条（剂）合格证；<br>（3）水泥出厂合格证或报告；<br>（4）砖出厂合格证或试验报告；<br>（5）防水材料合格证或试验报告；<br>（6）构件合格证；<br>（7）混凝土试块试验报告；<br>（8）砂浆试块试验报告；<br>（9）土壤试验、打（试）桩记录；<br>（10）地基验槽记录；<br>（11）结构吊装、结构试验记录；<br>（12）工程隐蔽验收记录；<br>（13）中间交接验收记录等 |

续表

| 资料项目 | | 内容 |
|---|---|---|
| 工程质量保证资料 | 建筑采暖卫生与煤气主要质量保证资料 | （1）材料、设备出厂合格证；<br>（2）管道、设备强度、焊口检查和严密性试验记录；<br>（3）系统清洗记录；<br>（4）排水管灌水、通水、通球试验记录；<br>（5）卫生洁具盛水试验记录；<br>（6）锅炉烘炉、煮炉、设备试运转记录等 |
| | 建筑电气安装主要质量保证资料 | （1）主要电气设备、材料合格证；<br>（2）电气设备试验、调整记录；<br>（3）绝缘、接地电阻测试记录；<br>（4）隐蔽工程验收记录等 |
| | 通风与空调工程主要质量保证资料 | （1）材料、设备出厂合格证；<br>（2）空调调试报告；<br>（3）制冷系统检验、试验记录；<br>（4）隐蔽工程验收记录等 |
| | 电梯安装工程主要质量保证资料 | （1）电梯及附件、材料合格证；<br>（2）绝缘、接地电阻测试记录；<br>（3）空、满、超载运行记录；<br>（4）调整、试验报告等 |
| 工程质量验收资料 | | （1）质量管理体系检查记录；<br>（2）分项工程质量验收记录；<br>（3）分部工程质量验收记录；<br>（4）单位工程竣工质量验收记录；<br>（5）质量控制资料检查记录；<br>（6）安全与功能检验资料核查及抽查记录；<br>（7）观感质量综合检查记录 |
| 工程竣工图 | | 应逐张加盖"竣工图"章。"竣工图"章的内容应包括：发包人、承包人、施工人等单位名称、图纸编号、编制人、审核人、负责人、编制时间等。编制时间应区别以下情况：<br>（1）没有变更的施工图，由承包人在原施工图上加盖"竣工图"章标志作为竣工图<br>（2）在施工中虽有一般性设计变更，但就原施工图加以修改补充作为竣工图的，可不重新绘制，由承包人在原施工图上注明修改部分，附以设计变更通知单和施工说明，加盖"竣工图"章标志作为竣工图<br>（3）结构形式改变、工艺改变、平面布置改变、项目改变以及其他重大改变，不宜在原施工图上修改、补充的，责任单位应重新绘制改变后的竣工图，承包人负责在新图上加盖"竣工图"章标志作为竣工图 |

## 二、工程质量保修和回访

工程质量保修和回访属于项目竣工后的管理工作。这时项目经理部已经解体，一般是由承包企业建立施工项目交工后的回访与保修制度，并责成企业的工程管理部门具体负责。

为提高工程质量，听取用户意见，改进服务方式，承包人应建立与发包人及用户的服务联系网络，及时取得信息，依据《建筑法》、《建设工程质量管理条例》及有关部门的相关规定，履行施工合同的约定和《工程质量保修书》中的承诺，并按计划、实施、验证、报告的程序，搞好回访与保修工作。

**（一）工程质量保修**

工程质量保修是指施工单位对房屋建筑工程竣工验收后，在保修期限内出现的质量不符合工程建设强制性标准以及合同的约定等质量缺陷，予以修复。

施工单位应当在保修期内，履行与建设单位约定的、符合国家有关规定的、工程质量保修书中的关于保修期限、保修范围和保修责任等义务。

**1. 保修期限**

在正常使用条件下，房屋建筑工程的保修期应从工程竣工验收合格之日起计算，其最低保修期限为：地基基础工程和主体结构工程，为设计文件规定的该工程的合理使用年限；屋面防水工程、有防水要求的卫生间、房间和外墙面的防渗漏，为 5 年；供热与供冷系统，为 2 个采暖期、供冷期；电气管线、给排水管道、设备安装，为 2 年；装修工程，为 2 年；住宅小区内的给排水设施、道路等配套工程及其他项目的保修期由建设单位和施工单位约定。

**2. 保修范围**

对房屋建筑工程及其各个部位，主要有：地基基础工程、主体结构工程、屋面防水工程、有防水要求的卫生间、房间和外墙面的防渗漏、供热与供冷系统、电气管线、给排水管道、设备安装和装修工程以及双方约定的其他项目，由于施工单位施工责任造成的建筑物使用功能不良或无法使用的问题都应实行保修。

凡是由于用户使用不当或第三方造成建筑功能不良或损坏者，或是工业产品项目发生问题，或不可抗力造成的质量缺陷等，均不属保修范围，由建设单位自行组织修理。

**3. 质量保修责任**

（1）发送工程质量保修书（房屋保修卡）　工程质量保修书由施工合同发包人和承包人双方在竣工验收前共同签署，其有效期限至保修期满。

一般是在工程竣工验收的同时（或之后的 3～7d 内），施工单位向建设单位发送《房屋建筑工程质量保修书》。保修书的主要内容有：工程简况、房屋使用管理要求；保修范围和保修内容、保修期限、保修责任和记录等。还附有保修（施工）单位的名称、地址、电话、联系人等。

工程竣工验收后，施工企业不能及时向建设单位出具质量保修书的，由建设行政主管部门责令改正，并处 1 万～3 万元的罚款。

（2）实施保修　在保修期内，发生了非使用原因的质量问题，使用人应填写《工程质量修理通知书》，通告承包人并注明质量问题及部位、联系维修方式等；施工单位接到建设单位（用户）对保修责任范围内的项目进行修理的要求或通知后，应按《工程质量保修书》中的承诺，7 日内派人检查，并会同建设单位共同鉴定，提出修理方案，将保修业务列入施工生产计划，并按约定的内容和时间承担保修责任。

发生涉及结构安全或者严重影响使用功能的质量缺陷，建设单位应当立即向当地建设行政主管部门报告，采取安全防范措施；由原设计单位或具有相应资质等级的设计单位提出保修方案，施工单位实施，工程质量监督机构负责监督；对于紧急抢修事故，施工单位接到保修通知后，应当立即到达现场抢修。

若施工单位未按质量保修书的约定期限和责任派人保修时，发包人可以另行委托他人保修，由原施工单位承担相应责任。

对不履行保修义务或者拖延履行保修义务的施工单位，由建设行政主管部门责令改正，并处 10 万～20 万元的罚款。

（3）验收　施工单位在修理完毕之后，要在保修书上做好保修记录，并由建设单位（用户）验收签认。涉及结构安全的保修应当报当地建设行政主管部门备案。

4．保修费用

保修费用由造成质量缺陷的责任方承担，具体内容如下：

（1）由于承包人未按国家标准、规范和设计要求施工造成的质量缺陷，应由承包人修理并承担经济责任。

（2）因设计人造成的质量问题，可由承包人修理，由设计人承担经济责任，其费用数额按合同约定，不足部分由发包人补偿。

（3）属于发包人供应的材料、构配件或设备不合格而明示或暗示承包人使用所造成的质量缺陷，由发包人自行承担经济责任。

（4）因发包人肢解发包或指定分包人，致使施工中接口处理不好，造成工程质量缺陷，或因竣工后自行改建造成工程质量问题的，应由发包人或使用人自行承担经济责任。

（5）凡因地震、洪水、台风等不可抗力原因造成损坏或非施工原因造成的紧急抢修事故，施工单位不承担经济责任。

（6）不属于承包人责任，但使用人有意委托修理维护时，承包人应为使用人提供修理维护等服务，并在协议中约定。

（7）工程超过合理使用年限后，使用人需要继续使用的，承包人根据有关法规和鉴定资料，采取加固、维修措施时，应按设计使用年限约定质量保修期限。

（8）发包人与承包人协商，根据工程合同合理使用年限采用保修保险方式，投入并已解决保险费来源的，承包人应按约定的保修承诺履行保修职责和义务。

（9）在保修期限内，因房屋建筑工程质量缺陷造成房屋所有人、使用人或者第三方人身、财产损害的，房屋所有人、使用人或者第三方可以向建设单位提出赔偿要求。建设单位向造成房屋建筑工程质量缺陷的责任方追偿。

（10）因保修不及时造成新的人身、财产损害，由造成拖延的责任方承担赔偿责任。

5．其他

房地产开发企业售出的商品房保修，还应当执行《城市房地产开发经营管理条例》和其他有关规定。

军事建设工程的管理，按照中央军事委员会的有关规定执行。

（二）工程回访

1．工程回访的要求与内容

工程回访应纳入承包人的工作计划、服务控制程序和质量管理体系文件中。工程回访工作计划由施工单位编制，其内容有：

（1）主管回访保修业务的部门。

（2）工程回访的执行单位。

（3）回访的对象（发包人或使用人）及其工程名称。

（4）回访时间安排和主要内容。

（5）回访工程的保修期限。

工程回访一般由施工单位的领导组织生产、技术、质量、水电等有关部门人员参加。通过实地察看、召开座谈会等形式，听取建设单位、用户的意见、建议，了解建筑物使用情况和设备的运转情况等。每次回访结束后，执行单位都要认真做好回访记录。全部回访结束，要编写"回访服务报告"。施工单位应与建设单位和用户经常联系和沟通，对回访中发现的问题认真对待，及时处理和解决。

主管部门应依据回访记录对回访服务的实施效果进行验证。

2．工程回访的主要类型

（1）例行性回访。一般以电话询问、开座谈会等形式进行，每半年或一年一次，了解日常使用情况和用户意见；保修期满之前回访，对该项目进行保修总结，向用户交代维护和使用事项。

（2）季节性回访。雨季回访屋面及排水工程、制冷工程、通风工程；冬季回访锅炉房及采暖工程，及时解决发生的质量缺陷。

（3）技术性回访。主要了解在施工过程中采用了新材料、新设备、新工艺、新技术的工程，回访其使用效果和技术性能、状态，以便及时解决存在问题，同时还要总结经验，提出改进、完善和推广的依据和措施。

（4）特殊工程专访。

# 第四章
# 技术积累与技术创新工作

工程结束后，施工员应在技术负责人领导下，对施工过程进行总结，并将有关技术文件整理归档。企业应形成总结施工技术的习惯，加强技术积累工作。

## 第一节　技术积累工作

技术积累的源泉是生产实践，施工员要善于将自己的施工过程做好记录，总结提高才能形成技术积累。一般地说，技术积累包括施工技术总结与施工技术档案两个方面的工作。

### 一、施工技术总结

施工技术总结是对刚完成的合同项目进行回顾、检查和分析研究，从中找出经验和教训，获得规律性的认识，以便指导今后实践的一种技术事务文书，是应用写作实践中的一种常用文体。施工员应善于进行施工技术总结，增加自己的技术积累。

总结写作分为标题、正文、落款。标题又分公文式的，一般由单位名称、时限、内容、文种组成；正文由前言、主体、结尾组成，结尾又分自然收尾和总结全文；落款由单位名称和时间组成。写作要求突出重点、突出个性、实事求是。

#### （一）总结的标题

总结的标题有多种形式，最常见的是由单位名称、时间、主要内容、文种组成，如《××项目××年工作总结》、《××厂××年上半年工作总结》。

有的总结标题中不出现单位名称，如《创先争优活动总结》、《××年安全管理工作总结》。

有的总结标题只是内容的概括，并不标明"总结"字样，但一看内容就知道是总结，如《一年来的成本控制情况汇报》等。

还有的总结采用双标题。正标题点明文章的主旨或重心，副标题具体说明文章的内容和文种，如《构建农民进入市场的新机制——××的实践与总结》、《加强医德修养　树立医疗新风——××精神文明建设的经验》。

（二）总结的正文

和其他应用文体一样，总结的正文也分为开头、主体、结尾三部分，各部分均有其特定的内容。

1．开头

总结的开头主要用来概述基本情况。包括单位名称、工作性质、主要任务、时代背景、指导思想，以及总结目的、主要内容提示等。作为开头部分，要注意简明扼要，文字不可过多。

（1）概述式开头　在工作总结开头的写法当中，概述式开头是最为常见的一种。所谓概述式，就是在文章的开头概述工作的基本情况，交代工作的内容、工作的背景与时间、过去一年所取得的成绩、获得的经验、遇到的问题等，先给阅读者一个大概的印象。

（2）论证式开头　论证式的开头，是政府单位较为常见的工作总结开头方式，是指在开头处不直接概述工作的基本情况，而是直截了当提出上级指示精神或有关方针政策，然后通过事例来论证这种指示、方针、政策的正确性。

（3）结论式开头　结论式的开头也是比较常见的，先做结论，后叙述，就是先高度地概括性说明开展工作的背景，并针对工作的结果做出明确的结论，再用一个过渡句，引出下面的正文。

（4）提问式开头　提问式的开头，是在工作总结的开头处根据主旨的需要，先提出问题，然后再引起下文。这种开头方法多用于专题经验性的总结。

（5）对比式开头　对比式开头，是在开头处对有关情况进行数据比较，比如拿今年的成绩与前几年的一一比较，是进步还是退步可以一目了然，形成一个强烈的对比。这样的开头，材料翔实，言之有物，说服力强，能给读者留下鲜明而深刻的印象。

总而言之，开头是整个文章给人的第一印象，需要写明全文的主旨，给人以概括的印象，引起读者的注意，给人以启发，这是写好工作总结开头的关键所在。

2．主体

这是总结的主要部分，内容包括成绩和做法、经验和教训、今后打算等方面。这部分篇幅大、内容多，要特别注意层次分明、条理清楚。主体部分常见的结构形态有三种。

（1）纵式结构　就是按照事物或实践活动的过程安排内容。写作时，把总结所包括的时间划分为几个阶段，按时间顺序分别叙述每个阶段的成绩、做法、经验、体会。这种写法的好处是事物发展或社会活动的全过程清楚明白。

（2）横式结构　按事实性质和规律的不同分门别类地依次展开内容，使各层之间呈现相互并列的态势。这种写法的优点是各层次的内容鲜明集中。

（3）纵横式结构　安排内容时，既考虑到时间的先后顺序，体现事物的发展过程，又注意内容的逻辑联系，从几个方面总结出经验教训。这种写法，多数是先采用纵式结构，写事物发展的各个阶段的情况或问题，然后用横式结构总结经验或教训。

主体部分的外部形式，有贯通式、小标题式、序数式三种情况。贯通式适用于篇幅短小、内容单纯的总结。它像一篇短文，全文之中不用外部标志来显示层次。小标题式将主体部分分为若干层次，每层加一个概括核心内容的小标题，重心突出，条理清楚。序数式也将主体分为若干层次，各层用"一、二、三……"的序号排列，层次一目了然。

3．结尾

结尾是正文的结束，应在总结经验教训的基础上，提出今后的方向、任务和措施，表明决心、展望前景。这段内容要与开头相照应，篇幅不应过长。有些总结在主体部分已将这些内容表达过了，就不必再写结尾。

**（三）总结写作的注意事项**

（1）要坚持实事求是原则。

（2）要注意共性、把握个性。

（3）要详略得当，突出重点。

## 二、施工技术档案

技术档案是指科研生产活动中形成的，有具体事物的技术文件、图纸、图表、照片和原始记录等。详细内容包括任务书、协议书、技术指标、审批文件、研究计划、方案大纲、技术措施、调查材料、设计资料、试验和工艺记录等。

这些材料是施工或科研工作中用以积累经验、吸取教训的重要文献。技术档案一般为内部使用，不公开出版发行，有些有密级限制，因此在参考文献和检索工具中极少引用。

施工技术档案是项目合同完成后的备案材料。一般来说，施工技术档案必须归档到城市档案馆和建设方，有远见卓识的施工企业也有备份施工技术档案，作为企业技术积累的重要组成部分。

**（一）工程文件的归档范围**

**1.** 对与工程建设有关的重要活动、记载工程建设主要过程和现状、具有保存价值的各种载体的文件，均应收集齐全，整理立卷后归档。

**2.** 工程文件的具体归档范围应符合表 4-1 的要求。

表 4-1　建设工程文件归档范围和保管期限表

| 序号 | 归档文件 | 保存单位和保管期限 | | | | |
|---|---|---|---|---|---|---|
| | | 建设单位 | 施工单位 | 设计单位 | 监理单位 | 城建档案馆 |
| | 工程准备阶段文件 | | | | | |
| 一 | 立项文件 | | | | | |
| 1 | 项目建议书 | 永久 | | | | √ |
| 2 | 项目建议书审批意见及前期工作通知书 | 永久 | | | | √ |
| 3 | 可行性研究报告及附件 | 永久 | | | | √ |
| 4 | 可行性研究报告审批意见 | 永久 | | | | √ |
| 5 | 关于立项有关的会议纪要、领导讲话 | 永久 | | | | √ |
| 6 | 专家建议文件 | 永久 | | | | √ |
| 7 | 调查资料及项目评估研究材料 | 长期 | | | | √ |
| 二 | 建设用地、征地、拆迁文件 | | | | | |
| 1 | 选址申请及选址规划意见通知书 | 永久 | | | | √ |
| 2 | 用地申请报告及县级以上人民政府城乡建设用地批准书 | 永久 | | | | √ |
| 3 | 拆迁安置意见、协议、方案等 | 长期 | | | | √ |
| 4 | 建设用地规划许可证及其附件 | 永久 | | | | √ |
| 5 | 划拨建设用地文件 | 永久 | | | | √ |

| 序号 | 归档文件 | 保存单位和保管期限 | | | | |
|---|---|---|---|---|---|---|
| | | 建设单位 | 施工单位 | 设计单位 | 监理单位 | 城建档案馆 |
| 工程准备阶段文件 | | | | | | |
| 二 | 建设用地、征地、拆迁文件 | | | | | |
| 6 | 国有土地使用证 | 永久 | | | | √ |
| 三 | 勘察、测绘、设计文件 | | | | | |
| 1 | 工程地质勘察报告 | 永久 | | 永久 | | √ |
| 2 | 水文地质勘察报告、自然条件、地震调查 | 永久 | | 永久 | | √ |
| 3 | 建设用地钉桩通知单（书） | 永久 | | | | |
| 4 | 地形测量和拨地测量成果报告 | 永久 | | 永久 | | |
| 5 | 申报的规划设计条件和规划设计条件通知书 | 永久 | | 长期 | | √ |
| 6 | 初步设计图纸和说明 | 长期 | | 长期 | | |
| 7 | 技术设计图纸和说明 | 长期 | | 长期 | | |
| 8 | 审定设计方案通知书及审查意见 | 长期 | | 长期 | | √ |
| 9 | 有关行政主管部门（人防、环保、消防、交通、园林、市政、文物、通讯、保密、河湖、教育、白蚁防治、卫生等）批准文件或取得的有关协议 | 永久 | | | | √ |
| 10 | 施工图及其说明 | 长期 | | 长期 | | |
| 11 | 设计计算书 | 长期 | | 长期 | | |
| 12 | 政府有关部门对施工图设计文件的审批意见 | 永久 | | 长期 | | √ |
| 四 | 招投标文件 | | | | | |
| 1 | 勘察设计招投标文件 | 长期 | | | | |
| 2 | 勘察设计承包合同 | 长期 | | 长期 | | √ |
| 3 | 施工招投标文件 | 长期 | | | | |
| 4 | 施工承包合同 | 长期 | 长期 | | | √ |
| 5 | 工程监理招投标文件 | 长期 | | | | |
| 6 | 监理委托合同 | 长期 | | | 长期 | √ |
| 五 | 开工审批文件 | | | | | |
| 1 | 建设项目列入年度计划的申报文件 | 永久 | | | | √ |
| 2 | 建设项目列入年度计划的批复文件或年度计划项目表 | 永久 | | | | √ |
| 3 | 规划审批申报表及报送的文件和图纸 | 永久 | | | | |
| 4 | 建设工程规划许可证及其附件 | 永久 | | | | √ |
| 5 | 建设工程开工审查表 | 永久 | | | | |
| 6 | 建设工程施工许可证 | 永久 | | | | √ |
| 7 | 投资许可证、审计证明、缴纳绿化建设费等证明 | 长期 | | | | √ |
| 8 | 工程质量监督手续 | 长期 | | | | √ |

续表

| 序号 | 归档文件 | 保存单位和保管期限 | | | | |
|---|---|---|---|---|---|---|
| | | 建设单位 | 施工单位 | 设计单位 | 监理单位 | 城建档案馆 |
| 工程准备阶段文件 | | | | | | |
| 六 | 财务文件 | | | | | |
| 1 | 工程投资估算材料 | 短期 | | | | |
| 2 | 工程设计概算材料 | 短期 | | | | |
| 3 | 施工图预算材料 | 短期 | | | | |
| 4 | 施工预算 | 短期 | | | | |
| 七 | 建设、施工、监理机构及负责人 | | | | | |
| 1 | 工程项目管理机构（项目经理部）及负责人名单 | 长期 | | | | √ |
| 2 | 工程项目监理机构（项目监理部）及负责人名单 | 长期 | | | 长期 | √ |
| 3 | 工程项目施工管理机构（施工项目经理部）及负责人名单 | 长期 | 长期 | | | √ |
| 监理文件 | | | | | | |
| 1 | 监理规划 | | | | | |
| （1） | 监理规划 | 长期 | | | 短期 | √ |
| （2） | 监理实施细则 | 长期 | | | 短期 | √ |
| （3） | 监理部总控制计划等 | 长期 | | | 短期 | |
| 2 | 监理月报中的有关质量问题 | 长期 | | | 长期 | √ |
| 3 | 监理会议纪要中的有关质量问题 | 长期 | | | 长期 | √ |
| 4 | 进度控制 | | | | | |
| （1） | 工程开工/复工审批表 | 长期 | | | 长期 | √ |
| （2） | 工程开工/复工暂停令 | 长期 | | | 长期 | √ |
| 5 | 质量控制 | | | | | |
| （1） | 不合格项目通知 | 长期 | | | 长期 | √ |
| （2） | 质量事故报告及处理意见 | 长期 | | | 长期 | √ |
| 6 | 造价控制 | | | | | |
| （1） | 预付款报审与支付 | 短期 | | | | |
| （2） | 月付款报审与支付 | 短期 | | | | |
| （3） | 设计变更、治商费用报审与签认 | 长期 | | | | |
| （4） | 工程竣工决算审核意见书 | 长期 | | | | √ |
| 7 | 分包资质 | | | | | |
| （1） | 分包单位资质材料 | 长期 | | | | |
| （2） | 供货单位资质材料 | 长期 | | | | |
| （3） | 试验等单位资质材料 | 长期 | | | | |

续表

| 序号 | 归档文件 | 保存单位和保管期限 | | | | |
|---|---|---|---|---|---|---|
| | | 建设单位 | 施工单位 | 设计单位 | 监理单位 | 城建档案馆 |
| | 监理文件 | | | | | |
| 8 | | | | | | |
| （1） | 有关进度控制的监理通知 | 长期 | | | 长期 | |
| （2） | 有关质量控制的监理通知 | 长期 | | | 长期 | |
| （3） | 有关造价控制的监理通知 | 长期 | | | 长期 | |
| 9 | 合同与其他事项管理 | | | | | |
| （1） | 工程延期报告及审批 | 永久 | | | 长期 | √ |
| （2） | 费用索赔报告及审批 | 长期 | | | 长期 | |
| （3） | 合同争议、违约报告及处理意见 | 永久 | | | 长期 | √ |
| （4） | 合同变更材料 | 长期 | | | 长期 | √ |
| 10 | 监理工作总结 | | | | | |
| （1） | 专题总结 | 长期 | | | 短期 | |
| （2） | 月报总结 | 长期 | | | 短期 | |
| （3） | 工程竣工总结 | 长期 | | | 期 | √ |
| （4） | 质量评价意见报告 | 长期 | | | 长期 | √ |
| | 施工文件 | | | | | |
| 一 | 建设安装工程 | | | | | |
| （一） | 土建（建筑与结构）工程 | | | | | |
| 1 | 施工技术准备文件 | | | | | |
| （1） | 施工组织设计 | 长期 | | | | |
| （2） | 技术交底 | 长期 | 长期 | | | |
| （3） | 图纸会审记录 | 长期 | 长期 | 长期 | | √ |
| （4） | 施工预算的编制和审查 | 短期 | 短期 | | | |
| （5） | 施工日志 | 短期 | 短期 | | | |
| 2 | 施工现场准备 | | | | | |
| （1） | 控制网设置资料 | 长期 | 长期 | | | √ |
| （2） | 工程定位测量资料 | 长期 | 长期 | | | √ |
| （3） | 基槽开挖线测量资料 | 长期 | 长期 | | | √ |
| （4） | 施工安全措施 | 短期 | 短期 | | | |
| （5） | 施工环保措施 | 短期 | 短期 | | | |
| 3 | 地基处理记录 | | | | | |
| （1） | 地基钎探记录和钎探平面布点图 | 永久 | 长期 | | | √ |

续表

| 序号 | 归档文件 | 保存单位和保管期限 | | | | |
|---|---|---|---|---|---|---|
| | | 建设单位 | 施工单位 | 设计单位 | 监理单位 | 城建档案馆 |
| 施工文件 | | | | | | |
| 3 | 地基处理记录 | | | | | |
| (2) | 验槽记录和地基处理记录 | 永久 | 长期 | | | √ |
| (3) | 桩基施工记录 | 永久 | 长期 | | | √ |
| (4) | 试桩记录 | 长期 | 长期 | | | √ |
| 4 | 工程图纸变更记录 | | | | | |
| (1) | 设计会议会审记录 | 永久 | 长期 | 长期 | | √ |
| (2) | 设计变更记录 | 永久 | 长期 | 长期 | | √ |
| (3) | 工程洽商记录 | 永久 | 长期 | 长期 | | √ |
| 5 | 施工材料预制构件质量证明文件及复试试验报告 | | | | | |
| (1) | 砂、石、砖、水泥、钢筋、防水材料、隔热保温、防腐材料、轻集料试验汇总表 | 长期 | | | | √ |
| (2) | 砂、石、砖、水泥、钢筋、防水材料、隔热保温、防腐材料、轻集料出厂证明文件 | 长期 | | | | √ |
| (3) | 砂、石、砖、水泥、钢筋、防水材料、轻集料、焊条、沥青复试试验报告 | 长期 | | | | √ |
| (4) | 预制构件（钢、混凝土）出厂合格证、试验记录 | 长期 | | | | √ |
| (5) | 工程物质选样送审表 | 短期 | | | | |
| (6) | 进场物质批次汇总表 | 短期 | | | | |
| (7) | 工程物质进场报验表 | 短期 | | | | |
| 6 | 施工试验记录 | | | | | |
| (1) | 土壤（素土、灰土）干密度试验报告 | 长期 | | | | √ |
| (2) | 土壤（素土、灰土）击实试验报告 | 长期 | | | | √ |
| (3) | 砂浆配合比通知单 | 长期 | | | | |
| (4) | 砂浆（试块）抗压强度试验报告 | 长期 | | | | √ |
| (5) | 混凝土配合比通知单 | 长期 | | | | |
| (6) | 混凝土（试块）抗压强度试验报告 | 长期 | | | | √ |
| (7) | 混凝土抗渗试验报告 | 长期 | | | | √ |
| (8) | 商品混凝土出厂合格证、复试报告 | 长期 | | | | √ |
| (9) | 钢筋接头（焊接）试验报告 | 长期 | | | | √ |
| (10) | 防水工程试水检查记录 | 长期 | | | | √ |
| (11) | 楼地面、屋面坡度检查记录 | 长期 | | | | √ |
| (12) | 土壤、砂浆、混凝土、钢筋连接、混凝土抗渗试验报告汇总表 | 长期 | | | | √ |

续表

| 序号 | 归档文件 | 保存单位和保管期限 | | | | |
|---|---|---|---|---|---|---|
| | | 建设单位 | 施工单位 | 设计单位 | 监理单位 | 城建档案馆 |
| | 施工文件 | | | | | |
| 7 | 隐蔽工程检查记录 | | | | | |
| （1） | 基础和主体结构钢筋工程 | 长期 | 长期 | | | √ |
| （2） | 钢结构工程 | 长期 | 长期 | | | √ |
| （3） | 防水工程 | 长期 | 长期 | | | √ |
| （4） | 高程控制 | 长期 | 长期 | | | |
| 8 | 施工记录 | | | | | |
| （1） | 工程定位测量检查记录 | 永久 | 长期 | | | √ |
| （2） | 预检工程检查记录 | 短期 | | | | |
| （3） | 冬施混凝土搅拌测温记录 | 短期 | | | | |
| （4） | 冬施混凝土养护测温记录 | 短期 | | | | |
| （5） | 烟道、垃圾道检查记录 | 短期 | | | | |
| （6） | 沉降观测记录 | 长期 | | | | √ |
| （7） | 结构吊装记录 | 长期 | | | | |
| （8） | 现场施工预应力记录 | 长期 | | | | √ |
| （9） | 工程竣工测量 | 长期 | 长期 | | | √ |
| （10） | 新型建筑材料 | 长期 | 长期 | | | √ |
| （11） | 施工新技术 | 长期 | 长期 | | | √ |
| 9 | 工程质量事故处理记录 | 永久 | | | | √ |
| 10 | 工程质量检验记录 | | | | | |
| （1） | 检验批质量验收记录 | 长期 | 长期 | | 长期 | |
| （2） | 分项工程质量验收记录 | 长期 | 长期 | | 长期 | |
| （3） | 基础、主体工程验收记录 | 永久 | 长期 | | 长期 | √ |
| （4） | 幕墙工程验收记录 | 永久 | 长期 | | 长期 | √ |
| （5） | 分部（子分部）工程质量验收记录 | 永久 | 长期 | | 长期 | √ |
| （二） | 电气、给排水、消防、采暖、通风、空调、燃气、建筑智能化、电梯工程 | | | | | |
| 1 | 一般施工记录 | | | | | |
| （1） | 施工组织设计 | 长期 | 长期 | | | |
| （2） | 技术交底 | 短期 | | | | |
| （3） | 施工日志 | 短期 | | | | |

| 序号 | 归档文件 | 保存单位和保管期限 | | | | |
|------|----------|------|------|------|------|------|
| | | 建设单位 | 施工单位 | 设计单位 | 监理单位 | 城建档案馆 |
| 施工文件 | | | | | | |
| 2 | 图纸变更记录 | | | | | |
| （1） | 图纸会审 | 永久 | 长期 | | | √ |
| （2） | 设计变更 | 永久 | 长期 | | | √ |
| （3） | 工程洽商 | 永久 | 长期 | | | √ |
| 3 | 设备、产品质量检查、安装记录 | | | | | |
| （1） | 设备、产品质量合格证、质量保证书 | 长期 | 长期 | | | √ |
| （2） | 设备装箱单、商检证明和说明书、开箱报告 | 长期 | | | | |
| （3） | 设备安装记录 | 长期 | | | | √ |
| （4） | 设备试运行记录 | 长期 | | | | √ |
| （5） | 设备明细表 | 长期 | 长期 | | | √ |
| 4 | 预检记录 | 短期 | | | | |
| 5 | 隐蔽工程检查记录 | 长期 | 长期 | | | |
| 6 | 施工试验记录 | | | | | |
| （1） | 电气接地电阻、绝缘电阻、综合布线、有线电视末端等测试记录 | 长期 | | | | √ |
| （2） | 楼宇自控、监视、安装、视听、电话等系统调试记录 | 长期 | | | | √ |
| （3） | 变配电设备安装、检查、通电、满负荷测试记录 | 长期 | | | | √ |
| （4） | 给排水、消防、采暖、通风、空调、燃气等管道强度、严密性、灌水、通风、吹洗、漏风、试压、通球、阀门等试验记录 | 长期 | | | | √ |
| （5） | 电梯照明、动力、给排水、消防、采暖、通风、空调、燃气等系统调试、试运行记录 | 长期 | | | | √ |
| （6） | 电梯接地电阻、绝缘电阻测试记录；空载、半载、满载、超载试运行记录；平衡、运速、噪声调整试验报告 | 长期 | | | | √ |
| （7） | 质量事故处理记录 | 永久 | 长期 | | | √ |
| （8） | 工程质量检验记录 | | | | | |
| （9） | 检验批质量验收记录 | 长期 | 长期 | | 长期 | |
| （10） | 分项工程质量验收记录 | 长期 | 长期 | | 长期 | |
| （11） | 分部（子分部）工程质量验收记录 | 永久 | 长期 | | 长期 | √ |
| （三） | 室外工程 | | | | | |
| 1 | 室外安装（给水、雨水、污水、热力、燃气、电讯、电力、照明、电视、消防等）施工文件 | 长期 | | | | √ |
| 2 | 室外建筑环境（建筑小品、水景、道路、园林绿化等）施工文件 | 长期 | | | | √ |
| 二 | 市政基础设施工程 | | | | | |
| （一） | 施工技术准备 | | | | | |

| 序号 | 归档文件 | 保存单位和保管期限 | | | | |
|---|---|---|---|---|---|---|
| | | 建设单位 | 施工单位 | 设计单位 | 监理单位 | 城建档案馆 |
| 施工文件 | | | | | | |
| 1 | 施工组织设计 | 短期 | 短期 | | | |
| 2 | 技术交底 | 长期 | 长期 | | | |
| 3 | 图纸会审记录 | 长期 | 长期 | | | √ |
| 4 | 施工预算的编制和审查 | 短期 | 短期 | | | |
| (二) | 施工现场准备 | | | | | |
| 1 | 工程定位测量资料 | 长期 | 长期 | | | √ |
| 2 | 工程定位测量复核记录 | 长期 | 长期 | | | √ |
| 3 | 导线点、水准点测量复核记录 | 长期 | 长期 | | | √ |
| 4 | 工程轴线、定位桩、高程测量复核记录 | 长期 | 长期 | | | √ |
| 5 | 施工安全措施 | 短期 | 短期 | | | |
| 6 | 施工环保措施 | 短期 | 短期 | | | |
| (三) | 设计变更、洽商记录 | | | | | |
| 1 | 设计变更通知单 | 长期 | 长期 | | | √ |
| 2 | 洽商记录 | 长期 | 长期 | | | √ |
| (四) | 原材料、成品、半成品、构配件、设备出厂质量合格证及试验报告 | | | | | |
| 1 | 砂、石、砌块、水泥、钢筋（材）、石灰、沥青、涂料、混凝土外加剂、防水材料、粘接材料、防腐保温材料、焊接材料等试验汇总表 | 长期 | | | | √ |
| 2 | 砂、石、砌块、水泥、钢筋（材）、石灰、沥青、涂料、混凝土外加剂、防水材料、粘接材料、防腐保温材料、焊接材料等质量合格证书和出厂检（试）验报告及现场复试报告 | 长期 | | | | √ |
| 3 | 水泥、石灰、粉煤灰混合料；沥青混合料、商品混凝土等试验汇总表 | 长期 | | | | √ |
| 4 | 水泥、石灰、粉煤灰混合料；沥青混合料、商品混凝土等出厂合格证和试验报告、现场复试报告 | 长期 | | | | √ |
| 5 | 混凝土预制构件、管材、管件、钢结构构件等试验汇总表 | 长期 | | | | √ |
| 6 | 混凝土预制构件、管材、管件、钢结构构件等出厂合格证书和相应的施工技术资料 | 长期 | | | | √ |
| 7 | 厂站工程的成套设备、预应力混凝土张拉设备、各类地下管线井室设施、产品等汇总表 | 长期 | | | | √ |
| 8 | 厂站工程的成套设备、预应力混凝土张拉设备、各类地下管线井室设施、产品等出厂合格证书及安装使用说明 | 长期 | | | | √ |
| 9 | 设备开箱报告 | 短期 | | | | |
| (五) | 施工试验记录 | | | | | |
| 1 | 砂浆、混凝土试块强度、钢筋（材）焊连接、填土、路基强度试验等汇总表 | 长期 | | | | |

续表

| 序号 | 归档文件 | 保存单位和保管期限 | | | | |
|---|---|---|---|---|---|---|
| | | 建设单位 | 施工单位 | 设计单位 | 监理单位 | 城建档案馆 |
| | 施工文件 | | | | | |
| 2 | 道路压实度、强度试验记录 | | | | | |
| （1） | 回填土、路床压实试验及土质的最大干密度和最佳含水量试验报告 | 长期 | | | | √ |
| （2） | 石灰类、水泥类、二灰类无机混合料基层的标准击实试验报告 | 长期 | | | | √ |
| （3） | 道路基层混合料强度试验记录 | 长期 | | | | √ |
| （4） | 道路面层压实度试验记录 | 长期 | | | | √ |
| 3 | 混凝土试块强度试验记录 | | | | | |
| （1） | 混凝土配合比通知单 | 短期 | | | | |
| （2） | 混凝土试块强度试验报告 | 长期 | | | | √ |
| （3） | 混凝土试块抗渗、抗冻试验报告 | 长期 | | | | √ |
| （4） | 混凝土试块强度统计、评定记录 | 长期 | | | | √ |
| 4 | 砂浆试块强度试验记录 | | | | | |
| （1） | 砂浆配合比通知单 | 短期 | | | | |
| （2） | 砂浆试块强度试验报告 | 长期 | | | | √ |
| （3） | 砂浆试块强度统计、评定记录 | 长期 | | | | √ |
| 5 | 钢筋（材）焊、连接试验报告 | 长期 | | | | √ |
| 6 | 钢管、钢结构安装及焊缝处理外观质量检查记录 | 长期 | | | | |
| 7 | 桩基础试（检）验报告 | 长期 | | | | √ |
| 8 | 工程物资选样送审记录 | 短期 | | | | |
| 9 | 进场物资批次汇总记录 | 短期 | | | | |
| 10 | 工程物资进场报验记录 | 短期 | | | | |
| （六） | 施工记录 | | | | | |
| 1 | 地基与基槽验收记录 | | | | | |
| （1） | 地基钎探记录及钎探位置图 | 长期 | 长期 | | | √ |
| （2） | 地基与基槽验收记录 | 长期 | 长期 | | | √ |
| （3） | 地基处理记录及示意图 | 长期 | 长期 | | | √ |
| 2 | 桩基施工记录 | | | | | |
| （1） | 桩基位置平面示意图 | 长期 | 长期 | | | √ |
| （2） | 打桩记录 | 长期 | 长期 | | | √ |
| （3） | 钻孔桩钻进记录及成孔质量检查记录 | 长期 | 长期 | | | √ |
| （4） | 钻孔（挖孔）桩混凝土浇灌记录 | 长期 | 长期 | | | √ |
| 3 | 构件设备安装和调试记录 | | | | | |

续表

| 序号 | 归档文件 | 保存单位和保管期限 | | | | |
|---|---|---|---|---|---|---|
| | | 建设单位 | 施工单位 | 设计单位 | 监理单位 | 城建档案馆 |
| | 施工文件 | | | | | |
| （1） | 钢筋混凝土大型预制构件、钢结构等安装记录 | 长期 | 长期 | | | |
| （2） | 厂（场）、站工程大型设备安装调试记录 | 长期 | 长期 | | | √ |
| 4 | 预应力张拉记录 | | | | | |
| （1） | 预应力张拉记录表 | 长期 | | | | √ |
| （2） | 预应力张拉孔道压浆记录 | 长期 | | | | √ |
| （3） | 孔位示意图 | 长期 | | | | √ |
| 5 | 沉井工程下沉观测记录 | 长期 | | | | |
| 6 | 混凝土浇灌记录 | 长期 | | | | |
| 7 | 管道、箱涵等工程项目推进记录 | 长期 | | | | √ |
| 8 | 构筑物沉降观测记录 | 长期 | | | | √ |
| 9 | 施工测温记录 | 长期 | | | | |
| 10 | 预制安装水池壁板缠绕钢丝应力测定记录 | 长期 | | | | √ |
| （七） | 预检记录 | | | | | |
| 1 | 模板预检记录 | 短期 | | | | |
| 2 | 大型构件和设备安装前预检记录 | 短期 | | | | |
| 3 | 设备安装位置检查记录 | 短期 | | | | |
| 4 | 管道安装检查记录 | 短期 | | | | |
| 5 | 补偿器冷拉及安装情况记录 | 短期 | | | | |
| 6 | 支（吊）架位置、各部位连接方式等检查记录 | 短期 | | | | |
| 7 | 供水、供热、供气管道吹（冲）洗记录 | 短期 | | | | |
| 8 | 保温、防腐、油漆等施工检查记录 | 短期 | | | | |
| （八） | 隐蔽工程检查（验收）记录 | 长期 | 长期 | | | √ |
| （九） | 工程质量检查评定记录 | | | | | |
| 1 | 工序工程质量评定记录 | 长期 | 长期 | | | |
| 2 | 部位工程质量评定记录 | 长期 | 长期 | | | |
| 3 | 分部工程质量评定记录 | 长期 | 长期 | | | √ |
| （十） | 功能性试验记录 | | | | | |
| 1 | 道路工程的弯沉试验记录 | 长期 | | | | √ |
| 2 | 桥梁工程的动、静载试验记录 | 长期 | | | | √ |
| 3 | 无压力管道的严密性试验记录 | 长期 | | | | √ |
| 4 | 压力管道的强度试验、严密性试验、通球试验等记录 | 长期 | | | | √ |

续表

| 序号 | 归档文件 | 保存单位和保管期限 | | | | |
|---|---|---|---|---|---|---|
| | | 建设单位 | 施工单位 | 设计单位 | 监理单位 | 城建档案馆 |
| 施工文件 | | | | | | |
| 5 | 水池满水试验 | 长期 | | | | √ |
| 6 | 消化池气密性试验 | 长期 | | | | √ |
| 7 | 电气绝缘电阻、接地电阻测试记录 | 长期 | | | | √ |
| 8 | 电气照明、动力试运行记录 | 长期 | | | | √ |
| 9 | 供热管网、燃气管网等管网试运行记录 | 长期 | | | | √ |
| 10 | 燃气储罐总体试验记录 | 长期 | | | | √ |
| 11 | 电讯、宽带网等试运行记录 | 长期 | | | | √ |
| （十一） | 质量事故及处理记录 | | | | | |
| 1 | 工程质量事故报告 | 永久 | 长期 | | | |
| 2 | 工程质量事故处理记录 | 永久 | 长期 | | | |
| （十二） | 竣工测量资料 | | | | | |
| 1 | 建筑物、构筑物竣工测量记录及测量示意图 | 永久 | 长期 | | | √ |
| 2 | 地下管线工程竣工测量记录 | 永久 | 长期 | | | √ |
| 竣工图 | | | | | | |
| 一 | 建筑安装工程竣工图 | | | | | |
| （一） | 综合竣工图 | | | | | |
| 1 | 综合图 | | | | | √ |
| （1） | 总平面布置图（包括建筑、建筑小品、水景、照明、道路、绿化等） | 永久 | 长期 | | | √ |
| （2） | 竖向布置图 | 永久 | 长期 | | | √ |
| （3） | 室外给水、排水、热力、燃气等管网综合图 | 永久 | 长期 | | | √ |
| （4） | 电气（包括电力、电讯、电视系统等）综合图 | 永久 | 长期 | | | √ |
| （5） | 设计总说明书 | 永久 | 长期 | | | √ |
| 2 | 室外专业图 | | 长期 | | | |
| （1） | 室外给水 | 永久 | 长期 | | | √ |
| （2） | 室外雨水 | 永久 | 长期 | | | √ |
| （3） | 室外污水 | 永久 | 长期 | | | √ |
| （4） | 室外热力 | 永久 | 长期 | | | √ |
| （5） | 室外燃气 | 永久 | 长期 | | | √ |
| （6） | 室外电讯 | 永久 | 长期 | | | √ |
| （7） | 室外电力 | 永久 | 长期 | | | √ |
| （8） | 室外电视 | 永久 | 长期 | | | √ |

续表

| 序号 | 归档文件 | 保存单位和保管期限 | | | | |
|---|---|---|---|---|---|---|
| | | 建设单位 | 施工单位 | 设计单位 | 监理单位 | 城建档案馆 |
| 竣工图 | | | | | | |
| （9） | 室外建筑小品 | 永久 | 长期 | | | √ |
| （10） | 室外消防 | 永久 | 长期 | | | √ |
| （11） | 室外照明 | 永久 | 长期 | | | √ |
| （12） | 室外水景 | 永久 | 长期 | | | √ |
| （13） | 室外道路 | 永久 | 长期 | | | √ |
| （14） | 室外绿化 | 永久 | 长期 | | | √ |
| （二） | 专业竣工图 | | | | | |
| 1 | 建筑竣工图 | 永久 | 长期 | | | √ |
| 2 | 结构竣工图 | 永久 | 长期 | | | √ |
| 3 | 装修（装饰）工程竣工图 | 永久 | 长期 | | | √ |
| 4 | 电气工程（智能化工程）竣工图 | 永久 | 长期 | | | √ |
| 5 | 给排水工程（消防工程）竣工图 | 永久 | 长期 | | | √ |
| 6 | 采暖通风空调工程竣工图 | 永久 | 长期 | | | √ |
| 7 | 燃气工程竣工图 | 永久 | 长期 | | | √ |
| 二 | 市政基础设施工程竣工图 | | | | | |
| 1 | 道路工程 | 永久 | 长期 | | | √ |
| 2 | 桥梁工程 | 永久 | 长期 | | | √ |
| 3 | 广场工程 | 永久 | 长期 | | | √ |
| 4 | 隧道工程 | 永久 | 长期 | | | √ |
| 5 | 铁路、公路、航空、水运等交通工程 | 永久 | 长期 | | | √ |
| 6 | 地下铁道等轨道交通工程 | 永久 | 长期 | | | √ |
| 7 | 地下人防工程 | 永久 | 长期 | | | √ |
| 8 | 水利防灾工程 | 永久 | 长期 | | | √ |
| 9 | 排水工程 | 永久 | 长期 | | | √ |
| 10 | 供水、供热、供气、电力、电讯等地下管线工程 | 永久 | 长期 | | | √ |
| 11 | 高压架空输电线工程 | 永久 | 长期 | | | √ |
| 12 | 污水处理、垃圾处理处置工程 | 永久 | 长期 | | | √ |
| 13 | 场、厂、站工程 | 永久 | 长期 | | | √ |
| 竣工验收文件 | | | | | | |
| 一 | 工程竣工总结 | | | | | |
| 1 | 工程概况表 | 永久 | | | | √ |

续表

| 序号 | 归档文件 | 保存单位和保管期限 | | | | |
|---|---|---|---|---|---|---|
| | | 建设单位 | 施工单位 | 设计单位 | 监理单位 | 城建档案馆 |
| 竣工验收文件 | | | | | | |
| 2 | 工程竣工总结 | 永久 | | | | √ |
| 二 | 竣工验收记录 | | | | | |
| (一) | 建筑安装工程 | | | | | |
| 1 | 单位（子单位）工程质量验收记录 | 永久 | 长期 | | | √ |
| 2 | 竣工验收证明书 | 永久 | 长期 | | | √ |
| 3 | 竣工验收报告 | 永久 | 长期 | | | √ |
| 4 | 竣工验收备案表（包括各专项验收认可文件） | 永久 | | | | √ |
| 5 | 工程质量保修书 | 永久 | 长期 | | | √ |
| (二) | 市政基础设施工程 | | | | | |
| 1 | 单位工程质量评定表及报验单 | 永久 | 长期 | | | √ |
| 2 | 竣工验收证明书 | 永久 | 长期 | | | √ |
| 3 | 竣工验收报告 | 永久 | 长期 | | | √ |
| 4 | 竣工验收备案表（包括各专项验收认可文件） | 永久 | 长期 | | | √ |
| 5 | 工程质量保修书 | 永久 | 长期 | | | √ |
| 三 | 财务文件 | | | | | |
| 1 | 决算文件 | 永久 | | | | √ |
| 2 | 交付使用财产总表和财产明细表 | 永久 | 长期 | | | √ |
| 四 | 声像、缩微、电子档案 | | | | | |
| 1 | 声像档案 | | | | | |
| (1) | 工程照片 | 永久 | | | | √ |
| (2) | 录音、录像材料 | 永久 | | | | √ |
| 2 | 缩微品 | 永久 | | | | √ |
| 3 | 电子档案 | | | | | |
| (1) | 光盘 | 永久 | | | | √ |
| (2) | 磁盘 | 永久 | | | | √ |

**（二）归档文件的质量要求**

（1）归档的工程文件应为原件。

（2）工程文件的内容及其深度必须符合国家有关工程勘察、设计、施工、监理等方面的技术规范、标准和规程。

1）监理文件按《建设工程监理规范》（GB 50319—2013）编制。

2）市政工程施工技术文件及其竣工验收文件按建设部印发的《市政工程施工技术资料管理规定》（城建[1994]469 号）编制。

3）建筑安装工程施工技术文件及其竣工验收文件在建设部没有做出规定以前，按各省有关规定编制。

4）竣工图的编制应按国家建委《关于编制基本建设竣工图的几项暂行规定》（1982 年[建发施字 50 号]）执行。

5）地下管线工程竣工图的编制，应按 1995 年中华人民共和国行业标准《城市地下管线探测技术规程》（CJJ 61—2003）中的有关规定执行。

（3）工程文件应采用耐久性强的书写材料，如碳素墨水、蓝黑墨水，不得使用易褪色的书写材料，如：红色墨水、纯蓝墨水、圆珠笔、复写纸、铅笔等。

（4）工程文件应字迹清楚、图样清晰、图表整洁，签字盖章手续完备。

（5）工程文件中文字材料幅面尺寸规格宜为 A4 幅面（297mm×210mm）。图纸宜采用国家标准图幅。

（6）工程文件的纸张应采用能够长期保存的韧力大、耐久性强的纸张。图纸一般采用蓝晒图，竣工图应是新蓝图。计算机出图必须清晰，不得使用计算机出图的复印件。

（7）所有竣工图均应加盖竣工图章。

① 竣工图章的基本内容应包括："竣工图"字样、施工单位、编制人、审核人、技术负责人、编制日期、监理单位、现场监理、总监。

② 竣工图章示例如图 4-1 所示。

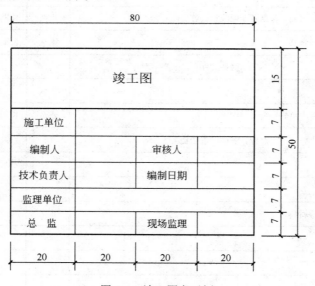

图 4-1　竣工图章示例

③ 竣工图章尺寸为 50mm×80mm。

④ 竣工图章应使用不易褪色的红印泥，应盖在图标栏上方空白处。

（8）利用施工图改绘竣工图，必须标明变更修改依据；凡施工图结构、工艺、平面布置等有重大改变，或变更部分超过图面 1/3 的，应当重新绘制竣工图。

（9）不同幅面的工程图纸应按《技术制图　复制图的折叠方法》（GB/T 10609.3—2009）

统一折叠成 A4 幅面（297mm×210mm），图标栏露在外面。

（三）工程文件的立卷

1．立卷的原则和方法

（1）立卷应遵循工程文件的自然形成规律，保持卷内文件的有机联系，便于档案的保管和利用。

（2）一个建设工程由多个单位工程组成时，工程文件应按单位工程组卷。

（3）立卷可采用如下方法：工程文件可按建设程序划分为工程准备阶段的文件、监理文件、施工文件、竣工图、竣工验收文件五部分；工程准备阶段文件可按建设程序、专业、形成单位等组卷；监理文件可按单位工程、分部工程、专业、阶段等组卷；施工文件可按单位工程、分部工程、专业、阶段等组卷；竣工图可按单位工程、专业等组卷；竣工验收文件按单位工程、专业等组卷。

（4）立卷过程中宜遵循下列要求：案卷不宜过厚，一般不超过 40mm；案卷内不应有重份文件；不同载体的文件一般应分别组卷。

2．卷内文件的排列

（1）文字材料按事项、专业顺序排列。同一事项的请示与批复、同一文件的印本与定稿、主体与附件不能分开，并按批复在前、请示在后，印本在前、定稿在后，主体在前、附件在后的顺序排列。

（2）图纸按专业排列，同专业图纸按图号顺序排列。

（3）既有文字材料又有图纸的案卷，文字材料排前，图纸排后。

3．案卷的编目

（1）编制卷内文件页号应符合下列规定：卷内文件均按有书写内容的页面编号。每卷单独编号，页号从"1"开始；页号编写位置：单面书写的文件在右下角；双面书写的文件，正面在右下角，背面在左下角。折叠后的图纸一律在下角；成套图纸或印刷成册的科技文件材料，自成一卷的，原目录可代替卷内目录，不必重新编写页码；案卷封面、卷内目录、卷内备考表不编写页号。

（2）卷内目录的编制应符合下列规定。

序号：以一份文件为单位，用阿拉伯数字从 1 依次标注。

责任者：填写文件的直接形成单位和个人。有多个责任者时，选择两个主要责任者，其余用"等"代替。

① 文件编号：填写工程文件原有的文号或图号。

② 文件题名：填写文件标题的全称。

③ 日期：填写文件形成的日期。

④ 页次：填写文件在卷内文件首页之前。

⑤ 卷内目录排列在卷内文件首面之前。

（3）卷内备考表的编制应符合下列规定：

卷内备考表主要标明卷内文件的总页数、各类文件页数（照片张数），以及立卷单位对案卷情况的说明。卷内备考表排列在卷内文件的尾页之后。案卷备考表的说明，主要说明卷内文件复印件情况、页码错误情况、文件的更换情况等。没有需要说明的事项可不必填写说明。

（4）案卷封面编制的规定

1）案卷封面印刷在卷盒、卷夹的正表面，也可采用内封面形式。

2）案卷封面的内容应包括：档号、档案馆代号、案卷题名、编制单位、起止日期、密级、保管期限、共几卷、第几卷。

3）档号应由分类号、项目号和案卷号组成。档号由档案保管单位填写。

4）档案馆代号应填写国家给定的本档案馆的编号。档案馆代号由档案馆填写。

5）案卷题名应简明、准确地提示卷内文件的内容。案卷题名应包括工程名称、专业名称、卷内文件的内容。

6）编制单位应填写案卷内文件的形成单位或主要责任者。

7）起止日期应填写案卷内全部文件形成的起止日期。

8）保管期限分为永久、长期、短期三种期限。永久是指工程档案需永久保存。长期是指工程档案的保存期限等于该工程的使用寿命。短期是指工程档案保存20年以下。

同一案卷内有不同保管期限的文件，该案卷保管期限应从长。

9）密级分为绝密、机密、秘密三种。同一案卷内有不同密级的文件，应以高密级为本卷密级。

① 城建档案馆的分类号依据建设部《城市建设分类大纲》（建办档[1993]103号）编写，一般为大类号加属类号。档号按《城市建设档案著录规范》（GB/T 50323—2001）编写。

② 案卷题名中"工程名称"一般包括工程项目名称、单位工程名称。

③ 编制单位：工程准备阶段文件和竣工验收文件的编制单位一般为建设单位；勘察、设计文件的编制单位一般为工程的勘察、设计单位；监理文件的编制单位一般为监理单位；施工文件的编制单位一般为施工单位。

4．案卷装订

案卷可采用装订与不装订两种形式。文字材料必须装订。既有文字材料，又有图纸的案卷应装订。装订应采用线绳三孔左侧装订法，要整齐、牢固，便于保管和利用。

装订时必须剔除金属物。

5．案卷装具

（1）案卷装具一般采用卷盒、卷夹两种形式。卷盒的外表尺寸为310mm×220mm，厚度分别为20mm、30mm、40mm、50mm。卷夹的外表尺寸为310mm×220mm，厚度一般为20～30mm。卷盒、卷夹应采用无酸纸制作。

（2）案卷脊背

案卷脊背的内容包括档号、案卷题名。

（四）工程文件的归档

（1）归档应符合下列规定：归档文件必须完整、准确、系统，能够反映工程建设活动的全过程。归档的文件必须经过分类整理，并应组成符合要求的案卷。

（2）归档时间的规定　根据建设程序和工程特点，归档可以分阶段进行，也可以在单位或分部工程通过竣工验收后进行。勘察、设计单位应当在任务完成时，施工、监理单位应当在工程竣工验收前，将各自形成的有关工程档案向建设单位归档。

（3）勘察、设计、施工单位在收齐工程文件并整理立卷后，建设单位、监理单位应根据城建管理机构的要求对档案文件完整、准确、系统情况和案卷质量进行审查。审查合格后向建设单位移交。

（4）工程档案一般不少于两套，一套由建设单位保管，一套（原件）移交当地城建档案馆（室）。

（5）勘察、设计、施工、监理等单位向建设单位移交档案时，应编制移交清单，双方签字、盖章后方可交接。

（6）凡设计、施工及监理单位需要向本单位归档的文件，应按国家有关规定要求单独立卷归档。

**（五）工程档案的验收与移交**

（1）列入城建档案馆（室）档案接收范围的工程，建设单位在组织工程竣工验收前，应提请城建档案管理机构对工程档案进行预验收。建设单位未取得城建档案管理机构出具的认可文件，不得组织工程竣工验收。

（2）城建档案管理机构在进行工程档案预验收时，应重点验收以下内容：工程档案齐全、系统、完整；工程档案的内容真实、准确地反映工程建设活动和工程实际状况；工程档案已整理立卷；竣工图绘制方法、图式及规格等符合专业技术要求，图面整洁，盖有竣工图章；文件的形成、来源符合实际，要求单位或个人签章的文件，其签章手续完备；文件材质、幅面、书写、绘图、用墨、托裱等符合要求。

（3）列入城建档案馆（室）接收范围的工程，建设单位在工程竣工验收后3个月内，必须向城建档案馆（室）移交一套符合规定的工程档案。

（4）停建、缓建建设工程的档案，暂由建设单位保管。

（5）对改建、扩建和维修工程，建设单位应当组织设计、施工单位据实修改、补充和完善原工程档案。对改变的部位，应当重新编制工程档案，并在工程验收后3个月内向城建档案馆（室）移交。

（6）建设单位向城建档案馆（室）移交工程档案时，应办理移交手续，填写移交目录，双方签字、盖章后交接。

## 第二节　技术创新工作

### 一、工法编制

**（一）工法的概念**

工法是以工程为对象，以工艺为核心，运用系统工程的原理，把先进技术与科学管理结合起来，经过工程实践形成的综合配套的施工方法。

**（二）工法的要素**

（1）先进、实用。

（2）保证工程质量与安全。

（3）保证文明施工和保护环境。

（4）提高施工效率。

（5）降低工程成本，节约资源。

（6）缩短施工工期。

**（三）工法的特征**

1. 工法的对象

工法的主要服务对象是工程建设。

2. 工法是技术与管理相结合，综合配套的技术

工法不仅有工艺特点（原理）、工艺程序等方面的内容，而且还要有配套的机具、质量

标准、技术经济指标等方面的内容，综合反映了技术与管理的结合，内容上类似于成套施工技术。

3．工法的核心是工艺

核心是工艺，而不是材料设备，也不是组织管理。采用什么样的机具设备，如何去组织施工，以及保证质量、安全措施等，都是为了保证工艺这个核心的顺利实施。

4．工法的编写

工法的编写有规定的格式和要求。

5．工法的先进性、科学性和实用性

工法要具有先进性（其关键技术要达到国内领先或国际先进水平）、科学性（其工艺原理要有科学依据）、实用性（工艺流程及操作要点、材料与设备、质量、安全、环保等措施在一定的环境下能推广应用，有普遍的应用价值），效益明显（能保证工程质量和安全，提高效益，降低成本，节约资源，保护环境）。

**（四）工法的意义**

（1）是企业标准的组成部分，是施工经验的总结。

（2）是企业开发应用新技术的重要内容。

（3）是企业技术水平与施工能力的重要标志，也是企业的无形资产。

（4）有利于企业的技术积累，提高企业的技术素质与施工管理能力。

（5）企业的工法体系形成后，可简化施工组织方案的编写与准备工作。

**（五）工法编写原则**

（1）工法应是经过工程实践并证明是属于技术先进、效益显著、经济实用、符合节能环保要求的施工方法。未经工程实践的科研成果不属于工法的范畴。

（2）工法应主要针对某单项工程，也可以针对工程项目中的一个部分，但必须具有完整的施工工艺。

（3）应按照《工程建设工法管理办法》规定的内容、顺序进行编写。

**（六）工法的选题分类**

（1）对工程的重点、难点进行分析，选择成熟、适用的工法或类似工法。

（2）对关键技术进行主题研究，确定工法的名称和内容。

（3）针对工程的重点、难点，明确目标。

（4）应避免重复、雷同。

（5）努力和建设部推广的十项新技术以及科研项目相结合，确定研究主题。

（6）通过总结工程实践经验，形成有使用价值、带有规律性的先进施工工艺技术，其工艺技术水平应达到国内领先或国际先进水平。

（7）通过应用新技术、新工艺、新材料、新设备形成新的施工方法。

（8）对类似现有的国家工法或省级工法有所创新、有所发展而形成新的施工方法。

**（七）工法的编写内容**

1．前言

（1）概述工法形成的原因及形成过程。

（2）其形成过程要求说明研究开发单位、关键技术的鉴定（国家级工法）、工法应用及有关获奖情况。

2．工法特点

说明本工法在使用功能或施工方法及使用方法上的特点，与传统的施工方法的比较，有何差别，有何改进，有何创新之处。在工期、质量、安全、造价等技术经济效能方面的先进性和新颖性。

3．适用范围

（1）说明本工法适用于哪一类工程或工程的哪个部位。

（2）某些工法还要规定最佳的技术经济条件。

4．工艺原理

（1）工艺——将原材料或半成品加工成产品的工作、方法、技术等。

（2）说明本工法工艺核心的部分（关键技术）应用的基本原理，并着重说明关键技术的理论基础。

5．工艺流程及操作要点

（1）工艺流程和操作要点是工法的重要内容，应按照工艺发生的顺序或事物发展的客观规律来编制工艺流程，并在操作要点中分别加以描述。对于使用文字不容易表达清楚的内容，可附以必要的图表。

（2）工艺流程要重点讲清楚基本工艺过程，并讲清工艺间的衔接和相互之间的关系所在，工艺流程可以采用流程图来描述。对于构件、材料、机具使用上的差异引起的流程变化，应当有所交代。

6．材料与设备

（1）说明本工法所使用的材料或新型材料的名称、规格、主要介绍指标和外观要求，对新型材料还应提出相应的检验检测方法。

（2）主要施工机具、仪表等的名称、型号、性能、能耗及数量，如果是工法中发明的或第一次使用的新产品也应加以说明。

7．质量控制

（1）说明本工法必须执行的国家、行业、地方有关标准、规范和检验方法，指出现行标准、规范中未规定的质量要求，并列出关键部位、关键工序的质量要求，以及达到工程质量目标所采取的技术措施和管理方法。

（2）如果没有相关的标准，要通过技术鉴定。

8．安全措施

应说明工法实施过程中，根据国家、地方（行业）有关安全的法规所采取的安全措施和安全预警事项。

9．环保措施

（1）指出工法实施过程中，遵照执行的国家、地方、行业有关环境保护法规中所要求的环保指标，以及必要的环保措施、环保监测和在文明施工中所注意的事项。

（2）如何满足国家、地方环保要求，例如水土保持，大气、噪声等环境污染，人员健康等。

10．效益分析

（1）从工程实际效果来分析本工法在质量、成本、文明施工等方面的经济效益和社会效益。

（2）消耗的物料、工时、造价，综合分析应用本工法所产生的经济、环保、节能技术效益和社会效益（可与国内外类似施工方法进行对比分析）。

（3）对工法内容是否有利于推进综合配套技术研发、集成和规模化应用方面也可有所交代。

11．应用实例

说明本工法应用的项目名称、地点、开竣工日期、实物工程量和应用效果，取得的技术效益、经济效益和社会效益，并能证明本工法的先进性和实用性。一项工法的形成应有三个以上的实例。没有三个实例的，要有工法的先进性和成熟性证明。

（八）工法的编写应注意的问题

1．工法与技术总结概念混淆

工法是一种具有指导企业施工和管理的规范化文件，是以工程为对象、工艺为核心，运用系统工程原理，把先进技术与科学管理结合起来，经过工程实践形成综合配套技术的应用方法。由于工法具有技术先进、提高工效、降低成本、保证工程质量、加快施工进度、保证施工安全等特点，经过专家评审可分为国家级工法、省（部）级工法、企业级工法。因此，工法又具有一定的权威性、实用性、适用性。

技术总结是企业对项目施工技术和技术管理成功与失败的经验总结，是一种编写形式多样化的文件。它主要针对工程实例中某项技术设计、材料应用、工艺改进、质量整改等问题进行归纳，作为企业自身施工管理经验的积累和交流。因此，技术总结对外只具有一定的参考性和借鉴性。

2．选题不具时效性

工法要反映企业施工技术水平的先进性，使其科技成果具有推广意义，了解自身企业目前掌握的施工技术在同行业中的先进程度是十分重要的。已在各施工企业中广泛应用的成熟技术不是一个好的工法编制选题，因此，工法编制选题应具有时效性。

3．前言冗长，不精练

工法的前言是概述工法的形成过程和关键技术的鉴定及获奖情况。因此，前言用语要准确规范，文字要言简意赅，切忌词语冗长，更不能将工程概况写入前言。

4．此特点非彼特点

工法内容的第二条特点是指本工法在使用功能或施工方法上的特点。换句话说，采用本工法施工较以往传统施工方法上的优点。不能将工法中涉及的材料、构件的特性理解为工法的特点，更不能理解为要向大家介绍这篇工法的写作特点。

5．工艺原理不明确

工艺原理是说明本工法工艺核心部分的原理。通过工法中涉及的材料、构件的物理性能和化学性能说明本工法技术先进性的真正成因。

6．工艺流程与操作要点不对应

工艺流程是施工操作的顺序，在工法编制中用网络图表示。因此，操作要点一定要对应网络图中施工顺序进行详细地阐释。不能网络图中提到的施工步骤在操作要点中没有解释，也不能操作要点中说明的问题在网络图中没有反映。

7．材料说明不全面

为保证工法具有广泛的适用性，工法中涉及的有关材料的指标数据一定要严谨、准确。在介绍工法材料内容时，除介绍本工法使用新型材料的规格、主要技术指标、外观要求等，还应注明材料来源的生产厂家。因为不同厂家生产出的同类材料在规格、性能上可能有细微差别。实例应用中，材料的准备、配比、用量会有细小的调整。此外还应强调该材料在操作要点中起到的作用，以证明该材料在工法技术实现中是必不可少的。

8．质量要求不明确

有些工法的质量要求可依据现行国家、地区、行业的标准、规范规定执行，有些工法由于采用的是新技术、新材料、新工艺，在国家现行的标准、规范中未规定质量要求，因此在这类工法中质量要求应注明依据的是国际通用标准、国外标准，还是某科研机构、某生产厂家的试行标准，使工法应用单位明确本工法的质量要求，使质量控制有参照依据。

### 9. 效益分析的片面性

工法之所以要推广是因为它的技术先进，有可观的经济效益和社会效益。然而，在工法的效益分析中，人们往往只注意成本效益的分析而忽略了工期效益、质量效益的分析。其实，有些工法要推广的技术前期成本投入并不低，然而它带来的工期效益、质量效益、安全效益、环保效益等综合效益却很高。因此，我们不能认为前期成本投入高的工法就不是一篇好工法，更不能认为这类高技术含量的工法在效益分析上没有可比性，这样会走入效益分析片面性的误区。

### 10. 书面文字是工法表达的唯一方式

随着数字化的发展，工法编制工作也进入新的阶段，传统的书面文字、表格、图片已不再是工法表达的唯一方式。运用声像技术、多媒体技术、声像文字混合技术可以提高工法的表达效果，使其更直观、更真实、更易懂。

## 二、专利技术

专利是专利法中最基本的概念。社会上对它的认识一般有三种含义：一是指专利权；二是指受到专利法保护的发明创造；三是指专利文献，但人们习惯上所说的专利主要仅指专利权。

专利权不是伴随着发明创造的完成而自动产生，而是需要申请人按照专利法规定的程序和手续向中国专利局提出书面申请，经审查合格，才能获得。专利权是由中国专利局依据专利法授予申请人的一种实施其发明创造的专有权，任何人要实施专利，除法律另有规定的以外，必须得到专利权人的许可，并按双方协议支付使用费，否则就是侵权，专利权人有权要求侵权者停止侵权行为，或请求专利管理机关处理，甚至向人民法院起诉。专利权是一种知识产权，它与有形财产权不同，具有时间性和地域性限制。专利权只在一定期限内有效，期限届满后专利权就不再存在，它所保护的发明创造就成为全社会的共同财富，任何人都可以自由利用。专利权的有效期是由专利法规定的。我国专利法规定，自申请日起，发明专利的有效期为20年，实用新型和外观设计专利的有效期均为10年。专利权的地域性限制是指一个国家授予的专利权只在授予国本国有效，对其他国家没有任何法律约束力。每个国家所授的专利权，其效力是互相独立的。

### （一）专利的种类

根据我国《专利法》第二条的规定，将发明创造专利权分为发明、实用新型和外观设计三类。

#### 1. 发明

是指对产品、方法或者其改进所提出的新的技术方案。

#### 2. 实用新型

是指对产品的形状、构造或者其结合所提出的适于实用的新的技术方案。

#### 3. 外观设计

是指对产品的形状、图案或者其结合以及色彩与形状、图案的结合所做出的富有美感并适于实用的新设计。

**（二）三种专利的区别**

**1．保护的对象不同**

发明专利保护的对象既涉及产品的发明，又涉及各种方法的发明，其保护的对象和范围十分广泛。而实用新型和外观设计专利保护的对象仅指产品，涉及方法的发明创造不能申请实用新型或者外观设计专利。

**2．保护的范围不同**

（1）发明专利保护的范围包括各种产品和各种技术方法（如机械工艺、化学工艺、纺织工艺、作业运输方法、保存方法等等）。而且发明专利保护的"产品"系指以任何形状和形态存在的产品，包括以气态、液态、固态等状态存在的产品。

（2）实用新型专利保护的范围仅指产品的形状、构造或者其结合，而且实用新型专利的"产品"仅指经过工业方法制造的、具有特定的空间形状和空间构造的产品。

1）发明创造不能被授予实用新型专利权

① 产品的制造方法、使用方法、通讯方法、处理方法、特定用途及计算机程序；

② 以气态、液态、粉末状、颗粒状为外在表现形式的产品；

③ 以生物的或者自然的形状为形状特征的产品（如盆景的植物形状）；

④ 以堆积、摆放等方法获得的非确定形状为形状特征的产品（如积木玩具等）；

⑤ 仅仅改变了材料成分的产品，即单纯材料替换的产品；

⑥ 物质的分子结构、晶相结构、组分等。

2）产品可以被授予实用新型专利

① 产品的某个技术特征为无固定形状的物质，只要该物质受该产品结构特征的限制，即可被授予实用新型专利；

② 材料替换的产品，如果该替换的材料形状改变，使该产品产生了不同以往的特殊作用或效果，则可被授予实用新型专利权；

③ 以线路、管路等为连接特征，且元器件之间的连接关系确定的产品可被授予实用新型专利权；

④ 产品的复合层可以认为是产品的结构，如产品的渗碳层、氧化层、油漆层等属于产品的结构，可被授予实用新型专利权。

（3）外观设计保护的范围仅限于产品的外观，即产品形状、图案 、色彩三要素的组合，而不涉及产品的内部结构。不能被授予外观设计专利权：

① 取决于特定地理条件、不能重复再现的固定建筑物、桥梁等；

② 因包含有气体、液体及粉末状等无固定形状的物质而使其形状、图案、色彩不固定的产品；

③ 产品不能分割、不能单独出售或者使用的部分，如杯把等；

④ 由多个不同特定形状或图案的构件组成的产品，如该构件不能成为具有独立使用价值的产品，则其不能授予外观设计专利权；仅仅当这些构件相互以一定的规则组合才能构成具有一定形状的产品时，这套构件方能被授予外观设计专利权；

⑤ 不能作用于视觉或肉眼难以确定其形状、图案、色彩的物品；

⑥ 要求保护的外观设计不是产品本身的常规形态，如用纸折成的动物形状；

⑦ 以自然物原有的形状、图案、色彩作为主体的外观设计；

⑧ 纯美术范畴的作品；

⑨ 以本产品所属技术领域常规几何形状和图案构成的外观设计；

⑩ 一般文字和数字的字形以及字音、字义不能作为要求保护的外观设计的具体内容。

3．保护的期限不同

（1）发明专利的保护期限为自申请之日起 20 年；

（2）实用新型、外观设计的保护期限为自申请之日起 10 年。

4．审批的程序不同

（1）发明专利的审批制度为：提前公开＋实质审查制；

（2）实用新型的审批制度为：形式审查制。

### （三）申请专利前的准备

申请专利前必须详细了解什么是专利，谁有权申请并取得专利，如何申请和取得专利。同时，也应了解专利权人的权利和义务，取得专利后如何维持和实施专利等。

充分了解现有技术的状况。

注意保密。不要在专利申请前以出版物、会议、销售、展览等方式将申请内容公开，以免丧失新颖性。

### （四）授予专利权的条件

根据我国《专利法》第二十二条的规定，被授予专利权的发明、实用新型应当符合下列条件，即具备新颖性、创造性和实用性。

1．新颖性

指在申请日以前没有同样的发明或者实用新型在国内外出版物上公开发表过、在国内公开使用过或者以其他方式为公众所知，也没有同样的发明或者实用新型由他人向国务院专利行政部门提出过专利申请并且记载在申请日以后公布的专利申请文件中。

（1）新颖性判断的要点

1）时间界限　以申请日为界，在申请日（不包括申请日）以前公开的技术内容都属于现有技术，可破坏专利申请的新颖性。

2）现有技术　专利法所称的"现有技术"系指申请日前公众能够得知的技术内容。负有保密义务的人私自泄露技术内容，导致技术公开的也属于现有技术。

3）公开方式　包括出版物公开、使用公开和其他方式三种。

① 出版物　指记载有技术内容或设计内容的有形传播载体，并且应当表明其发表者、出版者以及公开发表或出版日期。印有"内部发行"、"内部资料"的出版物不属于公开出版物。出版物的印刷日为公开日。只写有出版年份或年月的，以该年的 12 月 31 日或该月最后一日为公开日。

② 使用公开　因使用导致技术方案的公开或导致该技术方案处于公众中任何人都可以得知的状态，为使用公开。即使该被使用的产品或装置需破坏才能得知其结构和功能仍然属于使用公开。

使用公开包括制造、使用、销售、进口、模型演示等方式。使用公开以公众能够得知该产品或方法之日为公开日。

③ 其他公开方式　主要指口头公开。如以报告、广播、电视、发言等方式使公众得知技术内容（以发生日为公开日）。还包括公众可阅知的展出、放置的情报资料和直观资料，如招贴画、图纸、照片、模型、样本、样品等（以公开展出日为公开日）。

4）抵触申请

由他人在该申请的申请日以前向专利局提出，并且在该申请的申请日以后（含申请日）公布的同样的发明或实用新型专利申请，损害该申请日提出的专利申请的新颖性。

① 抵触申请包括在申请日以前由他人提出、在申请日之后（含申请日）做出中文公布的、且为同样的发明或实用新型的国际专利申请。

② 抵触申请不包括他人在申请日提出的、申请人提出的同样申请。

（2）不丧失新颖性的公开

《专利法》二十四条规定，申请专利的发明创造在申请日前6个月内有下列情形之一的，不丧失新颖性：在中国政府举办或者承认的国际展览会上首次展出的；在规定的学术会议或技术会议上首次发表的；他人未经申请人同意而泄露其内容的。

① 中国政府举办的国际展览会　包括国务院、各部委举办或国务院批准的其他机关或者地方政府举办的国际展览会。中国政府承认的国际展览会，包括国务院、各部委承认的在外国举办的展览会。国际展览会是指展品除了举办国的产品外，还应当有来自国外的展品。

② 规定的学术会议或技术会议　是指国务院有关部门或全国性学术团体组织召开的学术会议或技术会议，不包括省以下或受国务院各部委或全国性学会委托或者以其名义组织召开的学术会议或技术会议。这些会议上公开的技术导致其丧失新颖性，除非该会议有保密约定。

③ 他人违反申请人本意的公开　包括他人未遵守保密约定，用威胁、欺诈或间谍活动等手段从发明人或申请人那里得到发明创造内容而造成的公开。

2. 创造性

指该发明与现有技术相比，具有突出的实质性特点和显著的进步；该实用新型与现有技术相比，具有实质性特点和进步。

（1）创造性的判断要点

1）现有技术　指申请日以前在国内外出版物上公开发表、在国内公开使用或者以其他方式为公众所知的技术。在申请日以前由他人向专利局提出过申请、并且记载在申请日以后公布的专利申请文件中的内容，不属于现有技术（即抵触申请不构成现有技术，不能用来评价创造性）。

2）判断的主体　所属技术领域的技术人员。该"技术人员"是指知晓申请日（或优先权日）前该技术领域中所有的现有技术，并且有应用该申请日前常规实验的手段和能力，但不具有创造能力者。

3）实质性特点　指发明或实用新型相对于现有技术，对所属技术领域的技术人员来说，是非显而易见的。所属技术领域的技术人员不能在现有技术的基础上通过逻辑分析、推理或有限的试验得到该发明。

4）技术进步　指该发明或实用新型与最接近的现有技术相比，能够产生有益的技术效果。如克服了现有技术的缺点与不足、提供了新的技术方案、代表某种新的技术发展趋势等。

（2）创造性的判断基准　发明创造解决了人们一直渴望解决、但始终没有获得成功的技术难题，则具有创造性，克服了技术的偏见。技术偏见是指在某段时间内、某个技术领域中，技术人员对某个技术问题普遍存在的、偏离客观事实的认识，它引导人们不去考虑其他方面的可能性，阻碍人们对该技术领域的研究和开发。

发明取得了预想不到的技术效果。预想不到的技术效果，是指同现有技术相比，其技术效果产生了质的变化，具有新的性能；或者产生了量的变化，超出人们预期的想象。这种质和量的变化，对所属技术领域的技术人员而言，是事先无法预测或者推理出来的。

一项发明的产品在商业上获得成功，如果是发明的技术特征直接导致，则具有创造性。

但其他原因导致的商业成功除外。

（3）几种不同类型的发明创造性判断

1）开拓性发明　是一种全新的发明，在技术史上没有先例。如中国的"四大发明"。

2）组合发明　是指将某些技术方案进行组合，构成一项新的技术解决方案的发明。如果组合后的各技术特征在功能上彼此支持、取得了新的技术效果，即组合后的技术效果比每个技术特征的技术效果的总和更优越，则具有创造性。组合发明的每个技术特征本身是否为公知技术不影响创造性。

3）选择发明　指从现有技术中公开的较大的范围中，有目的地选择出现有技术中没有提及的小范围或个体的发明。大多为化学技术中的发明。如果选择发明的技术解决方案能够取得预料不到的技术效果，则具有创造性。

4）转用发明和用途发明　转用发明是指将某一现有技术转用到其他技术领域中的发明。如果这种转用能够产生预料不到的技术效果，或者克服了原技术领域中未曾遇到的困难，则具有创造性。用途发明是指将公知产品用于新目的的发明。如果能够产生预料不到的技术效果，则具有创造性。

5）要素变更的发明　包括要素关系改变的发明、要素替代的发明、要素省略的发明。

① 要素关系改变的发明。指发明与现有技术相比，其形状、尺寸、比例、位置及作用关系发生变化。如果这种变化导致发明的质量、功能、用途发生改变，产生了预料不到的技术效果，则具有创造性。

② 要素替代的发明。指已知产品或方法中的某一要素由其他要素替代的发明。如果这种替代产生了预料不到的技术效果，则具有创造性。

③ 要素省略的发明。指省去已知产品或方法的某一项或多项要素的发明。如果发明与现有技术相比，省去一项或多项要素后，依然保持原有的全部功能，或产生预料不到的技术效果，则具有创造性。

**3. 实用性**

指所属技术领域的技术人员能够制造或者使用，并能产生积极的技术效果。

（1）实用性判断的要点

1）能够制造或者使用　指发明或实用新型能够在产业上被制造或使用，并能产生积极效果。即能够解决技术问题（产业指工业、农业、水产业、畜牧业、交通运输、文化体育、生活用品、医疗器械等行业）。

2）积极效果　是指发明或实用新型所能产生的经济、技术和社会效益是所属技术领域的技术人员可以预料到的，而且这些效果是有益的。

（2）不具有实用性的发明创造

1）无再现性的发明创造　再现性指所属技术领域的技术人员根据该发明的技术内容，能够重复实施其为解决某技术问题所采取的技术方案，而且这种重复不得依赖于任何随机因素，实施效果应当相同。

2）违背自然规律的发明创造。

3）利用独一无二的自然规律条件的产品。

4）人体或动物的非治疗目的的外科手术方法。

5）无积极效果的发明创造（如脱离社会需要、严重环境污染、严重浪费能源或者资源、损害人体健康等）。

6）测量人体在极限情况下的生理参数的方法。

**（五）外观设计专利的授权条件**

授予专利权的外观设计应当与申请日以前在国内外出版物上公开发表过或者国内公开使用过的外观设计不相同和不相近似，并不得与他人在先取得的合法权利相冲突。

**1. 外观设计相同或相近的判断原则**

（1）以产品为准的原则　判断外观设计是否相同或者相近似，应当以表示在外观设计专利申请或专利的图片或照片中的外观设计产品为准。

（2）以一般消费者为判断主体的原则　两项外观设计是否相同或相近似，以一般消费者是否产生混淆为判断标准。产品的大小、材料、功能、技术性能、内部结构、构思方法、设计者的观念、产品图案中的题材、文字的含义、不易见到的部分不得作为判断因素。

（3）单独对比原则　只能用一项在先设计与被比外观设计单独进行对比，不能将两项或以上的外观设计结合起来与被比外观设计进行对比。

（4）直接观察原则　只能通过视觉进行直接观察，不能借助放大镜、显微镜、化学分析等手段进行比较。

（5）综合判断原则。

（6）要部判断原则。

**2. 外观设计的相同或相近似判断**

（1）外观设计相同　指被比外观设计与在先外观设计是同一种类的产品的外观设计，而且被比外观设计的全部要素与在先外观设计相同。同一种类的产品是指具有相同用途的产品。

（2）外观设计相近　只有相同或相近种类的产品才存在外观设计相近似的情况。相近种类的产品指用途相近的产品。具体有：相同种类的产品外观设计相近似，相近种类的产品外观设计相近似。

**（六）不属于专利保护的客体**

按照我国专利法第五条、第二十五条的规定，下列各项不授予专利权。

**1. 违反国家法律、社会公德或者妨害公共利益的发明创造**

（1）这里的法律是指全国人大及其常委会依据法定的立法程序制定和颁布的法律。不包括行政法规和规章。发明目的违法的，不能被授予专利权（如赌博设备、工具；吸毒器具；伪造货币、票据、公文、印章、证件、文物等的设备）。但发明创造的目的本身并不违法，只是由于对其滥用而违法的不属于此列（以医疗为目的的毒药、麻醉剂、兴奋剂、镇静剂等）。

（2）违反法律的发明创造，不包括那些具体实施为国家法律所禁止的发明创造（如毒品原植物的培育方法、以国防用武器制造等）。

（3）社会公德系指公众普遍认为是正当的、并被接受的伦理道德观念和行为准则。这里的社会公德仅限于中国境内。

（4）妨害公共利益，系指发明创造的实施或者使用会给公众或社会带来危害，或者使社会的正常秩序受到影响（如发明创造的实施会造成严重的环境污染、严重破坏生态平衡等）。但因对发明创造的滥用而可能妨害公共利益的不在此列（如药物的副作用）。

**2. 科学的发现**

科学的发现是对自然界客观存在的现象、变化过程及其特点和规律的认识和揭示。属于认识世界的范畴，而非人们改造世界的范畴。

**3. 智力活动的规则和方法**

智力活动是人的思维运动，其规则和方法是指导人们对信息进行思维、识别、判断和记忆，以据此为一定的行为或不为一定的行为。由于其没有采用技术手段或利用自然法则，也没有解决技术问题，产生技术效果，因此不能构成技术方案。如体育运动规则、交通规则、算法、计算机语言、汉字编码、游戏娱乐规则、食谱等。

4．疾病的诊断和治疗方法

疾病的诊断和治疗方法是以生命体为实施对象，进行识别、确定或消除病因或病灶的过程。对此不授予专利权，一方面是基于人道主义和社会伦理道德的考虑，应当给医生选择各种方法与条件的自由；另一方面，该方法以生命体为实施对象，无法在产业上利用，不属于专利法意义上的发明创造。但疾病的治疗和诊断设备可以授予专利权。

（1）不属于疾病的诊断方法，可以授予专利权

1）目的不是获得诊断结果，只是从活体上获取中间结果的信息或处理信息的方法，如DNA测序。

2）对已经脱离活体的组织、体液或排泄物进行处理或检测的方法；

3）在尸体上实施病理解剖的方法。

（2）不属于治疗方法，可以授予专利权的方法

1）为治疗残缺肢体或器官而制造的假肢或假体的制造方法；

2）通过非外科手术处置动物体改变其生长特性的畜牧业生产方法；

3）动物屠宰方法；

4）对尸体的处置方法（如解剖、整容、防腐、制作标本等）；

5）人体美容、外部杀菌、消毒的方法。

5．动物和植物品种

动物是指不能自己合成，只能靠摄取自然的碳水化合物及蛋白质维持生命的生物。植物是指可以借助于光合作用，以水、二氧化碳和无机盐等无机物合成碳水化合物、蛋白质来维持生存，并不发生移动的生物。纳入了《植物新品种保护条例》予以保护。但动植物品种的生产方法可以授予专利权。如植物的无性培育方法、微生物的发明。

6．用原子核变换方法获得的物质

用原子核变换方法获得的物质，主要指用粒子加速器、反应堆及其他核反应装置制造的放射性同位素。这些物质不能被授予专利权。但利用这些同位素的仪器、设备可以被授予专利权。

## 三、技术标准化工作

标准化是指在经济、技术、科学和管理等社会实践中，对重复性的事物和概念，通过制定、发布和实施标准达到统一，以获得最佳秩序和社会效益。企业标准化是以获得企业的最佳生产经营秩序和经济效益为目标，对企业生产经营活动范围内的重复性事物和概念，以制定和实施企业标准，以及贯彻实施相关的国家、行业、地方标准等为主要内容的过程。

标准化的形式包括：

简化、统一化、产品系列化、通用化、组合化、模块化。

## 四、住建部推广应用的 10 项新技术

### （一）住建部下发的 10 项新技术推广应用

建设部自 1994 年下发了《关于建筑业 1994 年、1995 年和"九五"期间推广应用 10 项新技术的通知》，对于提高工程质量水平、加快工程进度起到了积极作用，取得了明显的经济和社会效益。1998 年和 2005 年，根据我国建筑施工技术发展的实际情况，又分别下发了《关

于建筑业进一步推广应用 10 项新技术的通知》，对 10 项新技术进行两次升级，带动建筑业依靠科技进步提高技术能力和综合效益的举措。2010 年的再次升级是第三次升级。

2005～2010 年间，我国奥运、世博、亚运工程的崛起，建筑业新技术出现突破性进展，2005 年下发的建筑业 10 项新技术面临如下新情况：

一是 2005 年版 10 项新技术内容经过大量应用，其技术内涵变化、技术指标提高、适用范围扩展急需考虑改版升级；二是建筑业 10 项新技术已经成为土木工程行业的技术支撑，内容急需更新；三是绿色、低碳、节能减排已成为建筑业可持续发展的方向。为符合国家政策导向、引领行业技术进步，结合国内外新技术发展，考虑升级 2010 版 10 项新技术内容。

1. 建筑业 10 项新技术（2010 版）基本原则

（1）10 项新技术要符合国家低碳经济发展要求，重视"四节一环保"新技术，特别是节能减排技术、绿色技术的引入。

（2）根据建筑企业设计施工一体化发展方向，注重设计和施工的结合，突出深化设计技术内容。

（3）注重新技术、新工艺、新材料、新设备先进性的同时，保证其安全、可靠，代表现阶段我国建筑业技术发展的新成就。

（4）注重地区差异、气候差异，既体现新技术的广泛适用性，又能做到先进性，尽可能使新技术内容达到"新"的要求。

（5）以建筑工程为主体，兼顾土木工程领域。

2. 建筑业 10 项新技术（2010 版）基本思路

（1）保持稳定性。2010 版仍设 10 个大项目，表达格式不变。具体技术仍然采用主要技术内容、技术指标、适用范围及应用的典型工程实例。

（2）突出创新性，保持国内"平均先进"水平。突出新，在注重新技术、新工艺、新设备先进的同时，保证其安全、可靠、节能环保，选用技术应代表现阶段我国建筑业技术发展的新成就和发展方向。

（3）保证权威性。对于所提出的新技术一般要经过专家论证，或经过鉴定、验收、评估、查新等程序。

（4）体现产业发展方向。根据建筑企业设计施工一体化发展方向，注重设计和施工的结合，突出深化设计技术内容。

（5）表达国家政策导向。着重加入绿色建筑与绿色施工创新技术内容，倡导利用工业化、可循环再生技术和产品（利用水、光、风资源技术，利用建筑垃圾废弃物等技术）。

（6）覆盖范围适度扩展。建筑业 10 项新技术以房屋建筑工程为主，突出通用技术，兼顾铁路、交通、水利、水电，考虑与材料、设计必要的衔接；突出智能监测等新兴领域的技术，也包含传统技术领域的最新发展成果。

（7）技术内容要具体。各项技术命名尽可能准确，外延和内涵尽可能清晰，以便选择应用和评价考核。

（8）突出重点。各大项涵盖新技术数量既要保持相对均衡，又要突出重点，不面面俱到。尽可能将各地区、各行业创造的新技术列入，又不能不加区别，全部纳入。既要顾及相对落后地区的情况，又不能没有"新"的特性。

总之，建筑业 10 项新技术要在保证质量和安全的基础上，具有一定的创新性和先进性。不能是任意工程推出来都是一大堆新技术的推广应用，但实际却对推进行业技术进步作用甚微。应选择具有一定科技含量、施工有一定难度的项目作为各级示范工程，这样示范工作才有挑战性。

2010版10项新技术其覆盖108项技术，除用于房屋建筑领域的96项技术外，还适度增加水电、铁路、交通等领域的新技术12项，实现以房屋建筑工程为主，兼顾土木工程施工的预期目标。

2010版与2005版技术比较，新版新增68项新技术，保留05版技术约40项，占2010版的37%，保持相对稳定。

**3. 关于推广建筑业10项新技术的思考**

全国建筑业新技术应用示范工程已走过十多年历程，这十多年来在新技术示范工程推广应用下创新了大量的新技术、新工艺、新材料、新设备，对于保证工程质量、安全、工期和效益起到十分重要的作用。实践证明，企业是创新的主体，而工程是应用新技术的载体与平台，充分发挥新技术示范工程的作用，是组织推广10项新技术的有效手段。

（1）新技术应用示范工程的内涵　新技术应用示范工程的内涵是以示范工程为依托，从项目中来，再到项目中去。科技促进项目、项目促进科技。通过10项新技术推广、创新，解决施工难点并形成一套完整的项目管理体系。通过工程应用，编制相关标准和工法，形成一批成熟、先进、适用的技术成果。

（2）10项新技术是示范工程的主要技术支撑　建筑业10项新技术的推广应用，对提高企业技术水平和社会、经济效益做出了巨大贡献。建筑业10项新技术的推广应用，创建了一批在国内外具有影响的高科技含量的示范工程。建筑业10项新技术的推广提高了企业的市场核心竞争能力。

（3）推广建设业10项新技术示范工程体现了几大特点：示范工程的特点：以"重点工程"、"重点技术"为依托，在全过程开展示范工程工作。以工程项目为载体的推广示范，所开发推广的新技术是根据工程的实际需要确立的，针对性强。结合工程狠抓创新技术，在经费、人员、组织上都会有很好的保障。在推动示范工程中，基本上都是与质量、安全、工期、效益相结合的。通过示范工程的开展，真正做到了完成一个精品工程，培养一批人才，形成一套企业标准和工法，提高企业的科技意识和素质，促进项目综合管理水平的提高。申报单位与相关部门签订示范工程合同后，企业应对示范工程强化管理，落实好合同内容。项目部应成立示范工程领导小组，每项合同的实施都应落实到位，制定好10项新技术推广项目和创新项目计划，做到定期检查，其质量必须达到现行质量验收标准。工程做到安全、文明，使其成为有示范意义的样板工程。

（4）如何做好新技术推广示范工程工作　示范工程执行单位全部完成了《示范工程申报书》的合同后，应及时准备好项目成果评审资料和相关工程照片（影像资料），并依据示范工程管理办法要求提供下列资料：一是要提交示范工程申报书及批准文件；二是提交有关新技术应用部分的施工组织设计；三是要有新技术综合报告和单项新技术应用报告，要说明10项新技术的推广情况，在推广中有无创新，特别是要找到创新点，详细说明该技术的开发创新内容；四是要有工程质量证明，主要是工程监理或建设单位对整个工程或地基基础和主体结构两个分部工程质量验收证明；五是要有经济效益证明（要实事求是分析）；六是要有通过示范工程总结出的技术规程、工法、专利等（获奖内容）；七是要有新技术施工录像及有关文件资料。

（5）验收中存在的共性问题

1）省级建筑业新技术应用示范工程的计划申报书必须在工程开工后即申报，不允许在事后补报。

2）示范工程的验收资料必须突出一定的科技含量与核心技术（或创新技术），不能泛泛而谈。

3）验收资料中 10 项新技术内容应对照 2010 年版格式对应（2005 年版有大项、分项、子项）。

4）验收资料中对经济效益的评价要充分考虑其可靠性、可行性、真实性。

5）节能所体现的经济效益、社会效益必须以检测报告为依据（总体节能 65%、采用 LOW-E 中空玻璃比普通玻璃节能 50%、节电 16 万元等），要提供完整的检测报告和计算依据。

6）验收资料要避免越做越厚的现象，做资料时主要文本要描述核心技术（创新技术）的施工工艺、操作要点，一般技术的施工工艺可简洁，不宜大篇幅抄规范。资料装订时可把施工组织设计、各项检测报告、各项验收证明、工程照片单独装订成册作为主文本的附件，压缩主文本的厚度。

7）提供照片要有选择性，要符合质量要求的照片，人物照片一般不采用。

总之，推广应用 10 项新技术要结合工程难点与创新，其核心技术或成果形成企业标准或企业工法。

10 项新技术示范工程作为科技推广与转化的有效组织形式，充分体现了科技促进项目，项目促进科技的基本思路。施工企业应精心组织、严格管理、措施到位，优质高效地完成示范工程推广应用，使建筑业整体技术水平和管理能力提高到一个新的水平。

4．推广建筑业 10 项新技术（2010 版）的内容

（1）地基基础和地下空间工程技术：灌注桩后注浆技术、长螺旋钻孔压灌桩技术、水泥粉煤灰碎石桩（CFG 桩）复合地基技术、真空预压法加固软土地基技术、土工合成材料应用技术、复合土钉墙支护技术、型钢水泥土复合搅拌桩支护结构技术、工具式组合内支撑技术、逆作法施工技术、爆破挤淤法技术、高边坡防护技术、非开挖埋管施工技术、大断面矩形地下通道掘进施工技术、复杂盾构法施工技术、智能化气压沉箱施工技术、双聚能预裂于光面爆破综合技术。

（2）混凝土技术：高耐久性混凝土、高强高性能混凝土、自密实混凝土技术、轻骨料混凝土、纤维混凝土、混凝土裂缝控制技术、超高泵送混凝土技术、预制混凝土装配整体式结构施工技术。

（3）钢筋及预应力技术：高强钢筋应用技术、钢筋焊接网应用技术、大直径钢筋直螺纹连接技术、无黏结预应力技术、有黏结预应力技术、索结构预应力技术、建筑用成型钢筋制品加工与配送、钢筋机械锚固技术。

（4）模板及脚手架技术：清水混凝土模板技术、钢（铝）框胶合板模板技术、塑料模板技术、组拼式大模板技术、早拆模板施工技术、液压爬升模板技术、大吨位长行程油缸整体顶升模板技术、贮仓筒壁滑模托带仓顶空间钢结构整体安装施工技术、插接式钢管脚手架及支撑架技术、盘销式钢管脚手架及支撑架技术、附着升降脚手架技术、电动桥式脚手架技术、预制箱梁模板技术、挂篮悬臂施工技术、隧道模板台车技术、移动模架造桥技术。

（5）钢结构技术：深化设计技术、厚钢板焊接技术、大型钢结构滑移安装施工技术、钢结构与大型设备计算机控制整体顶升与提升安装施工技术、钢与混凝土组合结构技术、住宅钢结构技术、高强度钢材应用技术、大型复杂膜结构施工技术、模板式钢结构框架组装、吊装技术。

（6）机电安装工程技术：管线综合布置技术、金属矩形风管薄钢板法兰连接技术、变风量空调技术、非金属复合板风管施工技术、大管道闭式循环冲洗技术、薄壁金属管道新型连

接方式、管道工厂化预制技术、超高层高压垂吊式电缆敷设技术、预分支电缆施工技术、电缆穿刺线夹施工技术、大型储罐施工技术。

（7）绿色施工技术：基坑施工封闭降水技术、施工过程水回收利用技术、预拌砂浆技术、外墙自保温体系施工技术、粘贴式外墙外保温隔热系统施工技术、现浇混凝土外墙外保温施工技术、硬泡聚氨酯外墙喷涂保温施工技术、工业废渣及（空心）砌块应用技术、铝合金窗断桥技术、太阳能与建筑一体化应用技术、供热计量技术、建筑外遮阳技术、植生混凝土、透水混凝土。

（8）防水技术：防水卷材机械固定施工技术、地下工程预铺反粘防水技术、预备注浆系统施工技术、遇水膨胀止水胶施工技术、丙烯酸盐灌浆液防渗施工技术、聚乙烯丙纶防水卷材与非固化型防水黏结料复合防水施工技术、聚氨酯防水涂料施工技术。

（9）抗震加固与检测技术：消能减震技术、建筑隔震技术、混凝土结构粘贴碳纤维、粘钢和外包钢加固技术、钢绞线网片聚合物砂浆加固技术、结构无损拆除技术、无黏结预应力混凝土结构拆除技术、深基坑施工监测技术、结构安全性监测技术、开挖爆破监测技术、隧道变形远程自动监测系统、一机多天线 GPS 变形监测技术。

（10）信息化应用技术：虚拟仿真施工技术、高精度自动测量控制技术、施工现场远程监控管理及工程远程验收技术、工程量自动计算技术、工程项目管理信息化实施集成应用及基础信息规范分类编码技术、建设工程资源计划管理技术、项目多方协同管理信息化技术、塔式起重机安全监控管理系统应用技术。

**（二）技术创新、科技示范工程**

1. 一般规定

（1）所称的"四新"技术，是指经过鉴定、评估的先进、成熟、适用的新技术、新材料、新设备、新工艺。新技术推广工作应依据《中华人民共和国促进科技成果转化法》、《建设领域推广应用新技术管理规定》（建设部令第 109 号）等法律、法规，重点围绕建设部发布的新技术推广项目进行。

（2）推广应用新技术应当遵循自愿、互利、公平、诚实信用原则，依法或依照合同约定，享受利益，承担风险。对技术进步有重大作用的新技术，在充分论证的基础上，可以采取行政和经济等措施，予以推广。

（3）企业应建立健全新技术推广管理体系，明确负责此项工作的岗位和职责。从事新技术推广应用的有关人员应当具备一定的专业知识和技能，具有较丰富的工程实践经验。

（4）工程中推广使用新材料、新技术、新产品，应有法定鉴定证书和检测报告，使用前应进行复验并得到设计、监理认可。

（5）企业不得采用国家明令禁止使用的技术，不得超越范围应用限制使用的技术。

2. 科技示范工程

（1）科技示范工程，是指采用了先进适用的成套建筑应用技术，在建筑节能环保技术应用等方面有突出示范作用，并且工程质量达到优良以上要求的建筑工程。

（2）示范工程中采用的建筑业新技术包括当前建设部发布的《科技成果推广项目》中所列的新技术，以及在建筑施工技术、建筑节能与采暖技术、建筑用钢、化学建材、信息化技术、建筑生态与环保技术、垃圾、污水资源化技术等方面，经过专家鉴定和评估的成熟技术。

（3）企业应建立相应的管理制度，规范示范工程管理工作，并对实施效果好的示范工程进行必要的奖励。

（4）示范工程的确定应符合以下规定：企业级示范工程由各单位自行确定。示范工程应能代表企业当前技术水平和质量水平，具有带动企业整体技术水平的提高，且质量优良、技术经济效益显著的典型示范作用。申报建设部建筑业新技术应用示范工程，应符合建设部有关规定所要求的立项条件，并按要求及时申报。示范工程应施工手续齐全，实施单位应具有相应的技术能力和规范的管理制度。示范工程中应用的新技术项目应符合建设部的有关规定，在推广应用成熟技术成果的同时，应加强技术创新。示范工程应与质量创优、节能与环保紧密结合。

（5）示范工程的过程管理与验收应符合以下规定：列入示范工程计划的项目应认真组织实施。实施单位应进行示范工程年度总结或阶段性总结，并将实施进展情况报上级主管部门备案。主管部门进行必要检查。停建或缓建的示范工程，应及时向主管部门报告情况，说明原因。示范工程完成后，应进行总结验收。企业级示范工程由企业主管部门自行组织验收。部省级示范工程按有关规定执行。示范工程验收应在竣工验收后进行，实施单位应在验收前提交验收申请。验收文件应包括《示范工程申报书》及批准文件、单项技术总结、质量证明文件、效益分析证明（经济、社会、环境），示范工程总结的技术规程、工法等规范性文件，以及示范工程技术录像及其他相关技术创新资料等。

# 参 考 文 献

[1] 宋功业等. 现代混凝土工程施工[M]，北京：中国电力出版社，2010.1.

[2] 宋功业. 重型超大钢吊车梁的安装技术[J]. 徐州建筑职业技术学院学报，2011,11(3).

[3] 蔡雪峰. 建筑施工组织[M]. 武汉：武汉理工大学出版社，2011.

[4] 李源清. 建筑工程施工组织设计[M]. 北京：北京大学出版社，2011.

[5] 徐伟，李绍辉 . 施工组织设计计算[M]. 北京：中国建筑工业出版社，2011.

[6] 李林. 建筑工程安全技术与管理[M]. 北京：机械工业出版社，2010.

[7] 应惠清. 建筑施工技术. 第2版[M]. 上海：同济大学出版社，2011.

[8] 陈金洪. 建设工程项目管理[M]. 北京：中国电力出版社，2012.

[9] 丛培经. 工程项目管理[M]. 北京：中国建筑工业出版社，2012.

[10] 李红立. 建筑工程施工组织编制与实施[M]. 天津：天津大学出版社，2010.

[11] 姚谨英. 建筑施工技术. 第4版[M]. 北京：中国建筑工业出版社，2012.

[12] 郁超. 实施性施工组织设计及施工方案编制技巧[M]. 北京：中国建筑工业出版社，2009.

[13] 姚刚. 土木工程施工技术[M]. 北京：人民交通出版社，2010.

[14] 韩国平，陈晋中 . 建筑施工组织与管理. 第2版[M]. 北京：清华大学出版社，2012.

[15] 张洁. 施工组织设计[M]. 北京：机械工业出版社，2011.

[16] 穆静波. 施工组织[M]. 北京：清华大学出版社，2013.